全国大学生数学建模竞赛A题优秀论文评述

主　编　罗万春　宋丽娟

副主编　马　翠　罗明奎　周　彦　陈代强　雷玉洁

中国水利水电出版社
www.waterpub.com.cn
·北京·

内 容 提 要

本书精选了陆军军医大学（原第三军医大学）2007－2017 年获全国大学生数学建模竞赛奖项的 A 题优秀论文，从模型建立、求解方法、论文写作等多方面评优点、论不足、述改进，力求保持论文原味，让读者通过阅读全面领悟论文建模方法，快速提高数学建模能力。因此，特别推荐本书给参加各类数学建模竞赛的学生及相关问题的研究人员作为学习材料和建模参考书。

图书在版编目（CIP）数据

全国大学生数学建模竞赛A题优秀论文评述 / 罗万春，宋丽娟主编. -- 北京 : 中国水利水电出版社，2021.4（2024.1重印）
ISBN 978-7-5170-9483-8

Ⅰ. ①全… Ⅱ. ①罗… ②宋… Ⅲ. ①数学模型－竞赛－高等学校－教学参考资料 Ⅳ. ①O141.4

中国版本图书馆CIP数据核字(2021)第049237号

策划编辑：寇文杰　责任编辑：王玉梅　加工编辑：赵佳琦　封面设计：梁　燕

书　　名	全国大学生数学建模竞赛 A 题优秀论文评述 QUANGUO DAXUESHENG SHUXUE JIANMO JINGSAI A TI YOUXIU LUNWEN PINGSHU
作　　者	主　编　罗万春　宋丽娟 副主编　马　翠　罗明奎　周　彦　陈代强　雷玉洁
出版发行	中国水利水电出版社 （北京市海淀区玉渊潭南路 1 号 D 座　100038） 网址：www.waterpub.com.cn E-mail：mchannel@263.net（万水） sales@waterpub.com.cn 电话：（010）68367658（营销中心）、82562819（万水）
经　　售	全国各地新华书店和相关出版物销售网点
排　　版	北京万水电子信息有限公司
印　　刷	三河市华晨印务有限公司
规　　格	170mm×240mm　16 开本　20 印张　370 千字
版　　次	2021 年 4 月第 1 版　2024 年 1 月第 2 次印刷
定　　价	93.00 元

编　委　会

前　言

数学源于生活，又服务于生活。但中小学以来学习的数学是纯数学，多数学习者既难体察数学之用，又难体会数学之趣，更难体味数学之美。数学之难，难于逻辑、难于推理；数学之苦，苦于无用、苦于枯燥。数学建模正是解决数学学习中无趣、无用、枯燥这一窘境的钥匙，是从“纯数学”转为“用数学”的桥梁。

数学教学，尤其是非数学专业的大学数学教学同样陷入了教师难教、学生厌学的困境。传统数学教学模式已不适应时代的发展，与计算机联系紧密的数学在“互联网+”时代竟然连软件编程都没有涉及。

值此之际，数学建模竞赛应运而生，1980 年，COMAP（The Consortium for Mathematics and Its Applications）成立，其初衷是提高各年龄段学生的数学教育水平，最初是和教师、学生及商业团队创设数学用于研究和建模实际问题的学习情境。COMAP 的教育理念聚焦数学建模：把数学工具用于探究实际问题。1985 年，COMAP 举办了首届数学建模竞赛，并先后组建了四项赛事：针对大学生和高中生的 MCM（The Mathematical Contest in Modeling）、MCM 衍生出的 ICM（The Interdisciplinary Contest in Modeling）、HiMCM（The High School Mathematical Contest in Modeling）和针对中学生的 IM2C（The International Mathematical Modeling Challenge）。

1992 年，中国工业与应用数学学会举办了我国首届大学生数学建模竞赛，1994 年 4 月国家教委高教司向各省（自治区、直辖市）教委发出教高司〔1994〕76 号文件《关于组织数学建模、机械设计、电子设计竞赛的通知》，要求数学建模竞赛由中国工业与应用数学学会具体组织。2003 年，教育部高教司颁发了《关于鼓励教师积极参与指导大学生科技活动的通知》，明确要求有关高等学校“承认教师在指导全国大学生电子设计竞赛和数学建模竞赛以及得到社会认可的其他科技竞赛活动中的工作量”，“建立有效的激励机制，鼓励更多的教师更加积极地参与指导大学生的科技活动和竞赛活动”。自此，数学建模竞赛得以蓬勃发展，全国大学生数学建模竞赛参赛队数大约以每年 20%左右的幅度增加。

陆军军医大学（原第三军医大学）于 2003 年首次参赛，最初参加专科组，2004 年开始逐渐参加本科组，2008 年完全参加本科组竞赛。至 2007 年，根据全国组委会的统计，原第三军医大学以 11 项全国一等奖并列全国 42 位（1994－2007 年的获奖总数）。陆军军医大学的数学建模竞赛大致划分为三个阶段：2003－2006 年，发展期；2007－2017 年，成熟期；2018 至今，调整期。我校数学教研室每年组织参与的竞赛包括本科三大赛事（全国大学生数学建模竞赛、美国大学生数学建模竞赛、军队院校军事建模竞赛）和研究生两大赛事（中国研究生数学建模竞赛、全军军事建模竞赛），已经形成了一套行之有效的数学建模教学模式。研究生数学建模竞赛三年三获全国一等奖，其中两篇全国优秀论文，本科生军事建模竞赛四年两夺“军事运筹杯”，美国大学生数学建模竞赛获得一项特等奖和多项一等奖。在全国大学生数学建模竞赛中，我国获得了全国一等奖 23 项、二等奖 48 项的成绩，这些成绩是在参赛队数较少的情况下获得的。2017 年由于军队院校编制与体制调整，我校数学建模竞赛遇到了前所未有的挑战，数学建模的教学和竞赛组织方式需要进一步调整以适应改革。

为了展示我校数学建模成果，为以后的数学建模教学和竞赛提供借鉴，本书将我校在全国大学生数学建模竞赛中获得全国奖的论文筛选出来，以原汁原味的论文和评述，整理成 A 题和 B 题两辑出版。本书可以作为研究生、本科生、专科学员参加数学建模竞赛的指导用书，也可以作为科研人员从事相关科研时数学建模方法的参考书。

本书的顺利出版，要感谢陆军军医大学基础医学院领导的支持。对于数学建模竞赛的健康成长，我们衷心感谢陆军军医大学的校首长、教务处黄继东处长，直接主管竞赛的柏杨参谋、梅林参谋、郇晓薇参谋以及生物医学工程系、图书馆。数学建模的开展离不开数学原教研室主任罗明奎教授、王开发教授的无私付出。最后感谢陆军军医大学数学建模的教师团队和所有参加数学建模竞赛的同学，没有你们的努力就没有我校的数学建模成果。

竞赛论文毕竟是三天的成果，时间仓促、水平有限、错漏难免，恳请各位专家批评指正。

罗万春

2021 年 1 月于重庆

A 题入选论文

年份	等级	参赛学生	指导教师	论文题目
2007	全国一等奖	李阳、罗虎、陈道森	罗万春	中国人口增长的预测模型
2010	全国二等奖	魏歆、许军鹏、范卫杰	宋丽娟	储油罐的变位识别与罐容表标定
2011	全国二等奖	童武阳、王泽、荀明飞	雷玉洁	城市表层土壤重金属污染分析
2012	全国一等奖	李百川、赵余、李鑫	罗万春	基于多元逐步线性回归的葡萄酒评价模型
2013	全国一等奖	张瑞瑞、颜泽勇、许一航	马翠	车道被占用对城市道路通行能力的影响
2013	全国一等奖	刘昶、张开元、廖盛涛	雷玉洁	车道被占用对城市交通道路通行能力的影响评价模型
2014	全国一等奖	晋旭锐、张文刚、郭福仁	宋丽娟	基于轨道优化算法和 Simulink 仿真的软着陆轨道设计和控制策略
2014	全国二等奖	李佳承、张昕、沈怡	罗万春	基于动力学模型的嫦娥三号软着陆轨道的设计研究
2015	全国二等奖	郭福仁、晋旭锐、杜俊杰	宋丽娟	基于几何关系的太阳影子定位优化方案
2016	全市一等奖	李佳承、邵辉、李翔	罗万春	基于多目标非线性优化的悬链式锚泊系统分析及构建方法
2017	全国二等奖	王艺超、唐凯、李翔	宋丽娟	平行束 CT 系统参数标定及成像

本书出版资助项目：

（1）国家自然科学基金青年科学基金项目（61401473）。

（2）陆军军医大学人文社科基金（2017XRW03）。

（3）陆军军医大学教育改革研究课题（2018B14）。

（4）陆军军医大学基础医学院教育研究课题（2018B03）。

（5）陆军军医大学优秀人才项目（陈代强）。

（6）陆军军医大学优秀人才项目（宋丽娟）。

（7）陆军军医大学优秀人才项目（马翠）。

（8）陆军军医大学基础医学院青年教师支持计划项目（宋丽娟）。

目　　录

2007年A题

中国人口增长预测

中国是一个人口大国，人口问题始终是制约我国发展的关键因素之一。根据已有数据，运用数学建模的方法，对中国人口做出分析和预测是一个重要课题。

近年来中国的人口发展出现了一些新的特点，例如，老龄化进程加速、出生人口性别比持续升高，以及乡村人口城镇化等，这些都影响着中国人口的增长。2007年年初发布的《国家人口发展战略研究报告》（附录1）还做出了进一步的分析。

关于中国人口问题已有多方面的研究，并积累了大量数据资料。附录2就是从《中国人口统计年鉴》上收集到的部分数据。

试从中国的实际情况和人口增长的上述特点出发，参考附录2中的相关数据（也可以搜索相关文献和补充新的数据），建立中国人口增长的数学模型，并由此对中国人口增长的中短期和长期趋势做出预测；特别要指出你们模型中的优点与不足之处。

注：因篇幅原因，文中提及并未列出的“附录”均为题目自带，有需要的读者可在全国大学生数学建模竞赛官方网站（http://www.mcm.edu.cn/index_cn.html）上下载。

2007年A题　全国一等奖

中国人口增长的预测模型

参赛队员：李　阳　罗　虎　陈道森
指导教师：罗万春

摘　要

本文研究的是根据中国实际情况，结合近年中国人口发展出现的新特点（老龄化加速、出生人口性别比持续升高以及乡村人口城镇化等），对中国人口的增长趋势做出中短期及长期预测的问题。首先，我们扩充了中国历年的总人口数据，建立了BP神经网络模型，对中国短期、中期、长期的人口增长趋势分别做了简单预测。其次借用Logistic人口增长模型，将各种影响人口发展的因素归结到环境的容量因素中，建立了符合中国实际情况的人口增长模型，并编程求解。再次，我们对宋健人口模型进行了改进，建立了一阶偏微分方程模型，并借用高斯-赛德尔迭代法的思想将已预测出的数据加以迭代来预测下一年的数据，使该模型具有更好的时效性，利用Excel对所给数据进行统计和筛选，并用MATLAB 6.5编程实现，对中国人口发展进行了预测。最后我们以改进的宋健人口模型为基础，将农村人口城镇化的因素纳入考虑范围，提出了人口城镇化影响因子，从而建立了人口城镇化进程中的人口增长模型。

四种模型均用MATLAB 6.5编程求解。从四个模型的结果中可以看出：短期预测时，Logistic人口模型预测结果准确，而中长期预测时，偏微分方程更加优越。在2045年左右，中国人口达到峰值（约14.6亿人），之后在一个较小的范围内波动。而城镇人口增长模型和乡村人口增长模型更是从图像上直观地反映出未来中国人口发展的趋势，先是缓慢上升，到2040年左右人口达到一个最大值（14.5亿人），之后人口缓慢下降，到2080年时，中国人口约为11.1亿人。模型四最能刻画我国人口发展趋势的特点。

本文的四种模型相互印证、相互补充，其中改进后的微分方程模型能推广用于多因素影响的预测问题。而模型四更是很好地描述了中国在城市化进程中的人口发展趋势，该模型不仅适用于中国，也适用于所有处于城市化阶段的发展中国家，有一定的创新性。

关键词: 人口预测　神经网络　Logistic 人口增长模型　宋健人口模型　偏微分方程　人口城镇化

1　问题重述

中国是一个人口大国，人口问题始终是制约我国发展的关键因素之一。根据已有数据，运用数学建模的方法，对中国人口做出分析和预测是一个重要问题。

近年来中国的人口发展出现了一些新的特点，例如，老龄化进程加速、出生人口性别比持续升高，以及乡村人口城镇化等，这些都影响着中国人口的增长。2007 年年初发布的《国家人口发展战略研究报告》（附录 1）还做出了进一步的分析。

关于中国人口问题已有多方面的研究，并积累了大量数据资料。附录 2 就是从《中国人口统计年鉴》上收集到的部分数据。

试从中国的实际情况和人口增长的上述特点出发，参考附录 2 中的相关数据（也可以搜索相关文献和补充新的数据），建立中国人口增长的数学模型，并由此对中国人口增长的中短期和长期趋势做出预测；特别要指出你们模型中的优点与不足之处。

2　模型假设

（1）将出生人口数、死亡人口数、老龄化、人口迁移以及性别比作为衡量人口状态变化的全部因素，不再考虑其他因素对人口状态的影响。

（2）所有表征和影响人口变化的因素都是在整个社会人口的平均意义下确定的。

（3）人口死亡率函数只依赖于各个年龄段，而与时间的流逝无关，即针对同一年龄段，假设人口死亡率在各个年份是相同的。

3　符号说明

（1）$N(t)$：某时刻该地区的人口总数。

（2）r_m：人的最长寿命。

（3）$F(r,t)$：人口函数，表示该地区在 t 时刻时一切年龄小于 r 的人口总数。

（4）$p(r,t)$：人口年龄分布密度函数，表示在 t 时刻年龄为 r 的人口数，

$p(r,t)=\dfrac{\partial F}{\partial r}$。

（5）$\mu(r,t)$：人口死亡率，表示在 t 时刻年龄为 r 的人口的死亡率。

（6）$p_0(r)$：初始时刻的人口密度，$p_0(r)=p(r,0)$。

（7）$f(t)$：婴儿出生率，$p(0,t)=f(t)$。

（8）$k(r,t)$：女性性别比函数，表示 t 时刻年龄在 $[r,r+\mathrm{d}r)$ 内的女性人数为 $k(r,t)p(r,t)\mathrm{d}r$。

（9）$\beta(t)$：总和生育率，表示平均每个女性一生的总和生育数。

（10）$h(r,t)$：生育率分布函数，描述的是女性在各个年龄段生育率的高低。

（11）σ：人口迁移造成的妇女生育率改变的增长系数。

4 问题分析

对于我国这样的人口大国来说，人口问题始终是制约我们经济、文化等各方面发展的重要因素。准确地用数学语言和较为符合中国国情的实际因素来刻画人口的增长状况，为人口的预测提供一个较好的参考，是关系到国计民生的重要问题，也是本文的战略性目标。

由于近年来中国的人口发展出现了一些新的特点，比如老龄化进程加速、出生人口性别比持续升高，以及乡村人口城镇化等，特别是计划生育政策的实施，都从不同程度影响着人口的增长，而这些是以前的人口预测中很难估测的。为此，如何综合考虑各方面的因素，较为准确地刻画出人口增长趋势，是本文要解决的重要问题。

关于人口预测方面，中外大批的科学家进行了长期的探索，为我们积累了丰富的经验。比如阻滞增长模型（Logistic 模型）、神经网络等，它们均是总人口随时间变化的规律性预测，不能很好地刻画中国人口发展的新特点，即多因素影响，而偏微分方程能够很好地描述这些因素对人口增长的影响，因此可以利用偏微分方程对人口增长进行预测并与神经网络和 Logistic 模型进行比较。

5 模型的建立与求解

5.1 BP 神经网络模型

BP（Back Propagation，反向传播）神经网络模型是一种用于前向多层神经网络的误差反向传播学习算法，采用的是并行网络结构，包括输入层、中间层和输出层，如图 1 所示，经作用函数后，再把隐节点的输出信号传递到输出节点，最后给出输出结果。该算法的学习过程由信息的前向传播和误差的反向传播组成。在前向传播的过程中，输入信息从输入层经中间层逐层处理，并传向输出层。第一层的神经元状态只影响下一层神经元的状态。如果在输出层得到不同期望的输出结果，则转入反向传播，将误差信号（目标值与网络输出之差）沿原来的连接通道返回，通过修改各层神经元权值，使得误差均方最小[1]。

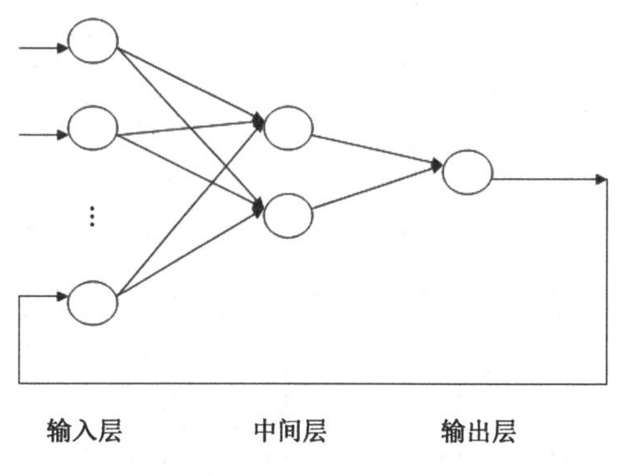

图 1　BP 神经网络模型

由于 BP 神经网络法在预测模型中运用广泛，因此我们首先考虑到运用这一方法对近些年来中国的人口数据进行学习和培训，从而得到一段时间内的人口预测数据；同时，为了提高预测精度，我们采用回归预测的方法，将输出层的数据反馈到输入层作为已知数据，继续培训。比如我们有 n 组数据，我们可以利用回归 BP 神经网络法，通过软件 MATLAB 6.5 预测出第 n+1 个数据，之后，我们将第 n+1 个数据添加到前面 n 组数据中，构成 n+1 个数据组，将这 n+1 个数据作为已知数据，利用同样的方法再去预测第 n+2 组数据，如此循环。

于是，我们得到第一个模型。

模型一：

$$\begin{cases} P(n+1)=T(P(1),P(2),...,P(n)) \\ P(n+2)=T(P(1),P(2),...,P(n+1)) \\ .... \\ P(n+t)=T(P(1),P(2),...,P(n+t-1)) \end{cases}$$

模型说明：$P(n+1)$ 代表第 $n+1$ 年的人口总数，T 是 BP 神经网络的内部函数，$P(n+1)=T(P(1),P(2),...,P(n))$ 表示第 $n+1$ 年的人口数是前 n 年人口数的函数，依次类推。

另外，由于题目所给的人口数据仅限于5年之内，且部分数据与实际情况相差较大。对于BP神经网络法来说，数据太少，预测的效果往往很差，因此，我们通过查阅相关资料[2]扩充数据，得到1978—2005年我国的总人口数，见表1。

表1 我国1978—2005年人口数及构成

年份	年底总人口数/万人	按性别分				按城乡分			
		男		女		城镇总人口		乡村总人口	
		人口数/万人	比重/%	人口数/万人	比重/%	人口数/万人	比重/%	人口数/万人	比重/%
1978	96259	49567	51.49	46692	48.51	17245	17.92	79014	82.08
1980	98705	50785	51.45	47920	48.55	19140	19.39	79565	80.61
1985	105851	54725	51.70	51126	48.30	25094	23.71	80757	76.29
1989	112704	58099	51.55	54605	48.45	29540	26.21	83164	73.79
1990	114333	58904	51.52	55429	48.48	30195	26.41	84138	73.59
1991	115823	59466	51.34	56357	48.66	31203	26.94	84620	73.06
1992	117171	59811	51.05	57360	48.95	32175	27.46	84996	72.54
1993	118517	60472	51.02	58045	48.98	33173	27.99	85344	72.01
1994	119850	61246	51.10	58604	48.90	34169	28.51	85681	71.49
1995	121121	61808	51.03	59313	48.97	35174	29.04	85947	70.96
1996	122389	62200	50.82	60189	49.18	37304	30.48	85085	69.52
1997	123626	63131	51.07	60495	48.93	39449	31.91	84177	68.09
1998	124761	63940	51.25	60821	48.75	41608	33.35	83153	66.65
1999	125786	64692	51.43	61094	48.57	43748	34.78	82038	65.22
2000	126743	65437	51.63	61306	48.37	45906	36.22	80837	63.78
2001	127627	65672	51.46	61955	48.54	48064	37.66	79563	62.34
2002	128453	66115	51.47	62338	48.53	50212	39.09	78241	60.91
2003	129227	66556	51.50	62671	48.50	52376	40.53	76851	59.47
2004	129988	66976	51.52	63012	48.48	54283	41.76	75705	58.24
2005	130756	67375	51.53	63381	48.47	56212	42.99	74544	57.01

数据来源：中华人民共和国国家统计局年度数据。

5.1.1 短期人口预测

以1978—2005年的人口数作为训练样本集，预测2006—2010年的人口数。利用MATLAB 6.5编程求解，为了便于对比，我们同时采用了RBF径向基神经网

络法对近期人口发展进行预测，得到如图 2 所示效果图。

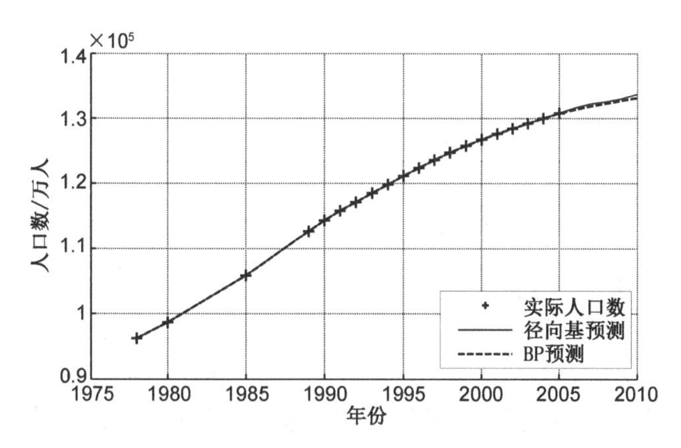

图 2　神经网络模型对人口进行短期预测

同时得到 2006—2010 年短期内的人口预测数据，所得结果见表 2。

表 2　2006—2010 年人口预测数据

年份	实际值/万人	径向基神经网络		BP 神经网络	
		预测值/万人	相对误差/%	预测值/万人	相对误差/%
2003	129227	129293	0.05	129212	0.01
2004	129988	130034	0.03	129926	0.04
2005	130756	130995	0.18	130596	0.01
2006		131524		131298	
2007		132193		131797	
2008		132559		132268	
2009		132979		132677	
2010		134274		133148	

由图 2 和表 2 可知：两种神经网络法模拟的结果说明，在 2006—2010 年内，中国人口有继续上涨的趋势，但是涨幅逐年减小，最终将会达到一个最大值。通过误差分析，我们可以看出，两种方法中，BP 神经网络法相对误差较小，预测更加准确。

5.1.2　中长期人口预测

根据模型一，我们先以 2001 年到 2005 年的人口数据作为训练样本来预测 2006 年的人口数，再将 2006 年的人口数加入训练样本来预测 2007 年的人口数，逐年递推。利用 MATLAB 6.5 编程求解，对未来中国的人口发展进行中长期预测，结果如图3所示。

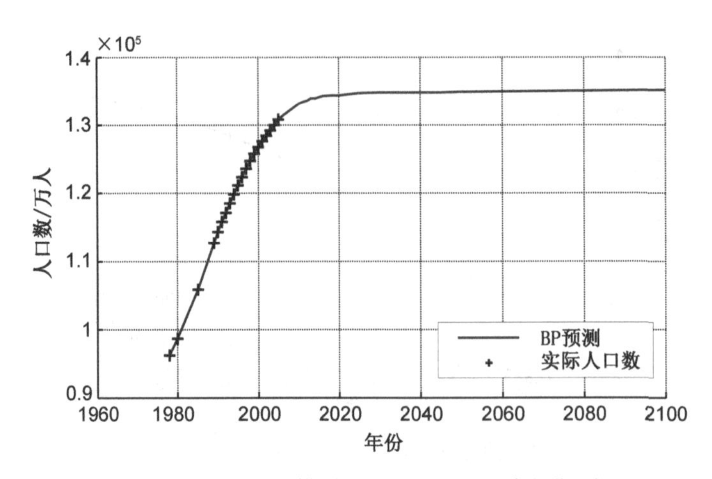

图3 BP神经网络模型对我国人口进行中长期预测

从图3可以看出，在2045年前后，中国人口将达到峰值13.5亿。之后，中国的人口将保持稳定，而这显然不符合实际情况，由于中国人口受多方面因素影响，总人口不会长期稳定不变。

5.2 Logistic模型

5.2.1 模型阐述

BP神经网络模型单纯地从历年的人口总数去模拟未来中国人口的发展趋势，研究的是数据的整体变化，没有考虑到影响人口数据变化的内部因素。为了从根本原因上反映人口增长的规律，我们借用经典Logistic模型对未来人口的发展趋势进行一个简单的预测。

Logistic模型[3]说明：Logistic模型是在马尔萨斯的指数模型基础上改进的，马尔萨斯的人口增长指数模型为

$$\frac{\mathrm{d}x}{\mathrm{d}t}=rx \tag{1}$$

即人口的增长率是一个常数。而Logistic模型建立在一个最根本的假设之上，那就是人口的增长率不是一个常数，而是关于人口数量的递减函数。

变量含义：

$$\begin{cases} r(x) & \text{人口增长率，为 } x \text{ 的递减函数，} r(x)=r-sx \\ x_m & \text{环境所能容纳的最大人口数} \\ r & \text{固有人口增长率，} r(0)=r \end{cases}$$

由以上关系易得

$$r(x) = r\left(1 - \frac{x}{x_m}\right) \tag{2}$$

将式（2）代入人口增长的指数模型（1）中，得到

模型二：

$$\frac{\mathrm{d}x}{\mathrm{d}t} = r\left(1 - \frac{x}{x_m}\right)x \tag{3}$$

$$x(0) = x_0$$

由式（3）可以解得

$$x(t) = \frac{x_m}{1 + \left(\frac{x_m}{x_0} - 1\right)\mathrm{e}^{-rt}} \tag{4}$$

5.2.2 模型求解

5.2.2.1 短期人口预测

以 1978 年到 2005 年的人口数据拟合求出模型二的参数 x_m 和 r，用 MATLAB 6.5 编程求解，得到 $x_m = 15.447 \times 10^8$， $r = 0.045681$，则式（4）为

$$x(t) = \frac{15.447 \times 10^8}{1 + \left(\frac{15.447 \times 10^8}{9.6259 \times 10^8} - 1\right)\mathrm{e}^{-0.045681t}} \tag{5}$$

短期内（2006—2010 年）的人口预测结果见图 4 和表 3。

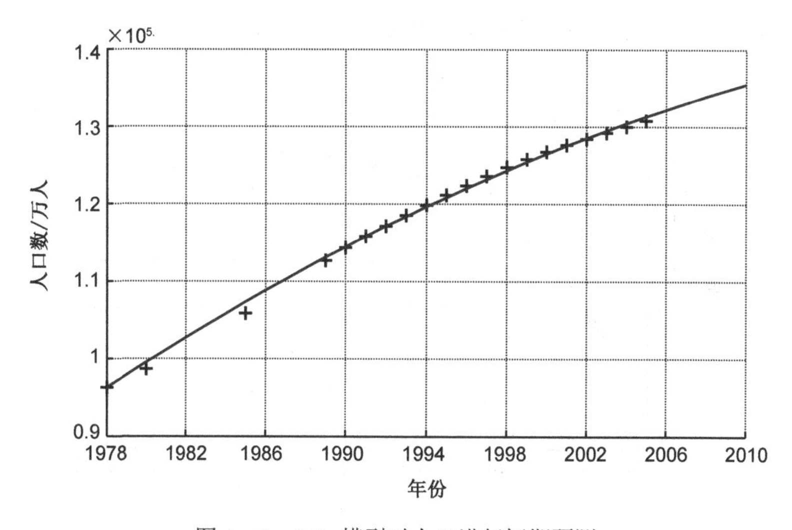

图 4 Logistic 模型对人口进行短期预测

表 3　2006—2010 年人口预测数据

年份	实际人口/万人	Logistic 预测/万人	偏差/万人	相对误差/%
2000	126743	126470	273	0.215397
2001	127627	127500	127	0.099509
2002	128453	128510	57	0.0443742
2003	129227	129480	253	0.1957795
2004	129988	130420	432	0.3323384
2005	130756	131330	574	0.4389856
2006		132220		
2007		133070		
2008		133900		
2009		134700		
2010		135480		

从图 4 和表 2、表 3 可以看出，在 2000—2005 年中，利用 Logistic 模型得到的预测值与实际值符合得较好，平均偏差不超过 0.22%。所以，利用此模型对中国人口进行短期预测是可行的。同时，从 2006—2010 年的人口增长情况来看，未来几年内中国的人口将继续增加，但是增长速率主要呈逐年减小的趋势。

5.2.2.2　中长期人口预测

运用同短期预测一样的方法，扩大预测时间段，对未来中国的人口发展进行中长期预测，由式（5）可得中国人口发展趋势，见图 5 和表 4。

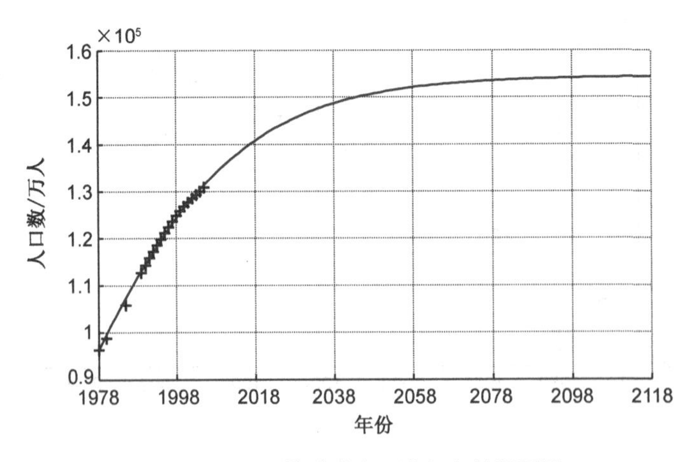

图 5　Logistic 模型对人口进行中长期预测

表 4　Logistic 模型对人口进行中长期预测的结果

年份	人数/万人	年份	人数/万人	年份	人数/万人	年份	人数/万人
2018	136224	2048	149387	2078	153145	2108	154130
2023	139591	2053	150397	2083	153413	2113	154199
2028	142391	2058	151211	2088	153628	2118	154254
2038	146594	2068	152389	2098	153935		
2043	148136	2073	152809	2103	154043		

综合图 5 和表 4，我们可以看出未来中国人口发展的总趋势：在一定时期内，人口将继续增长，但是增长率逐渐减小，人口将于 2050 年达到 15 亿，最终人口将趋于一个稳定值——15.4 亿人。

5.3　改进的宋健人口模型

BP 神经网络模型和 Logistic 模型都没有具体分析影响人口发展的内在因素，只是从外部数据进行预测。要具体分析近年来中国人口发展涌现出来的新特点对人口增长的影响，微分方程不可或缺。

早在 20 世纪 80 年代，针对我国复杂的人口特点，我国科学家宋健等人就人口发展提出了新的人口模型，该模型通过详细的推导得到一个偏微分方程，并由此衍生出了著名的“人口控制论”。宋健人口模型在人口预测和人口控制中起着重要的作用，但是由于近年来中国人口发展出现的各种新特点，在用宋健模型的同时难免顾此失彼，带来一定程度的误差，因此，我们考虑在宋健模型的基础上做一定的改进。

5.3.1　宋健人口模型介绍

宋健的人口模型[4]基于以下三个基本假设：

（1）把研究的社会人口当作一个整体、一个完整的系统来考虑。

（2）所有表征和影响人口变化的因素都是在整个社会人口平均意义下确定的。

（3）把时间的流逝、婴儿的出生、人口的死亡和居民的迁移看成影响人口发展的全部因素。

以下是宋健人口模型的推导过程。

为研究任意时刻不同年龄的人口数量，引入人口的分布函数和密度函数，时刻 t 年龄小于 r 的人口总数称为人口分布函数，记作 $F(r,t)$，$t,r \geqslant 0$ 且均为连续变量。设 F 是连续可微的，时刻 t 的人口总数记为 $N(t)$，最高年龄记为 r_m，理论推

导时设$r_m \to \infty$，于是对于非负函数$F(r,t)$有

$$F(0,t)=0, F(r_m,t)=N(t) \tag{6}$$

人口密度函数定义为

$$p(r,t)=\frac{\partial F}{\partial r} \tag{7}$$

$p(r,t)\mathrm{d}r$表示时刻t年龄在$[r,r+\mathrm{d}r]$内的人口数。

记$\mu(r,t)$为时刻t，年龄为r的人口的死亡率。其含义为，$\mu(r,t)p(r,t)\mathrm{d}r$表示时刻$t$年龄在$[r,r+\mathrm{d}r]$内单位时间死亡的人数。

为了得到$p(r,t)$满足的方程，考察时刻t年龄在$[r,r+\mathrm{d}r]$内的人到时刻$t+\mathrm{d}t$的情况，他们活着的那一部分人的年龄变为$[r+\mathrm{d}r_1, r+\mathrm{d}r+\mathrm{d}r_1]$，这里$\mathrm{d}r_1=\mathrm{d}t$。而在$\mathrm{d}t$这段时间内死亡的人数为$\mu(r,t)p(r,t)\mathrm{d}r\mathrm{d}t$，于是

$$p(r,t)\mathrm{d}r-p(r+\mathrm{d}r,t+\mathrm{d}t)\mathrm{d}r=\mu(r,t)p(r,t)\mathrm{d}r\mathrm{d}t \tag{8}$$

上式可以写成：

$$[p(r+\mathrm{d}r_1,t+\mathrm{d}t)-p(r,t+\mathrm{d}t)]+[p(r,t+\mathrm{d}t)-p(r,t)]\mathrm{d}r\mathrm{d}t=-\mu(r,t)p(r,t)\mathrm{d}r\mathrm{d}t$$

由于$\mathrm{d}r_1=\mathrm{d}t$，我们得到

$$\frac{\partial p}{\partial r}+\frac{\partial p}{\partial t}=-\mu(r,t)p(r,t) \tag{9}$$

这是人口密度函数$p(r,t)$的一阶偏微分方程，其中死亡率$\mu(r,t)$为已知函数。

方程（9）有两个定解条件：初始密度函数记作$p(r,0)=p_0(r)$；单位时间内出生的婴儿数记作$p(0,t)=f(t)$，称为婴儿出生率。前者可以查到，于是得到宋健人口模型：

$$\begin{cases}\dfrac{\partial p}{\partial r}+\dfrac{\partial p}{\partial t}=-\mu(r,t)p(r,t), t,r>0\\ p(r,0)=p_0(r)\\ p(0,t)=f(t)\end{cases} \tag{10}$$

这个连续型人口发展模型描述了人口的演变过程，从这个方程确定出密度函数$p(r,t)$后，就可以得到各个年龄的人口数，即人口分布函数：

$$F(r,t)=\int_0^r p(s,t)\mathrm{d}s \tag{11}$$

假设死亡率不依赖于时间t，我们得到通式（10）的解：

$$p(r,t)=\begin{cases}p_0(r-t)\mathrm{e}^{-\int_{r-t}^{r}\mu(s)\mathrm{d}s}, 0\leqslant t\leqslant r\\ f(t-r)\mathrm{e}^{-\int_0^r \mu(s)\mathrm{d}s}, t>r\end{cases}$$

在图 6 所示的人口系统中， $p(r,t)$ 为状态变量，而新生人口 $f(t)$ 为控制变量状态，状态变量 $p(r,t)$ 通过总和生育率 $\beta(t)$ 形成反馈增益。

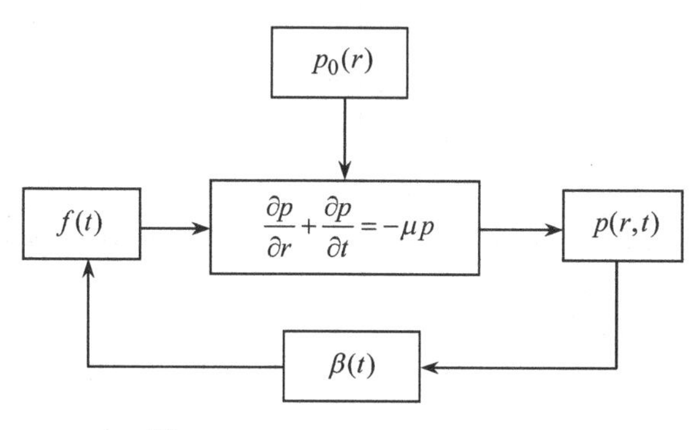

图 6　人口正反馈控制系统示意图

5.3.2　模型的改进

由于宋健人口模型根据初始年份的人口分布 $p_0(r)$ 来预测未来各个年份人口的发展状况，已经预测出来的数据没有得到充分利用。而我们却希望利用已经预测出来的数据来预测下一年的人口数。以 2006 年为例，2006 年的人口数可分为两部分，一部分是从 2005 年过渡而来的，另一部分则是新生人口。在不考虑人口迁移的情况下，前一部分可以利用 2005 年的各个年龄段的人口数，结合此年龄段的死亡率预测出 2006 年各个年龄段的人口数；后一部分（2006 年的新生人口数）可以结合 2005 年育龄妇女数及其生育率来预测，具体过程如下所述。

首先将中国人口分为三部分：城市人口（S）、镇人口（Z）、乡人口（X）。三类人群的相对死亡率、男女比例、育龄妇女生育率和人口年龄结构各不相同，所以有必要分别处理。

通过对 2001—2005 年的人口统计数据（附录 2）进行分析，发现上述同一类人群每年的死亡率与年龄的关系大致相同，如图 7 所示。因此，可以假定各类人群的每年死亡率随年龄的分布是相同的。通过对各年的死亡率求均值并拟合，可以得到各类人群的死亡率函数 $\mu(r)$ 。

然后分别对三类人群的性别比进行分析，发现同一类人群中每年各年龄段的男女比例也大致相同，如图 8 所示。因此，可以假定各类人群每年各年龄段的男女比例是相同的。由此可得各类人群的女性比例函数 $k(i)$ 。

通过分析市、镇、乡育龄妇女各年龄的生育率（分布如图 9 所示），可以分别拟合得到三类人群妇女的生育率分布函数 $h(r)$ 。

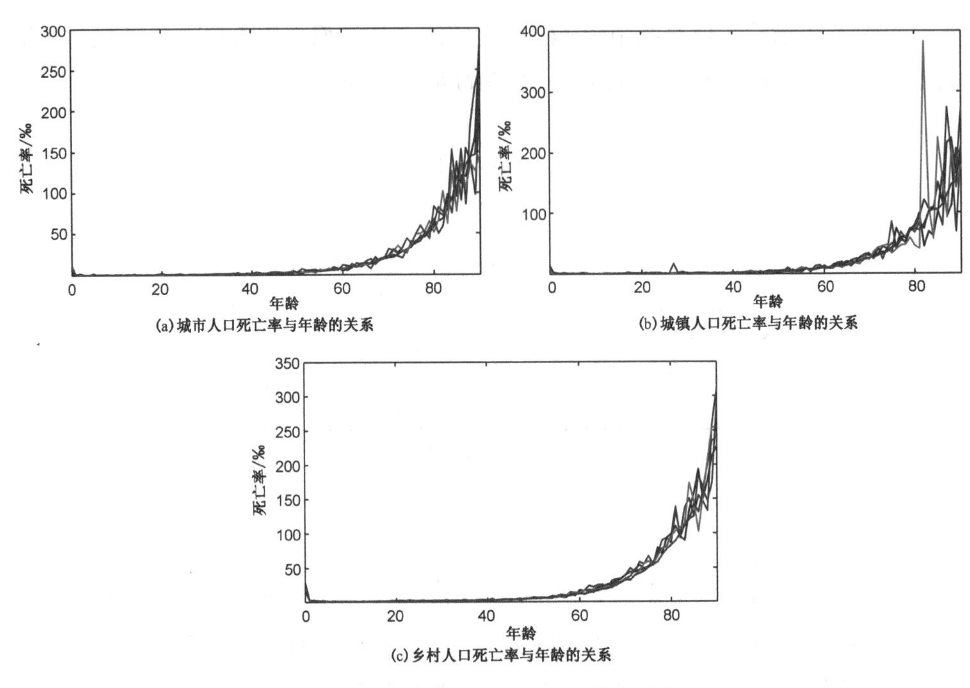

图 7　市、镇、乡人口死亡率与年龄的关系

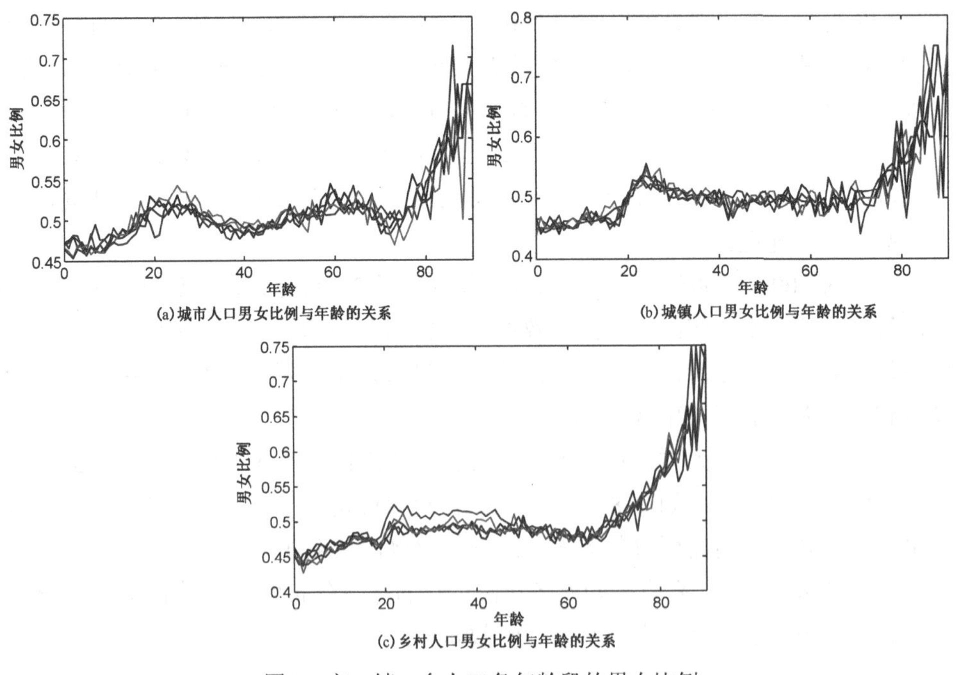

图 8　市、镇、乡人口各年龄段的男女比例

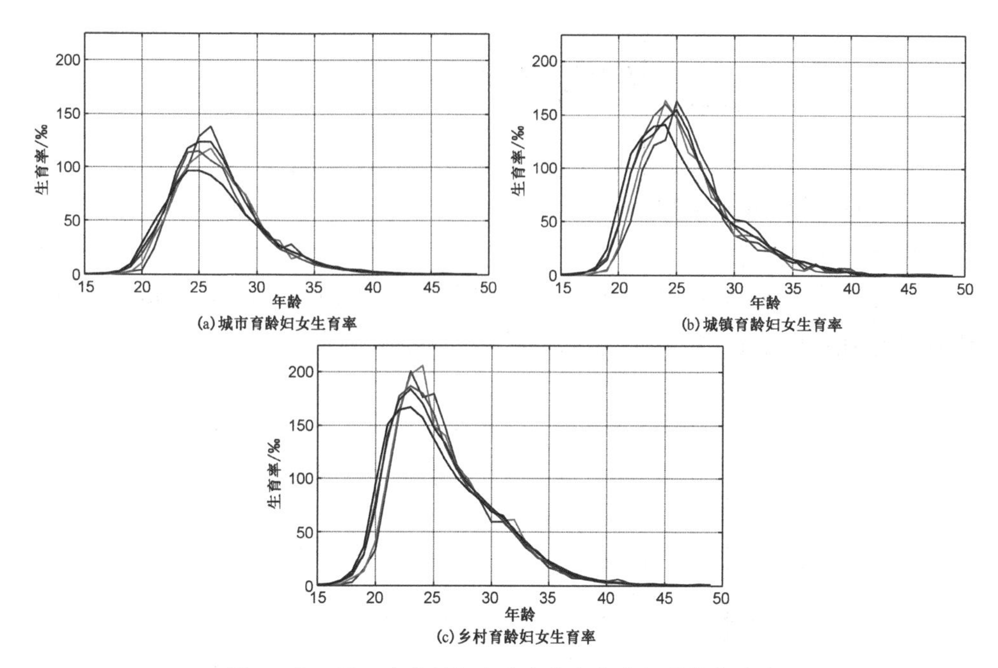

图9 市、镇、乡育龄妇女生育率在各个年龄段的分布

第 t 年年龄为 r 的人口数即第 $t-1$ 年年龄为 $r-1$ 的人口数乘以存活系数 $e^{-\int_{r-1}^{r}\mu(\rho)d\rho}$（简化起见我们可以写成 $e^{-\frac{\mu(r-1)+\mu(r)}{2}}$），即

$$p(r,t)=p(r-1,t-1)e^{-\frac{\mu(r-1)+\mu(r)}{2}} \tag{12}$$

而第 t 年出生的人口与当年的育龄妇女（15～49 岁）数量及其生育率决定 $h(r)$，而当年的育龄妇女数量又可以由第 $t-1$ 年 14～48 岁的女性数量及其死亡率通过式（12）算得。至于各年龄的生育率 $h(r)$ 则有赖于人们的生育观念和计划生育措施的执行力度。在此我们通过对所给的五年数据进行统计分析（图 9），发现近年来我国育龄妇女的生育率逐年下降并且生育年龄有所推迟，而且总和生育率也不断下降。

因此，第 t 年出生的人口即各年龄段的育龄妇女数 $k(r)p(r,t)$ 乘以各自的生育率 $h(r)$ 以及总和生育率 $\beta(t)$。

由以上的过程我们便可算出各年各年龄段的人口数矩阵 $p(r,t)$，得到宋健人口预测模型的改进模型。

模型三：

$$N(t)=\sum_{r=0}^{r_m}p(r,t)$$

$$p(r,t)=\begin{cases}\beta(t)\sum\limits_{i=14}^{48}k(i)h(i)p(i,t-1), & r=1\\ p(r-1,t-1)\mathrm{e}^{-\frac{\mu(r-1)+\mu(r)}{2}}, & r>1\end{cases}$$

式中，$N(t)$为第t年的人口数。

5.3.3 模型求解

首先利用Excel进行数据统计，大致统计出性别比$k(r)$和死亡率$\mu(r)$的值，然后利用MATLAB 6.5编程实现，预测结果见图10和表5。

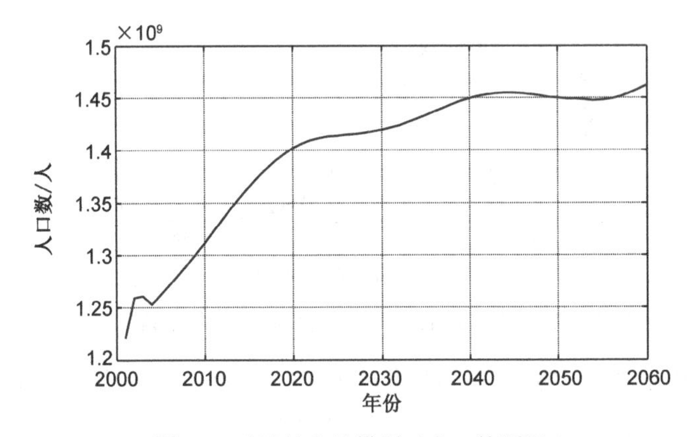

图10 改进的宋健模型对人口的预测

表5 改进的宋健模型对人口的预测

年份	预测人口数/亿人	年份	预测人口数/亿人	年份	预测人口数/亿人	年份	预测人口数/亿人
2001	12.2082	2021	14.0622	2041	14.5145	2061	14.6666
2002	12.5908	2022	14.0949	2042	14.5324	2062	14.7223
2003	12.6042	2023	14.1172	2043	14.5425	2063	14.7828
2004	12.5279	2024	14.1304	2044	14.5475	2064	14.8476
2005	12.6155	2025	14.1390	2045	14.5449	2065	14.9144
2006	12.7100	2026	14.1466	2046	14.5392	2066	14.9843
2007	12.8045	2027	14.1544	2047	14.5303	2067	15.0530
2008	12.9023	2028	14.1645	2048	14.5176	2068	15.1230
2009	13.0047	2029	14.1772	2049	14.5058	2069	15.1895
2010	13.1138	2030	14.1948	2050	14.4987	2070	15.2548
2011	13.2267	2031	14.2150	2051	14.4912	2071	15.3200
2012	13.3396	2032	14.2392	2052	14.4892	2072	15.3838

续表

年份	预测人口数/亿人	年份	预测人口数/亿人	年份	预测人口数/亿人	年份	预测人口数/亿人
2013	13.4507	2033	14.2674	2053	14.4813	2073	15.4463
2014	13.5565	3034	14.2989	2054	14.4729	2074	15.5126
2015	13.6549	2035	14.3320	2055	14.4766	2075	15.5801
2016	13.7464	2036	14.3674	2056	14.4894	2076	15.6490
2017	13.8291	2037	14.4018	2057	14.5105	2077	15.7171
2018	13.9026	2038	14.4350	2058	14.5427	2078	15.7863
2019	13.9660	2039	14.4662	2059	14.5759	2079	15.8623
2020	14. 3684	2040	14.4921	2060	14.6190	2080	15.9432

通过对表 5 和图 10 进行观察，我们可以得到如下结论：中国在未来的一段时间内人口总数将继续增加，在 2020 年左右突破 14 亿，2067 年左右突破 15 亿。通过图 10 还可以看出，人口增长的速率逐年减小，2045 年以后，中国的总人口会在一个稳定的值（14.6 亿）附近上下波动。

5.4 考虑城市化影响的改进型宋健人口模型

5.4.1 模型分析与建立

模型三虽然考虑了性别比、育龄妇女生育率以及死亡率对人口的影响，但并未考虑到我国乡村人口城镇化对人口发展的抑制作用。而由附录 2 所给数据，我们统计得到了 2001—2005 年市、镇、乡育龄妇女的生育率状况，如图 11 所示。

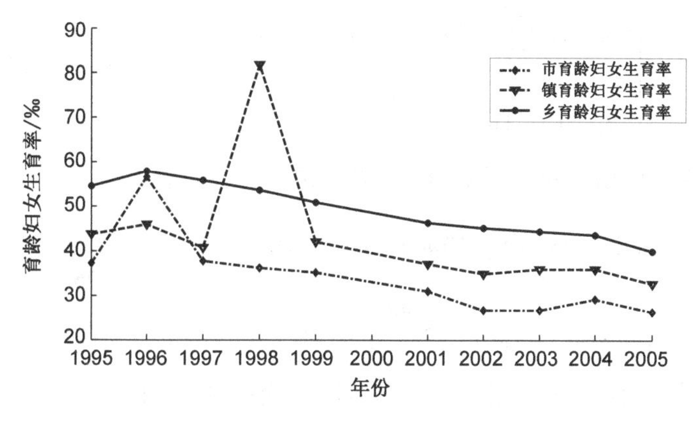

图 11　市、镇、乡育龄妇女生育率比较

从图 11 可以看出，整体上说，乡育龄妇女的生育率最高，镇育龄妇女次之，市育龄妇女最低。而乡村人口城镇化、人口大量迁移必将引起育龄妇女生育率降低，从而抑制人口的增长。每年有大量农村人口转化为城镇人口，其人口数据难以统计，从而导致预测十分困难，在此我们分析农村人口城镇化对生育率的整体影响。

通过统计发现，在城市化进程中，向城镇转移的人口大部分为20～40岁，而这些人群正处于生育旺盛年龄，该类人群的转移将导致乡村人口的生育率有所下降，而农村育龄妇女的生育率远高于城镇妇女，因此在农村人口转化为城镇人口后将导致城镇妇女的生育率有所上升。对此我们将21世纪中国的城市化过程分为三个阶段。

第一阶段（2001－2025 年）：此阶段为城市化预热阶段，城市化速度不断上升，农村人口向城镇的转移率不断增加。

第二阶段（2026－2050 年）：此阶段为全速城市化阶段，中国正以最快的速度进行着城市化进程。

第三阶段（2051 年后）：中国步入中等发达国家水平，城市化基本完成，城乡人口比例趋于稳定。

经过以上分析，并以改进的宋健模型（模型三）为基础，我们得到城市化进程中城、镇、乡的人口发展模型。

模型四：

对城镇：第一阶段，农村人口的加入使得城镇的生育率上升，设影响该阶段的总和生育率随时间不断增大，即 $\beta(t)=\beta_0+t\sigma$ ，其中 σ 为人口城镇化对城镇生育率的影响系数。因此，第一阶段的人口分布矩阵为

$$p(r,t)=\begin{cases}(\beta_0+t\sigma)\sum_{i=14}^{48}k(i)h(i)+p(i,t-1),\ r=1\\ p(r-1,t-1)\mathrm{e}^{-\frac{\mu(r-1)+\mu(r)}{2}},\ r>1\end{cases}\qquad (1\leqslant t\leqslant 25)$$

第二阶段，城镇化对生育率的影响达到最大并保持稳定，有

$$p(r,t)=\begin{cases}(\beta_0+25\sigma)\sum_{i=14}^{48}k(i)h(i)+p(i,t-1),\quad r=1\\ p(r-1,t-1)\mathrm{e}^{-\frac{\mu(r-1)+\mu(r)}{2}},\quad r>1\end{cases}\qquad (25<t\leqslant 50)$$

第三阶段，城镇化完成后生育率随时间的变化慢慢下降，即

$$\beta(t)=\beta_0+25\sigma-(t-50)\sigma$$

$$p(r,t)=\begin{cases}[\beta_0+25\sigma-(t-50)\sigma]\sum\limits_{i=14}^{48}k(i)h(i)+p(i,t-1), & r=1\\ p(r-1,t-1)\mathrm{e}^{-\frac{\mu(r-1)+\mu(r)}{2}}, & r>1\end{cases}\quad (t>50)$$

对于农村，过程恰好相反，在此就不再赘述。

5.4.2　模型求解

首先求解城市化对生育率的影响系数σ，由2001—2005年的数据（附录1）并利用 Excel 统计可以得出五年间农村育龄妇女的生育率由 46.30‰下降到 39.92‰，平均每年下降 1.595‰，所以可以用这五年的平均下降量来近似代替影响系数σ，即取$\sigma=1.595‰$。

针对上述过程对城、镇、乡的人口分别进行编程模拟，预测结果见图12和表6。

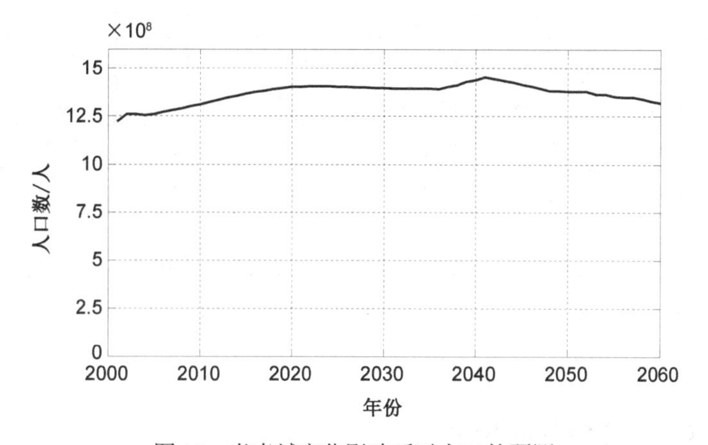

图12　考虑城市化影响后对人口的预测

表6　考虑城市化影响后对人口的预测

年份	预测人口数/亿人	年份	预测人口数/亿人	年份	预测人口数/亿人	年份	预测人口数/亿人
2001	12.2082	2021	14.0384	2041	14.5304	2061	13.1055
2002	12.5908	2022	14.0487	2042	14.4456	2062	13.1146
2003	12.6042	2023	14.0495	2043	14.3520	2063	13.2247
2004	12.5279	2024	14.0419	2044	14.2538	2064	13.2361
2005	12.6155	2025	14.0293	2045	14.1483	2065	13.0476
2006	12.7100	2026	14.0148	2046	14.0410	2066	12.8610
2007	12.8045	2027	13.9991	2047	13.9313	2067	12.7721

续表

年份	预测人口数/亿人	年份	预测人口数/亿人	年份	预测人口数/亿人	年份	预测人口数/亿人
2008	12.9023	2028	13.9840	2048	13.8173	2068	12.6849
2009	13.0047	2029	13.9698	2049	13.8038	2069	12.5938
2010	13.1138	2030	13.9585	2050	13.7946	2070	12.3015
2011	13.2267	2031	13.9477	2051	13.7823	2071	12.2096
2012	13.3396	2032	13.9391	2052	13.7737	2072	12.0153
2013	13.4507	2033	13.9326	2053	13.6541	2073	11.9185
2014	13.5565	3034	13.9275	2054	13.6282	2074	11.7255
2015	13.6549	2035	13.9225	2055	13.5120	2075	11.6329
2016	13.7464	2036	13.9185	2056	13.5019	2076	11.5395
2017	13.8291	2037	14.0127	2057	13.4966	2077	11.4423
2018	13.9026	2038	14.1048	2058	13.3987	2078	11.3431
2019	13.9660	2039	14.2942	2059	13.2964	2079	11.1479
2020	14.0199	2040	14.3778	2060	13.2007	2080	11.0540

从图12和表6可以发现：考虑到人口迁移后建立的模型所预测的人口数比模型三所预测的要小，而且在21世纪后期人口还会有所下降，可见城市化对总人口的增长是有抑制作用的。

6 模型的评价及推广

6.1 模型的优点

（1）模型一采用回归型BP神经网络法，将输出数据反馈到输入数据中，循环预测，减小了预测的误差。

（2）模型二借用了Logistic人口增长模型，将各种影响人口的因素笼统归纳到环境限制中，从外部数据着手，避免了批量数据处理，简单易行。

（3）模型三是对宋健人口模型的改进，采用循环迭代的方法，充分利用预测得来的数据，并且结合中国人口发展的新特点和实际情况，贴近实际，较为准确地完成了对未来60年内中国人口发展状况的预测。

（4）模型四将农村人口城镇化纳入影响人口增长的考虑范围，分别对未来城镇人口的发展和未来乡村人口的发展进行分析，能更好地反映出中国人口在城镇化过程中的发展趋势，具有较高的实际应用价值。

（5）所有模型均可编程实现，可以进行大规模的预测。

6.2 模型的缺点

（1）BP 神经网络模型预测出中国未来人口将于 2040 年左右达到最大值 13.5 亿，之后保持稳定，这个结果不太符合现实，这是由 BP 神经网络法不宜做长期预测决定的。

（2）模型二借用经典 Logistic 人口增长模型，将影响人口发展的各个因素都归结在环境限制里面，过于笼统，未能很好地与中国的实际情况相结合。

（3）模型三建立在宋健人口模型的基础上，虽然结合了实际，但是由于时间的限制，未能完全考虑到符合中国国情的影响人口结构发展的各个因素。

6.3 模型的推广

利用 BP 神经网络法进行数据的短期预测可以用于生活中的很多方面，诸如虫情预报、股市预测、交通能力预测等。而阻滞增长模型一直被认为是理论上的佼佼者，而实际应用却捉襟见肘，但事实上用于短期预测在效果上仍然占据很大优势。改进的宋健模型可以顾及实际情况的多方面因素的影响，用于长期预测效果较其他模型相对要好，在实际生活中值得推广。而模型四更是很好地描述了中国在城市化进程中的人口发展趋势，该模型不仅适用于中国，也适用于所有处于城市化阶段的发展中国家。

参考文献

[1] 飞思科技产品研发中心．神经网络理论与 MATLAB 7 实现[M]．北京：电子工业出版社，2005.

[2] 姜启源，谢金星，叶俊．数学模型[M]．3 版．北京：高等教育出版社，2003.

[3] 刘来福，曾文艺．数学模型与数学建模[M]．北京：北京师范大学出版社，1997.

[4] 傅鹏，龚劬，刘琼荪，等．数学实验[M]．北京：科学出版社，2000.

【论文评述】

本文是我校早期的本科全国一等奖论文，至今仍是新生培训的重要范文之一。一是论文写作规范，标准的三线表、规范的预测效果图、突出的模型描述是论文写作的三大特点。二是模型先选用 BP 神经网络和 Logistic 回归模型进行整体人口的预测，然后用改进的宋健模型预测各年龄段的人口，从而预测总人口。三是将农村人口城市化纳入影响人口增长的考虑范围，分别分析城镇人口和乡村人口的发展，从现在的农村人口城镇化进程来看，这是合理的考量，也是本文最大的亮点。

鉴于当时我校才参加数学建模竞赛 4 年，教师的教学水平和学生的数据处理能力还不够完善，文章还可以增加结果分析的环节，至少可以考虑增加人口预测结果的拟合效果、结果的合理性分析。

罗万春

2010 年 A 题

储油罐的变位识别与罐容表标定

通常加油站都有若干储存燃油的地下储油罐，并且一般都有与之配套的“油位计量管理系统”，采用流量计和油位计来测量进/出油量与罐内油位高度等，通过预先标定的罐容表（即罐内油位高度与储油量的对应关系）进行实时计算，以得到罐内油位高度和储油量的变化情况。

许多储油罐在使用一段时间后，由于地基变形等原因，罐体的位置会发生纵向倾斜和横向偏转等变化（以下称为“变位”），从而导致罐容表发生改变。按照有关规定，需要定期对罐容表进行重新标定。图 1 是一种典型的储油罐尺寸及形状示意图，其主体为圆柱体，两端为球冠体。图 2 是其罐体纵向倾斜变位的示意图，图 3 是罐体横向偏转变位的截面示意图。

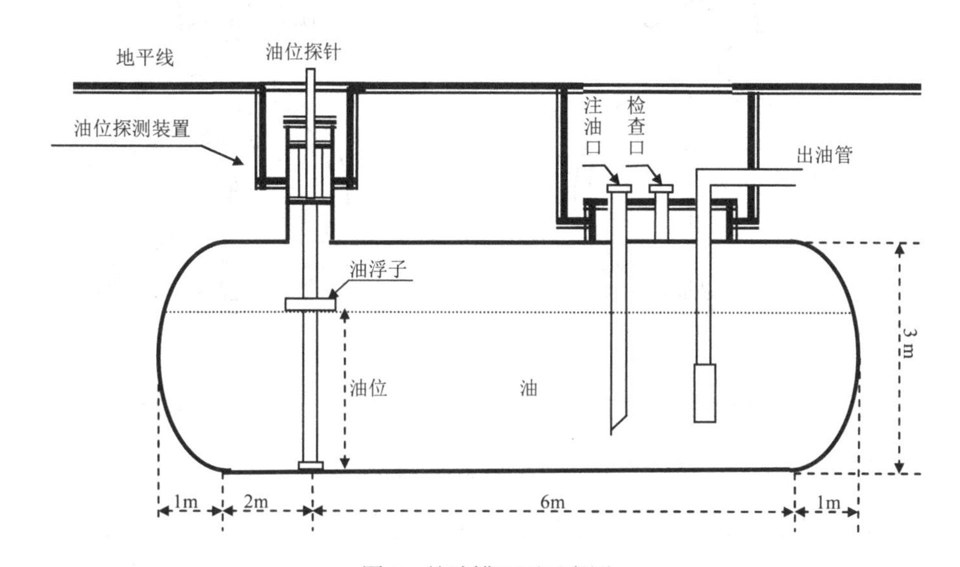

图 1　储油罐正面示意图

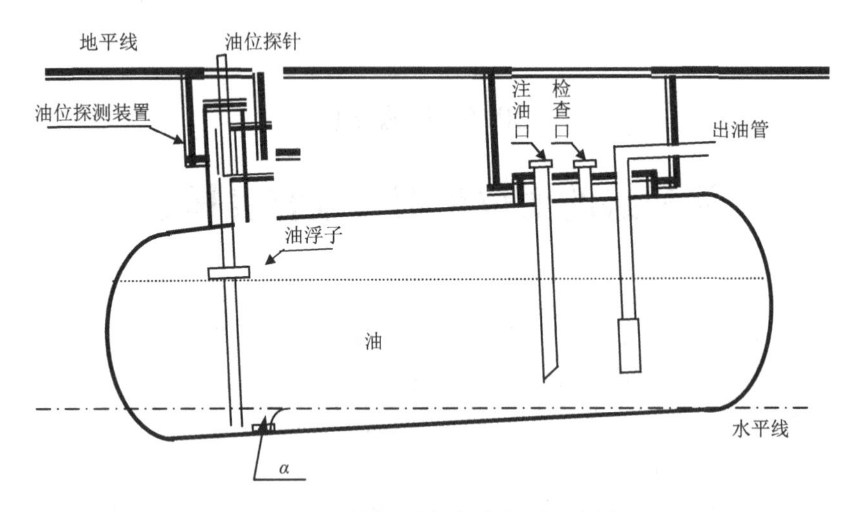

图2　储油罐纵向倾斜变位后示意图

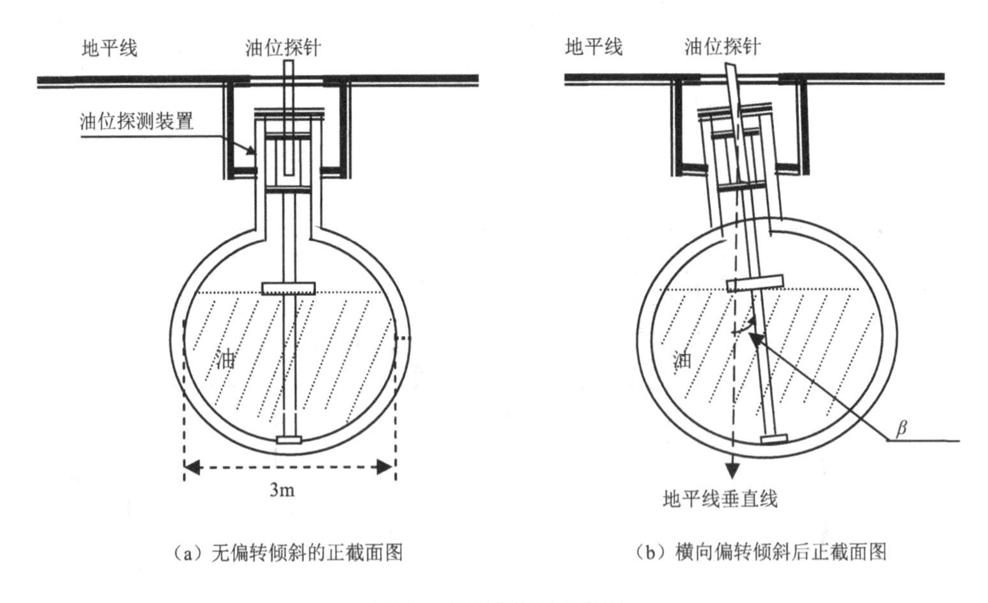

（a）无偏转倾斜的正截面图　　（b）横向偏转倾斜后正截面图

图3　储油罐截面示意图

请你们用数学建模方法研究解决储油罐的变位识别与罐容表标定问题。

（1）为了掌握罐体变位后对罐容表的影响，利用如图4所示的小椭圆形储油罐（两端平头的椭圆柱体），分别对罐体无变位和倾斜角为α=4.10°的纵向变位两种情况进行实验，实验数据如附件1所示。请建立数学模型研究罐体变位后对罐容表的影响，并给出罐体变位后油位高度间隔为 1cm 的罐容表标定值。

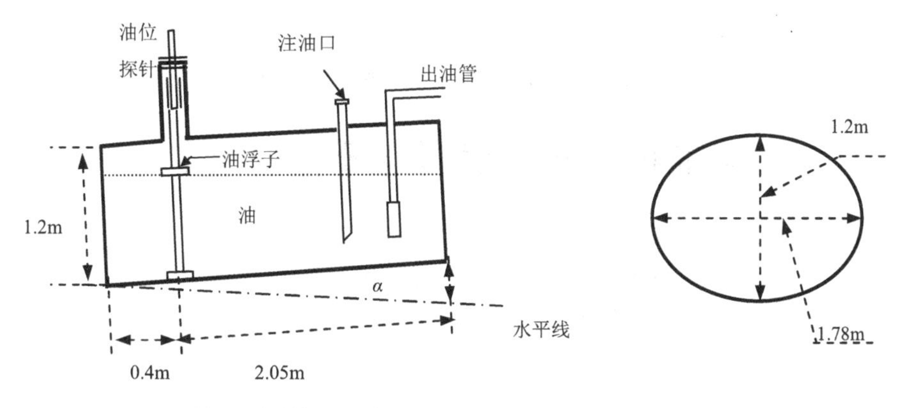

（a）小椭圆形储油罐正面示意图

（b）小椭圆形储油罐截面示意图

图 4　小椭圆形储油罐形状及尺寸示意图

（2）对于图 1 所示的实际储油罐，试建立罐体变位后标定罐容表的数学模型，即罐内储油量与油位高度及变位参数（纵向倾斜角度α和横向偏转角度β）之间的一般关系。请利用罐体变位后在进/出油过程中的实际检测数据（附件 2），根据你们所建立的数学模型确定变位参数，并给出罐体变位后油位高度间隔为 10cm 的罐容表标定值，再进一步利用附件 2 中的实际检测数据来分析和检验模型的正确性与方法的可靠性。

注：因篇幅原因，文中提及并未列出的“附件”均为题目自带，有需要的读者可在全国大学生数学建模竞赛官方网站（http://www.mcm.edu.cn/index_cn.html）上下载。

2010年 A题 全国二等奖

储油罐的变位识别与罐容表标定

参赛队员：魏 歆 许军鹏 范卫杰
指导教师：宋丽娟

摘 要

本文主要讨论了如何识别储油罐的变位状况以及如何标定其所装油量的体积。从储油罐水平情况入手，对纵向以及横向的变位进行分析，得出油量与标杆油浮子高度的关系，最后达到标定储油罐的目的。具体如下所述。

问题一中的储油罐是一种忽略两端球缺的理想储油罐。在无变位的情况下，利用微元法的思想建立求体积公式，即可获得油量与油面高度之间的函数关系。为了检验模型的正确性，我们拟利用附件1的数据进行误差分析，可得无变位入油量情况下的相对平均误差为3.48%，无变位出油量情况下的相对平均误差为2.74%。我们认为误差可能是由于油罐罐壁的厚度造成的。对数据进行修正（$a=0.87\text{m}$、$b=0.58\text{m}$）后，可得无变位入油量情况下的相对平均误差为1.82%；无变位出油量情况下的相对平均误差为1.58%，数据拟合效果非常好。

纵向移位情形下，我们分五个阶段考虑。我们采取微元积分的思想分别建立五个阶段储油罐油量和油面高度之间的函数关系式。对建立的模型和实验数据进行对比，计算其误差和分析其可行性：纵向移位倾斜角$\alpha=4.1°$时入油量的相对平均误差为0.63%，出油量油量的相对平均误差为5.45%。通过以上五个阶段的关系式，每隔1cm取值得出储油罐容量的标定表（表7）。

问题二要求我们对圆柱形且两端为球冠体的储油罐建立储油量和油位高度的一般关系，其体积为$V=V_{身}+2V_{头}$。无变位时，由于圆为长轴与短轴相等的特殊椭圆，因此在第一问的基础上，我们可求出$V_{身}$随高度H变化的关系式。对于$V_{头}$我们同样采取微元积分的方法求出$V_{头}$随高度H变化的关系式，进而可以求解出储油罐的储油体积与高度的关系式。之后利用附件2所给的实验数据（显示油高；显示油量容积）进行模型的合理性和正确性检验，得到在$\alpha=0°,\beta=0°$的情况下，相对平均误差为 2.46%。

当储油罐发生纵向与横向位移时，首先讨论纵向位移，通过微元积分法我们可得储油罐储油量与高度 H 和纵向偏转角α之间的关系，而横向位移实际上影响的是油位探针侵入油内部的长度，我们通过校正可得 $H_1' = s-(s-H')\cos\beta$，代入纵向位移的公式，我们可求出当储油罐发生纵向和横向位移时，储油量和油面高度 H、纵向偏转角α、横向偏转角β之间的关系式。通过搜索我们可求出纵向偏转角 $\alpha=2.8°$ 和横向偏转角 $\beta=4.1°$。将实验数据和变位的模型结果比较，可得相对平均误差为 11.15%。每隔 10cm 取值得出发生变位后储油罐容量的标定表（表 11）。

现在一般加油站都有储存燃油的地下储油罐，我们所建立的模型能很好地判断储油罐的变位情况以及进行油罐内油量体积的标定，并且我们的模型可以推广到相似容器所装溶液的体积标定，还可以很好地分析出未知储油罐的变位情况。然而，由于计算过程中进行了一些近似，造成了一定的误差，使结果出现偏差。

关键词：储油罐　微元法　变位识别　数值拟合

一、问题重述

通常加油站都有若干储存燃油的地下储油罐，并且一般都有与之配套的“油位计量管理系统”，采用流量计和油位计来测量进/出油量与罐内油位高度等，通过预先标定的罐容表（即罐内油位高度与储油量的对应关系）进行实时计算，以得到罐内油位高度和储油量的变化情况。

许多储油罐在使用一段时间后，由于地基变形等原因，罐体的位置会发生纵向倾斜和横向偏转等变化（以下称为“变位”），从而导致罐容表发生改变。按照有关规定，需要定期对罐容表进行重新标定。题目中的图 1 是一种典型的储油罐尺寸及形状示意图，其主体为圆柱体，两端为球冠体。题目中的图 2 是其罐体纵向倾斜变位的示意图，题目中的图 3 是罐体横向偏转变位的截面示意图。

用数学建模方法研究解决储油罐的变位识别与罐容表标定问题。

（1）为了掌握罐体变位后对罐容表的影响，利用题目中图 4 所示的小椭圆形储油罐（两端平头的椭圆柱体），分别对罐体无变位和倾斜角α=4.1°的纵向变位两种情况做了实验，实验数据如附件 1 所示。请建立数学模型研究罐体变位后对罐容表的影响，并给出罐体变位后油位高度间隔为 1cm 的罐容表标定值。

（2）对于题目中图 1 所示的实际储油罐，试建立罐体变位后标定罐容表的数学模型，即罐内储油量与油位高度及变位参数（纵向倾斜角度α和横向偏转角度β）之间的一般关系。请利用罐体变位后在进/出油过程中的实际检测数据（附件 2），根据你们所建立的数学模型确定变位参数，并给出罐体变位后油位高度间隔为10cm的罐容表标定值，再进一步利用附件2中的实际检测数据来分析和检验模型的正确性与方法的可靠性。

二、模型假设

（1）忽略伸入油罐的管子的体积。

（2）不论输油管道和出油管道如何放置，储油罐倾斜后储油罐中所有的油总可被输出和输入。

（3）假定油位探针是固定的，油浮子是上下浮动的。

（4）忽略进油和出油过程中停留在管内的油的体积。

（5）忽略储油罐的容积随温度等发生改变的情况。

（6）储油罐内表面光滑完整，不漏油。

三、符号说明

（1）a：小椭圆形储油罐的横截面的半长轴。

（2）b：小椭圆形储油罐的横截面的半短轴。

（3）H：储油罐中容纳油面在中线处距储油罐底的高度。

（4）H'：储油罐中油浮子距储油罐底的高度。

（5）l：储油罐的罐身长。

（6）V：储油罐中容纳油的体积。

（7）W：实验数据和模型结果之间的相对误差。

（8）x、y、z：建立的三维立体直角坐标系的三条坐标轴。

（9）l'：标尺距中线处的距离。

（10）s：油位探针的长度。

（11）ΔV：一次出油或输油的体积。

四、问题分析

本文的主要目的是分析地下储油罐的罐容表标定及变位后对油罐容量标定有影响的因素，并建立其间关系的数学模型，解决实际地下储油罐的容量标定应如何设定才能更好地反映实际储存的油量的问题。为此本文深入研究包括小椭圆形储油罐和实际地下储油罐的实验数据，结合油罐实际的工作原理，建立地下储油罐的数学模型，确定罐体变位后对罐容表的影响和给出罐体变位后油位高度间隔为 10cm 的罐容表的标定值。具体分析如下所述。

问题一：根据题意，我们先分析小椭圆形储油罐（两端平头的椭圆柱体）无变位时的出入油情况，利用微元法的思想建立求体积公式，进而可以获得油量与油面高度之间的函数关系。为了检验模型的正确性，我们拟利用附件 1 的数据进行误差分析。

纵向倾斜变位情形下，我们拟分 5 个阶段考虑，同样利用微元法的思想建立油量与油面高度之间的函数关系。同样利用附件 1 的数据进行模型正确性检验。最后，针对以上两种情况进行对比，分析罐体变位后对罐容量表的影响和给出罐体变位后油位高度间隔为 1cm 的罐容表标定值。

问题二：根据题意，我们要对圆柱形且两端为球冠体的储油罐建立储油量和油位高度的一般关系。在问题一的基础上，我们对小椭圆形储油罐的模型进行改进，使之适应本问要求，建立罐内储油量与油位高度及变位参数之间的一般关系。观察数据，我们发现实验数据中有一次将油注满的过程，由此，我们认为这一个实验数据等效为两次出油实验的实验数据。

我们首先利用同样的方法，利用微元法的思想建立油量与油位高度之间及变位参数的函数关系，之后利用先前一次的出油实验的数据，拟合出问题的变位参数并给出高度间隔为 10cm 的罐容表标定值，接着利用后一次的出油实验数据对模型进行检验，证明模型的合理性和方法的正确性。

五、模型建立与求解

5.1 对小椭圆形储油罐的模型建立和讨论

根据问题分析，我们先分析小椭圆形储油罐无变位时的出入油情况。

5.1.1 无变位时的油罐出入油情况分析及模型建立

此小问即建立小椭圆形储油罐（两端平头的椭圆柱体）在无变位情况下油量与油面高度之间的函数关系。为此我们首先在罐身的纵侧面上建立直角坐标系，如图 1 所示。

可知椭圆的方程是

$$\frac{x^2}{a^2}+\frac{y^2}{b^2}=1$$

由此可得

$$x=\pm\frac{a}{b}\sqrt{b^2-y^2}$$

当油面高度为 H 时，油罐椭圆纵截面的阴影面积（图1）可表达为

$$S(H)=2\int_{b-H}^{b}\frac{a}{b}\sqrt{b^2-y^2}\,\mathrm{d}y$$

经过积分后得到截面面积表达式为[1-2]

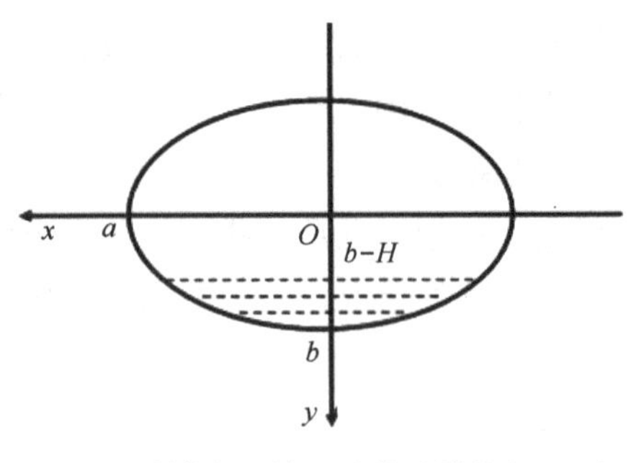

图1 油罐水平情况时的油罐的纵切面

$$S(H)=ab\left[\arccos\left(1-\frac{H}{b}\right)-\left(1-\frac{H}{b}\right)\sqrt{\frac{2H}{b}-\left(\frac{H}{b}\right)^2}\right]$$

因此，小椭圆形油罐在无变位情况下一般的体积表达式为

$$V(H)=abL\left[\arccos\left(1-\frac{H}{b}\right)-\left(1-\frac{H}{b}\right)\sqrt{\frac{2H}{b}-\left(\frac{H}{b}\right)^2}\right]$$

根据题目所给数据（$a=0.89\text{m}$、$b=0.6\text{m}$），得图2。

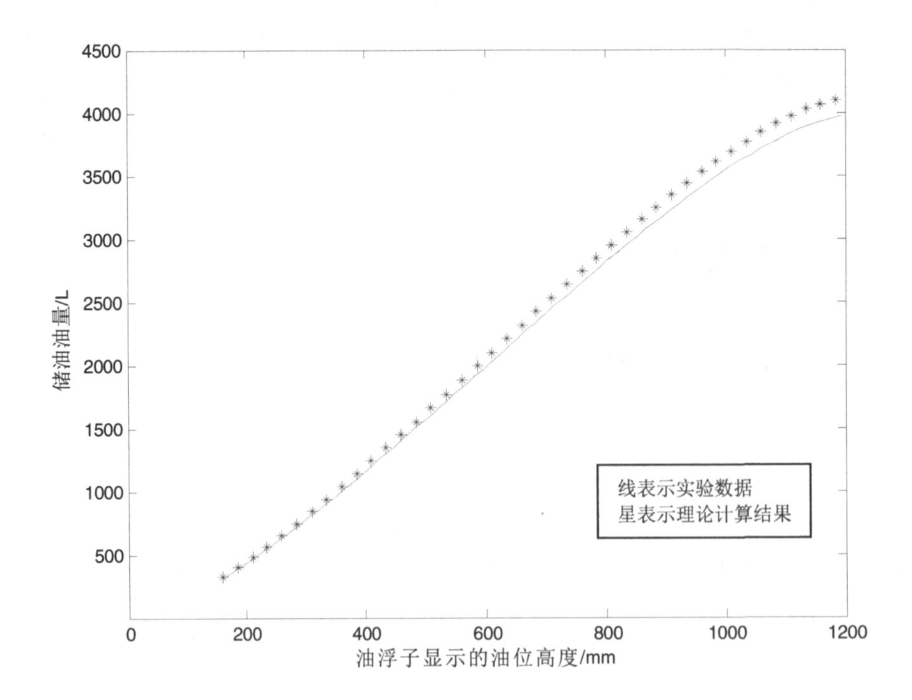

图2 无变位入油的实验数据和理论计算的对比

误差分析见表 1。

表 1　误差分析 1

最大绝对误差/L	138.4521	最大相对误差/%	3.49
最小绝对误差/L	10.8825	最小相对误差/%	3.48
绝对误差平均值/L	75.5245	相对误差平均值/%	3.48

其中，我们利用上述推断公式，代入油浮子显示的油位高度的实验值，可得此时油罐内油量的理论值。然后，计算绝对误差= |累计注油体积的实验值–累计注油体积的理论值| ，相对误差= |累计注油体积的实验值–累计注油体积的理论值|/累计注油体积的实验值。

根据图 2 可知，实验数据和理论计算的结果有误差，但总体的趋势是一致的。观察误差的分布，相对误差的分布规律、较集中，说明实验存在系统误差，每一个相对误差的出现不是偶然。因此，我们利用理论公式进行拟合，如图 3 所示。

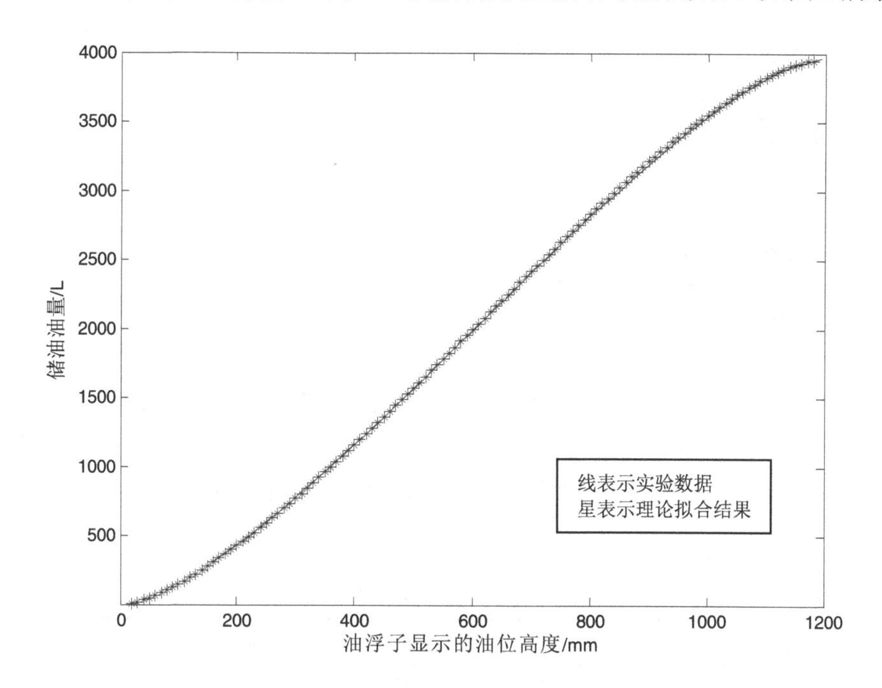

图 3　无变位入油的实验数据和理论计算的拟合

拟合的结果：

$$a = 0.87\text{m}，\quad b = 0.58\text{m}，\quad R^2 = 0.9931$$

误差分析见表 2。

表2 误差分析2

最大绝对误差/L	91.0950	最大相对误差/%	2.73
最小绝对误差/L	1.4526	最小相对误差/%	0.04
绝对误差平均值/L	32.8352	相对误差平均值/%	1.82

观察图3的图像可知，拟合的结果和实验结果几乎完全符合，证明理论推导正确，它们之间的误差可能是油罐罐壁的厚度为2cm导致的系统误差。

同理，我们计算出油的情况。

根据题目所给数据（$a=0.89\text{m}$、$b=0.6\text{m}$），得图4。

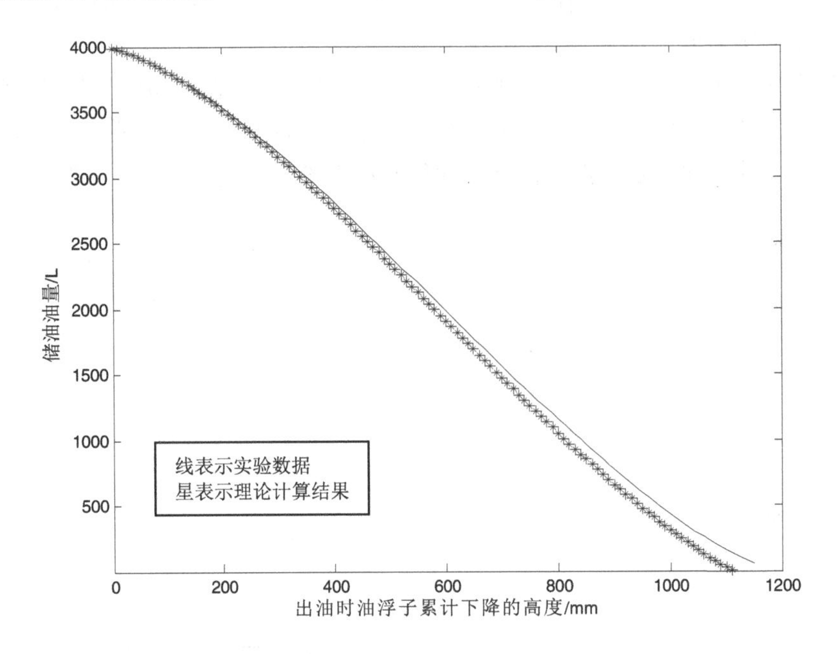

图4 无变位出油的实验数据和理论计算的结果

误差分析见表3。

表3 误差分析3

最大绝对误差/L	121.8066	最大相对误差/%	3.289
最小绝对误差/L	0	最小相对误差/%	0
绝对误差平均值/L	58.3014	相对误差平均值/%	2.74

观察图4的图像可知，实验数据和理论计算的结果有误差，但总体的趋势是一致的，所以我们利用理论公式进行拟合，如图5所示。

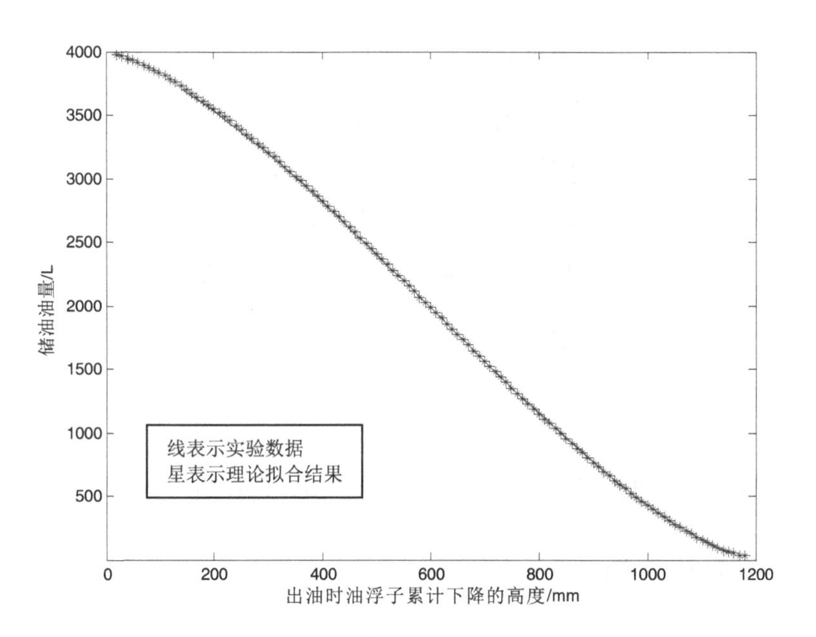

图 5　无变位出油的实验数据和理论计算的拟合

拟合的结果：

$$a = 0.87\text{m}\ ,\quad b = 0.58\text{m}\ ,\quad R^2 = 0.9954$$

误差分析见表 4。

表 4　误差分析 4

最大绝对误差/L	33.7951	最大相对误差/%	4.55
最小绝对误差/L	0	最小相对误差/%	0
绝对误差平均值/L	20.2372	相对误差平均值/%	1.58

出油和入油的拟合结果一致，证明输油过程中实验数据的系统误差很有可能是油罐的厚度造成的，所以针对同样一个储油罐的实验出现同样的系统误差。

观察图 5 可知，拟合的结果和实验结果几乎完全符合，证明出油过程是入油的逆过程和所建立模型的正确性。

5.1.2　有变位时的油罐出入油情况分析及模型建立

根据前文分析，针对该小椭圆形储油罐的实验存在系统误差，即由油罐的厚度引起的。所以，在后文对有变位时的油罐进行分析时，我们只考虑油罐的有效储油体积，即 $a = 0.87\text{m}$ ，$b = 0.58\text{m}$ 。

为了求解油罐内的油的体积，我们使用积分的方法[3]，首先以小椭圆形储油罐正面底边为 x 轴，与底边垂直的边为 h 轴。具体坐标系如图 6 所示。

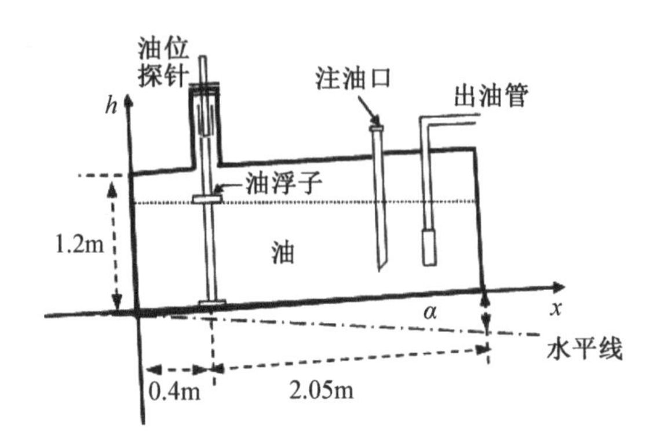

图6　坐标系

分析倾斜油罐的储油特点和油浮子的工作机理，我们认为该过程应该分为以下五个阶段。

第一个阶段：如图7所示。

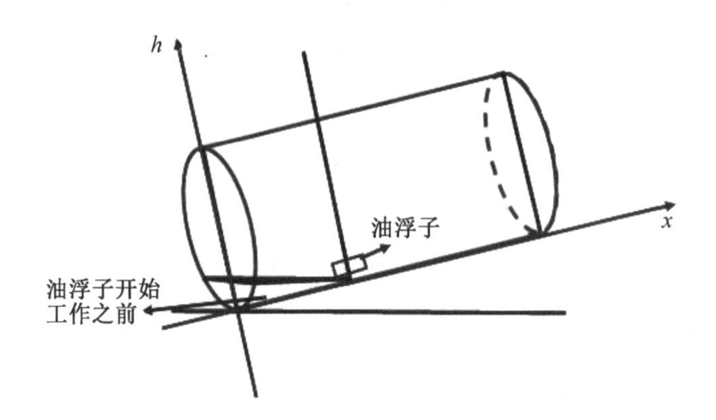

图7　第一阶段示意图（油浮子开始工作之前）

此阶段中，油浮子的高度显示为0，但是实际油量的体积是一个范围。为此，我们只需获得此阶段最大油量（即油面恰好通过油浮子时，油量的体积）。

此时的油面方程所在的直线方程为$h(x)=-x\tan\alpha+0.4\tan\alpha$（$0\leqslant x\leqslant 0.4$）。

要想计算油量的体积，我们考虑利用微元法的思想，先对小椭圆形储油罐进行纵切，获得油面高度为h的弓形切片，如图8所示。

可得出椭圆的方程式为

$$\frac{(h-b)^2}{b^2}+\frac{y^2}{a^2}=1$$

其面积$S(h)$为

$$S(h)=\frac{2a}{b}\int_{o}^{h(x)}\sqrt{b^2-(h-b)^2}\,\mathrm{d}h$$

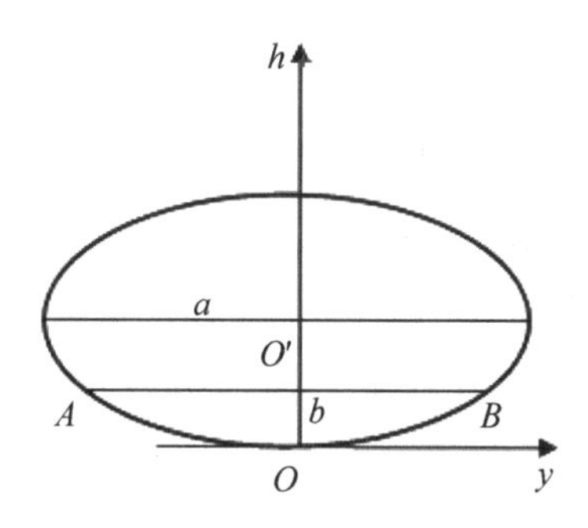

图 8　油罐的纵切面

由高等数学知识可知[4]，此阶段油量的体积为

$$V=\int_0^{0.4}S(h)\mathrm{d}x=\frac{2a}{b}\int_0^{0.4}\mathrm{d}(x)\int_o^{h(x)}\sqrt{b^2-(h-b)^2}\,\mathrm{d}(h)$$

式中，$h(x)=-x\tan\alpha+0.4\tan\alpha$。

我们考虑到了前面所得的系统误差是由油罐的壁厚引起的。因此我们将 $a=0.58$，$b=0.87$ 代入，通过 MATLAB 7.0 计算可得

$$V=1.665\mathrm{L}$$

第二个阶段：如图 9 所示。

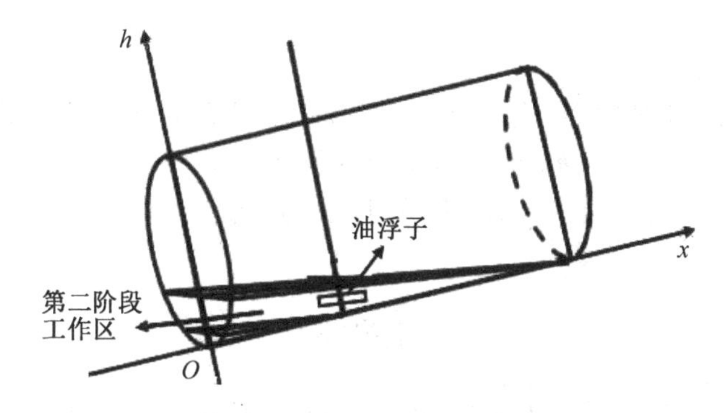

图 9　第二阶段示意图

此阶段的分析类似第一阶段。油面方程所在的直线方程为

$$h(x)=-x\tan\alpha+0.4\tan\alpha+H'$$

$$S(h)=\frac{2a}{b}\int_0^{h(x)}\sqrt{b^2-(h-b)^2}\,\mathrm{d}h$$

但是我们发现在对 x 轴求积分时，x 的取值范围发生了变化，为 $\left[0, 0.4+\dfrac{H'}{\tan(\alpha)}\right]$。

故此阶段油量的体积

$$V=\int_0^{0.4+\frac{H'}{\tan(\alpha)}} S(h)\mathrm{d}x$$

式中，$h(x)=-x\tan\alpha+0.4\tan\alpha+H'$。

可得出第二阶段的表达式为

$$V=\frac{2a}{b}\int_0^{0.4+\frac{H'}{\tan(\alpha)}}\mathrm{d}x\int_0^{-x\tan\alpha+0.4\tan\alpha+H'}\sqrt{b^2-(h-b)^2}\mathrm{d}h$$

第三个阶段：如图 10 所示。

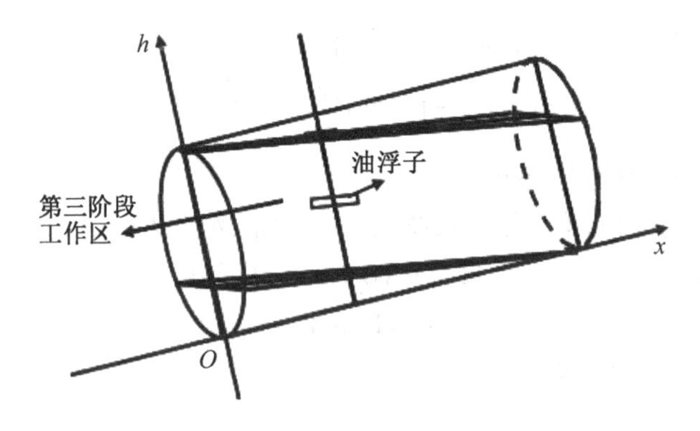

图 10　第三阶段示意图

此阶段的分析依然类似第一阶段。油面方程所在的直线方程仍然为

$$h(x)=-x\tan\alpha+0.4\tan\alpha+H'$$

但由图 10 可知，对于 x 轴求积分时，x 的取值范围为 $[0,l]$。

故此阶段油量的体积

$$V=\int_0^l S(h)\mathrm{d}x$$

式中，$S(h)=\dfrac{2a}{b}\displaystyle\int_0^{h(x)}\sqrt{b^2-(h-b)^2}\mathrm{d}h$，$h(x)=-x\tan\alpha+0.4\tan\alpha+H'$。

代入上式可得

$$V=\frac{2a}{b}\int_0^l\mathrm{d}x\int_0^{-x\tan\alpha+0.4\tan\alpha+H'}\sqrt{b^2-(h-b)^2}\mathrm{d}h$$

第四个阶段：该阶段是从油开始接触上表面到油浮子达到最高位置时的情况，如图 11 所示。

在此阶段，我们可以看出油面在 x 在[0, 0.4]的区间内已经接触油罐上表面了，所以求解时应该包括两部分：一个是椭圆柱体，一个和前面一样。

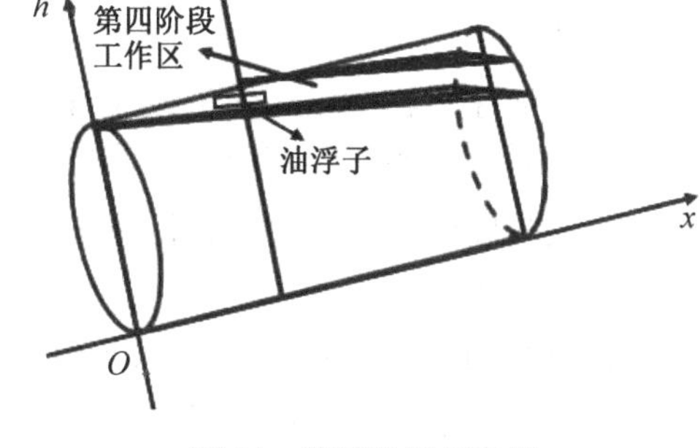

图 11　第四阶段示意图

对于椭圆柱体，底面积为

$$S = ab\pi$$

高为

$$x = 0.4 - \frac{2b - H'}{\tan\alpha}$$

可见椭圆柱体的体积为

$$V' = \left(\frac{H' - 2b}{\tan\alpha} + 0.4\right)\pi ab$$

对于倾斜油面的表达式依然为

$$h(x) = -x\tan\alpha + 0.4\tan\alpha + H'$$

所取的积分面的面积依然为

$$S(h) = \frac{2a}{b}\int_0^{h(x)} \sqrt{b^2 - (h-b)^2}\,\mathrm{d}h$$

方法类似阶段一，由图 11 可得 x 轴积分区域的范围为$\left[\frac{H' - 2b}{\tan\alpha} + 0.4, l\right]$。

故此阶段油量体积：

$$V = \frac{2a}{b}\int_{\frac{H'-2b}{\tan\alpha}+0.4}^{l} \mathrm{d}x \int_0^{-x\tan\alpha+0.4\tan\alpha+H'} \sqrt{b^2-(h-b)^2}\,\mathrm{d}h + \left(\frac{H'-2b}{\tan\alpha} + 0.4\right)\pi ab$$

第五个阶段：如图 12 所示。

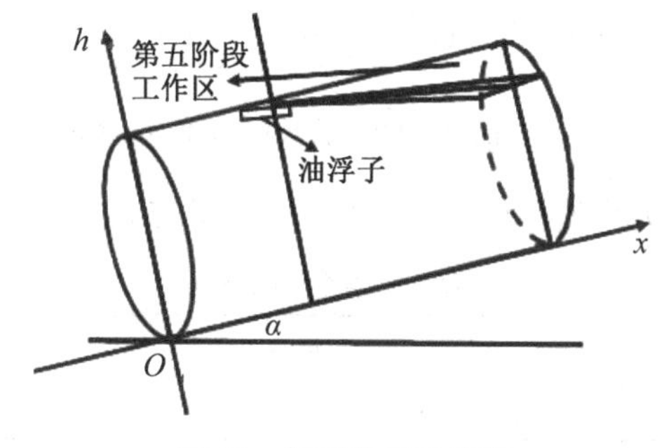

图 12　第五阶段示意图

在此阶段，我们可以发现当油面继续增加时，油浮子已经不能再上升，因此我们只需要考虑临界位置（即油浮子碰到油罐的上壁时，油面刚好和油浮子一个平面）的情形。

因此，油浮子虽然显示的是最大值，但是实际油量的体积同第一阶段，也是一个范围，其范围的上限为油罐的实际容量，即$V_{总}=ab\pi l=3884\text{L}$，范围的下限容量为第四阶段中的上限，即将油浮子高度$H'=2b=1.16\text{m}$代入第四阶段的表达式，可得$V=3787\text{L}$。

特别说明：由于上述二、三、四阶段中的体积与油浮子高度关系利用MATLAB 7.0解出的式子比较长，且不易化简，我们只是写出其表达式，其关系可以在附件中通过程序得到。注意在本段计算中，我们所用的$a=0.87\text{m}$、$b=0.58\text{m}$，即使用的都是修正了的a、b，原因前面已经介绍了，在此修正下模型的准确性很好。

综合以上五个部分的讨论，我们将建立的模型和实验数据进行对比（图13），计算其误差和分析其可行性。

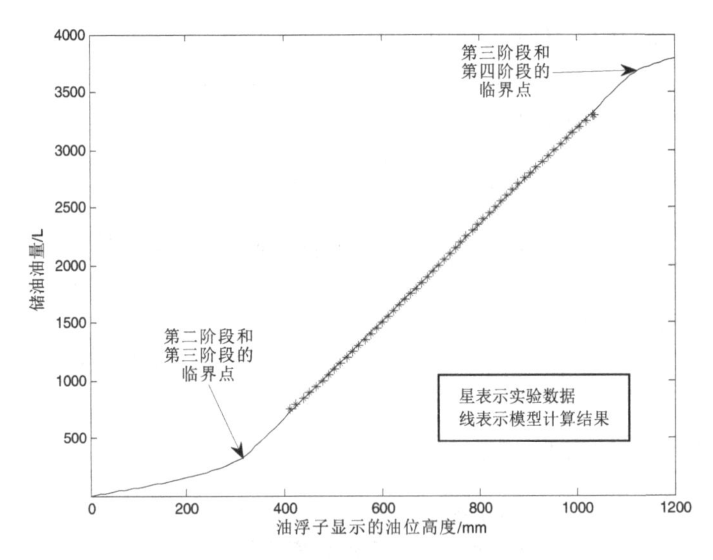

图13　有变位的输油的实验数据和模型计算的对比

对模型计算值和实验数据进行误差分析，见表5。

表5　误差分析5

最大绝对误差/L	32.04396	最大相对误差/%	3.26
最小绝对误差/L	1.1469	最小相对误差/%	0.06
绝对误差平均值/L	10.7820	相对误差平均值/%	0.63

同理，我们对出油的过程进行误差分析，如图14所示。

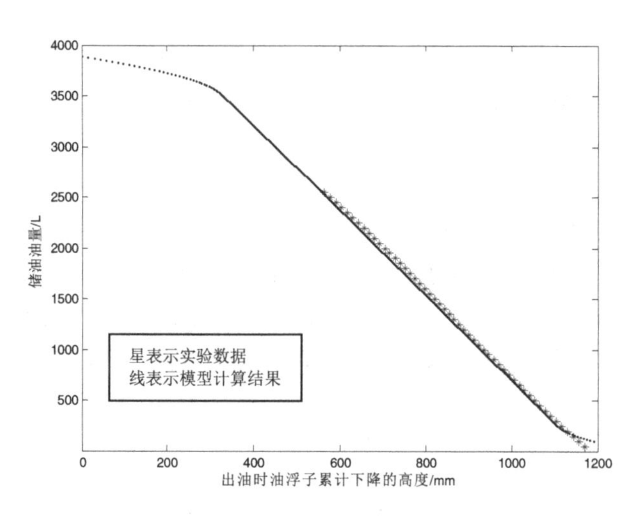

图 14 有变位的出油的实验数据和模型计算的对比

对模型计算值和实验数据进行误差分析，见表 6。

表 6 误差分析 6

最大绝对误差/L	48.2205	最大相对误差/%	94.47
最小绝对误差/L	2.2137	最小相对误差/%	0.09
绝对误差平均值/L	25.9781	相对误差平均值/%	5.45

误差较小，证明模型可行，适用于本问的倾斜的小椭圆形储油罐。

5.1.3 讨论罐体变位后对罐容表的影响，并给出罐体变位后的罐容表标定值

综合以上模型，我们将两个建立的模型进行对比，如图 15 所示。

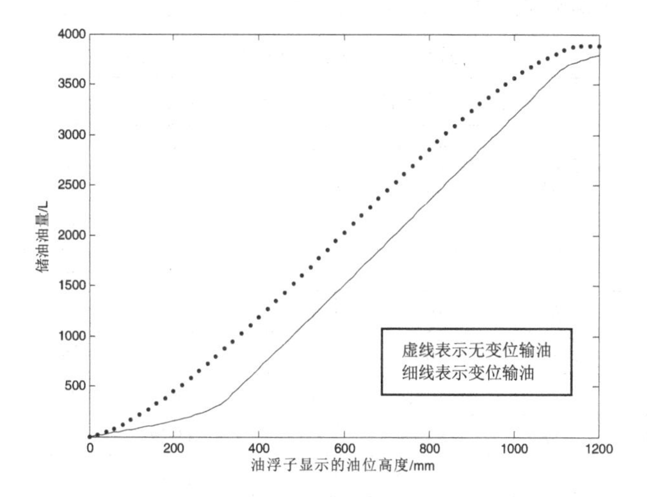

图 15 无变位输油和变位输油的模型对比

观察图 15 可知，罐体变位后对罐容表造成如下影响：

（1）由于罐体倾斜，油浮子开始工作的一段时间内，相对无变位的油罐上升较快。

（2）在进入第二阶段后，浮子的上升幅度和累计注入油量的比值稳定下来，和无变位的油罐相比，相对上移 150mm 左右。

（3）由于罐体倾斜，油浮子会更早到达罐顶，停止计数，但实际上油罐仍有一部分没有充满油，导致凭借油浮子观察注入倾斜油罐的累计注入油量不准确。同样由于罐体倾斜，油浮子在开始工作之前，已有部分油注入，但油浮子显示为 0，如图 16 所示。

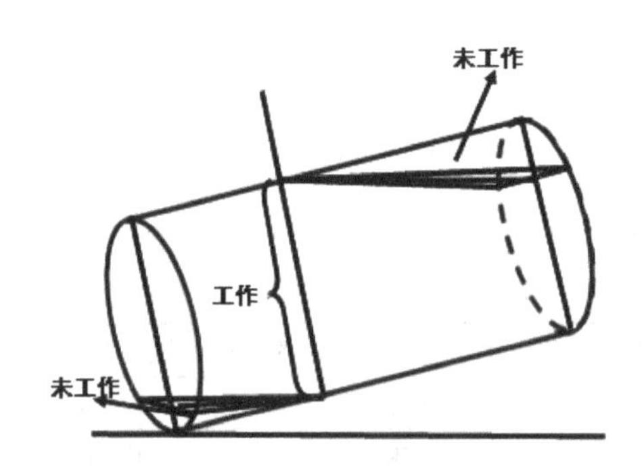

图 16　油浮子未工作示意图

综上，我们知道，油罐倾斜时仍使用无变位时的罐容表，不仅油浮子不能正确显示油罐内的油量，而且会缩短油浮子的工作距离，所以我们应根据倾斜的实际情况，重新定制罐容表，使油浮子发挥本身应有的作用，见表 7。

表 7　油位高度间隔为 1cm 的罐容表标定值

位置/cm	标定值/L	位置/cm	标定值/L	位置/cm	标定值/L	位置/cm	标定值/L
0	1.7	31	624.8	62	1860.7	93	3122.2
1	3.5	32	659.9	63	1903.1	94	3158.6
2	6.2	33	695.4	64	1945.6	95	3194.6
3	9.9	34	731.5	65	1988.1	96	3230.1
4	14.7	35	768.0	66	2030.5	97	3265.0
5	20.6	36	804.9	67	2072.9	98	3299.5
6	27.7	37	842.2	68	2115.3	99	3333.4
7	36.1	38	879.9	69	2157.6	100	3366.7
8	45.8	39	918.0	70	2199.9	101	3399.4
9	57.0	40	956.5	71	2242.1	102	3431.5

续表

位置/cm	标定值/L	位置/cm	标定值/L	位置/cm	标定值/L	位置/cm	标定值/L
10	69.7	41	995.2	72	2284.2	103	3462.9
11	83.8	42	1034.3	73	2326.2	104	3493.7
12	99.6	43	1073.8	74	2368.1	105	3523.6
13	116.9	44	1113.5	75	2409.8	106	3552.9
14	136.0	45	1153.4	76	2451.4	107	3581.2
15	156.7	46	1193.7	77	2492.8	108	3608.8
16	179.0	47	1234.1	78	2534.1	109	3635.3
17	202.6	48	1274.8	79	2575.2	110	3660.9
18	227.3	49	1315.8	80	2616.1	111	3685.5
19	253.0	50	1356.9	81	2656.7	112	3708.8
20	279.8	51	1398.2	82	2697.2	113	3730.8
21	307.5	52	1439.6	83	2737.3	114	3751.2
22	336.0	53	1481.3	84	2777.3	115	3770.0
23	365.3	54	1523.0	85	2816.9	116	3787.1—3884.0
24	395.5	55	1564.9	86	2856.3		
25	426.3	56	1606.9	87	2895.3		
26	457.8	57	1649.0	88	2934.1		
27	490.0	58	1691.2	89	2972.5		
28	522.9	59	1733.5	90	3010.5		
29	556.3	60	1775.9	91	3048.1		
30	590.3	61	1818.2	92	3085.4		

5.2 储油罐中油的体积和油位高度关系的讨论

5.2.1 当储油罐水平时体积 V 与高度 H 的计算关系

储油罐的盛油量由三部分组成，中间的圆柱体的盛油量$V_{身}$和两头的圆缺的盛油量$V_{头}$，由图 17 我们可以得到储油罐盛油体积为$V=V_{身}+2V_{头}$。

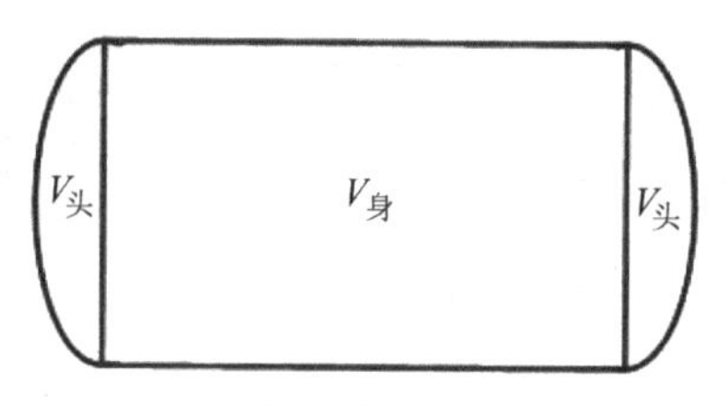

图 17　油罐过中轴的横切面

（1）由于圆相当于是$a=b$的特殊椭圆，因此$V_{身}$可由第一问中的椭圆模型推广得到。

$$V_{身}=R^2l\left[\arccos\left(1-\frac{H}{R}\right)-\left(1-\frac{H}{R}\right)\sqrt{\frac{2H}{R}-\left(\frac{H}{R}\right)^2}\right]$$

（2）$V_{头}$的计算如图18所示，以储油罐侧面圆的中心为坐标原点O，平行于储油罐底的方向为z轴，建立如图18所示的三维坐标系。其中z轴与圆缺的交点为A，y轴与储油罐底面的交点为C。O'为圆缺所在球的球心。

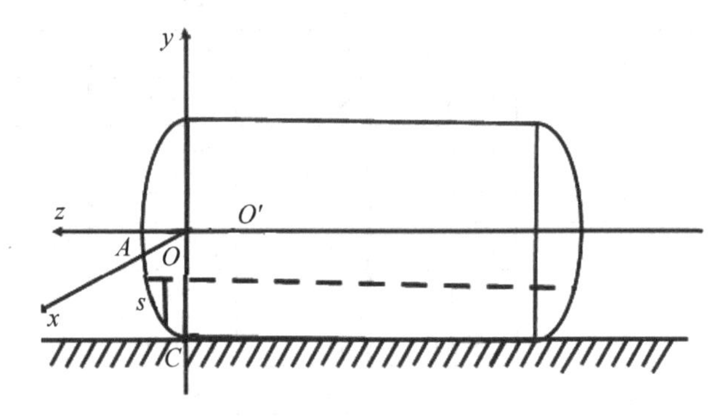

图18 建立的三维直角坐标系

由图18可知

$$AO=F,\quad AO'=\frac{R^2+F^2}{2F},\quad OO'=\frac{R^2-F^2}{2F}$$

参考文献[2]，可得凸头处球缺的总体积：

$$\overline{V_{头}}=\frac{\pi F}{6}(3R^2+F^2)=\frac{R^2\pi f(3+4f^2)}{3}$$

因此，我们可以计算得出凸头处球缺所在球的坐标式为

$$x^2+y^2+\left(z+\frac{R^2-F^2}{2F}\right)=\left(\frac{R^2+F^2}{2F}\right)^2$$

将$f=\dfrac{F}{2R}$代入上式，并在z轴上对面S积分，得

$$V_{头}=\iint_s\left(\sqrt{\frac{R+4Rf^2}{4f}-x^2-y^2}-\frac{R-4Rf^2}{4f}\right)\mathrm{d}x\mathrm{d}y$$

根据相对体积的理念，我们将其表达为

$$v=\frac{V_{头}}{\overline{V_{头}}}=\frac{\iint\limits_{s}\left(\sqrt{\dfrac{R+4Rf^2}{4f}-x^2-y^2}-\dfrac{R-4Rf^2}{4f}\right)\mathrm{d}x\mathrm{d}y}{\dfrac{R^2\pi f(3+4f^2)}{3}}$$

通过积分化简可得

$$v=\frac{V_{头}}{\overline{V_{头}}}=\frac{3}{\pi f(3+4f^2)}\left\{\int_{1-2h}^{1}\left[\left(\frac{1+4f^2}{4f}\right)^2-y^2\right]\arcsin\frac{\sqrt{1-y^2}}{\sqrt{\left(\dfrac{1+4f^2}{4f}\right)^2-y^2}}\mathrm{d}y\right.$$
$$\left.-\frac{1+4f^2}{4f}\left[\frac{\pi}{4}-\frac{1}{2}\arcsin(1-2h)\sqrt{h-h^2}\right]\right\}$$

将 $f=\dfrac{F}{2R}=\dfrac{1}{3}$ 代入上式，可得：

$$v=\frac{V_{头}}{\overline{V_{头}}}=\frac{81}{31\pi}\left\{\int_{1-2h}^{1}\left(\frac{169}{144}-y^2\right)\arcsin\frac{\sqrt{1-y^2}}{\sqrt{\dfrac{169}{144}-y^2}}\mathrm{d}y-\frac{13}{12}\left[\frac{\pi}{4}\right.\right.$$
$$\left.\left.-\frac{1}{2}\arcsin(1-2h)\sqrt{h-h^2}\right]\right\}$$

由于 $\int_{1-2h}^{1}\left(\dfrac{169}{144}-y^2\right)\arcsin\dfrac{\sqrt{1-y^2}}{\sqrt{\dfrac{169}{144}-y^2}}\mathrm{d}y$ 不好直接积分[5]，我们利用 MATLAB

7.0，通过数值积分可得相对体积 v 与相对高度 h 的关系，记作

$$v=f_1(h)$$

由于 $v=\dfrac{V_{头}}{\overline{V_{头}}}$，$h=\dfrac{H}{2R}$，代入上式可得

$$V_{头}=\overline{V_{头}}f_1\left(\frac{H}{2R}\right)$$

式中，$\overline{V_{头}}=\dfrac{R^2\pi f(3+4f^2)}{3}$。

5.2.2 当储油罐纵向偏转 α 角度时[6]体积 V 与高度 H 的计算关系

如图 19 所示，对于 $V_{身}$ 的计算，利用图 20 过点 O 作平面 S_2 平行 xOy 平面，于是将油面分为 V_1、V_2、V_3 三个部分，其中 V_1 与无倾斜时油面高为 H 时的油体积相同。其中 V_2 为有油部分，V_3 为无油部分。

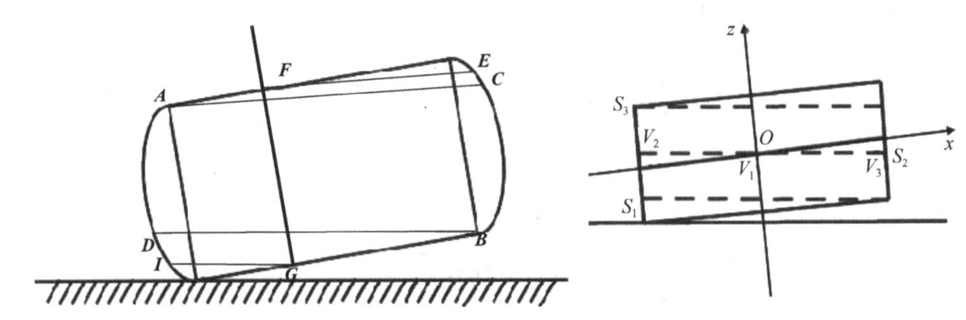

图 19 油罐倾斜时过中轴的横切面 图 20 建立二维坐标系

因此，我们可以得到以下公式：

$$V = V_1 + V_2 + V_3$$

$$V_2 - V_3 = \frac{2}{R}\int_{\frac{-l}{2}}^{0}\mathrm{d}x\int_{H-R}^{H-R+x\tan\alpha}\sqrt{1-\frac{z^2}{R^2}}\mathrm{d}z - \frac{2}{a}\int_{0}^{\frac{l}{2}}\mathrm{d}x\int_{H-R-x\tan\alpha}^{H-R}\sqrt{1-\frac{z^2}{R^2}}\mathrm{d}z$$

通过积分可得

$$V_2 - V_3 = -\frac{\tan^2\alpha}{12}l^3\cdot\frac{\frac{H}{R}-1}{\sqrt{1-\left(\frac{H}{R}-1\right)^2}}$$

由前述已知未倾斜时油罐的盛油容积为

$$V_1 = R^2 l\left[\arccos\left(1-\frac{H}{R}\right)-\left(1-\frac{H}{R}\right)\sqrt{\frac{2H}{R}-\left(\frac{H}{R}\right)^2}\right]$$

可得倾斜时油罐的盛油容积：

$$V_{身} = abl\left[\arccos\left(1-\frac{H}{R}\right)-\left(1-\frac{H}{R}\right)\sqrt{\frac{2H}{R}-\left(\frac{H}{R}\right)^2}\right]$$

$$-\frac{\tan^2\alpha}{12}l^3\cdot\frac{\frac{H}{R}-1}{\sqrt{1-\left(\frac{H}{R}-1\right)^2}}$$

侧面中 $a=b=R$，我们记

$$f_2\left(\frac{H}{R}\right)=\arccos\left(1-\frac{H}{R}\right)-\left(1-\frac{H}{R}\right)\sqrt{\frac{2H}{R}-\left(\frac{H}{R}\right)^2}$$

$$f_3\left(\frac{H}{R}\right)=\frac{\frac{H}{R}-1}{\sqrt{1-\left(\frac{H}{R}-1\right)^2}}$$

可得

$$V_{身}=R^2lf_2\left(\frac{H}{R}\right)-\frac{\tan^2\alpha}{12}l^3f_3\left(\frac{H}{R}\right)$$

对于 $V_{头}$ 的计算，由于 α 相对较小，凸头处油面可近似为平面，因此方法可与无倾斜处相同。

（1）当油面处于面 $DBIG$ 之间时。利用问题一中情况（2）的讨论，等效为长为 $l_1=\frac{l}{2}+\frac{H}{\tan\alpha}$、高为 $H_1=\frac{H}{2}+\frac{H}{4}\tan\alpha$ 的油罐来计算，可得

$$V=V_{身}+V_{头}=R^2\left(\frac{l}{2}+\frac{2R-H}{\tan\alpha}\right)f_2\left(\frac{\frac{2R-H}{2}+\frac{2R-H}{4}\tan\alpha}{R}\right)$$

$$-\frac{\tan^2\alpha}{12}\left(\frac{l}{2}+\frac{2R-H}{\tan\alpha}\right)^3f_3\left(\frac{\frac{H}{2}+\frac{H}{4}\tan\alpha}{R}\right)$$

$$+\overline{V_{头}}\,f_1\left(\frac{\frac{H}{2}+\frac{H}{4}\tan\alpha}{2R}\right)$$

式中，$\overline{V_{头}}=\frac{\pi F}{6}(3R^2+F^2)$。

（2）当油面处于面 $DBAC$ 之间时，有

$$V=V_{身}+V_{头1}+V_{头2}$$

凸头 1 对应的高度 $H_1=H+\frac{l}{2}\tan\alpha$，凸头 2 对应的高度 $H_2=H-\frac{l}{2}\tan\alpha$，代入 $V=f_1(h)$，可得

$$V=R^2lf_2\left(\frac{H}{R}\right)-\frac{\tan^2\alpha}{12}l^3f_3\left(\frac{H}{R}\right)+f_1\left(H+\frac{l}{2}\tan\alpha\right)+\overline{V_{头}}\,f_1\left(H-\frac{l}{2}\tan\alpha\right)$$

式中，$\overline{V_{头}}=\frac{\pi F}{6}(3R^2+F^2)$。

（3）当油面处于面 $ACEF$ 之间时，由图可知

$$V = V_{总} - (V_{身} + V_{头}) = \overline{V_{身}} + 2\overline{V_{头}} - (V_{身} + V_{头})$$

式中，$\overline{V_{身}} = \pi R^2 l$，$\overline{V_{头}} = \frac{\pi F}{6}(3R^2 + F^2)$。

$V_{身}$、$V_{头}$ 由情况（1）的讨论，等效高为 $2R - H$ 来计算，可得

$$V_{身} + V_{头} = R^2\left(\frac{l}{2} + \frac{2R-H}{\tan\alpha}\right) f_2\left(\frac{\frac{2R-H}{2} + \frac{2R-H}{4}\tan\alpha}{R}\right)$$

$$-\frac{\tan^2\alpha}{12}\left(\frac{l}{2} + \frac{2R-H}{\tan\alpha}\right)^3 f_3\left(\frac{\frac{2R-H}{2} + \frac{2R-H}{4}\tan\alpha}{R}\right)$$

$$+\overline{V_{头}} f_1\left(\frac{\frac{2R-H}{2} + \frac{2R-H}{4}\tan\alpha}{2R}\right)$$

式中，$\overline{V_{头}} = \frac{\pi F}{6}(3R^2 + F^2)$。

由于 $R = \frac{3}{2}m$，$F = 1\text{m}$，$l = 8\text{m}$，代入 $V = \overline{V_{身}} + 2\overline{V_{头}} - (V_{身} + V_{头})$ 可得

$$V = 18\pi + \frac{31\pi}{12} - \frac{9}{4}\left(4 + \frac{3-H}{\tan\alpha}\right) f_2\left(\frac{(3-H) + \frac{3-H}{2}\tan\alpha}{3}\right)$$

$$+\frac{\tan^2\alpha}{12}\left(4 + \frac{3-H}{\tan\alpha}\right)^3 f_3\left(\frac{(3-H) + \frac{3-H}{2}\tan\alpha}{3}\right)$$

$$-\frac{31\pi}{12} f_1\left(\frac{\frac{3-H}{2} + \frac{3-H}{4}\tan\alpha}{3}\right)$$

于是可得体积 V 与 H 之间的关系。

特别说明：我们现在所用的 H 全部为中线处的油面高度，如果换算出体积 V 与标杆处的高度 H' 之间的关系，可以通过问题一中分析的公式 $H' = H + l'\tan\alpha$ 代替。其中 l' 为标尺距中线处的距离。由于表达式相对复杂，我们通过三个函数关系 f_1, f_2, f_3 来表达，通过 MATLAB 7.0 计算即可得到结果，程序见附件。

5.2.3 当储油罐横向偏转 β 角度时体积 V 与高度 H 的计算关系

图 21 为储油罐横向偏转 β 角度时的侧切面，图中 OD 为油位探针的长度，OA 为油位探针顶点距油面的高度，BD 为实际测得的油面高度 H'。而实际中油面距离水平地面的高度 H_1' 为油位探针的长度与 OA 之差。故油面的实际高度为

$$H_1' = s - (s - H')\cos\beta$$

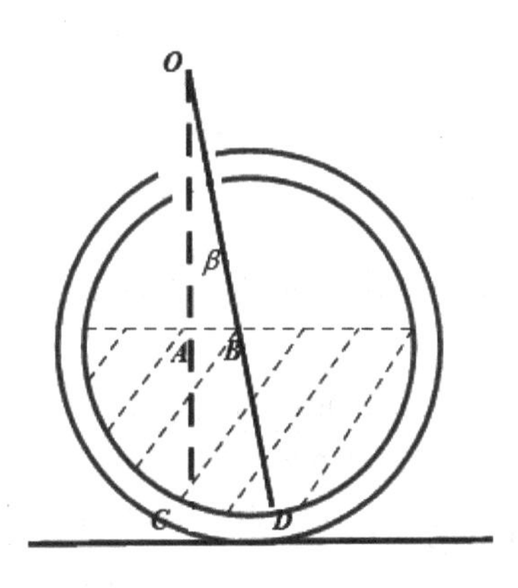

图 21　油罐横向偏转的纵切面

由问题一的分析我们知道 $H' = H + l'\tan\alpha$，其中 H 为中线处的油面高度，故

$$H_1' = s - (s - H + l'\tan\alpha)\cos\beta$$

当储油罐同时横向和纵向偏移时，只需要对纵向偏移油面中线处的油面高度进行矫正，然后代入纵向偏移公式：

$$V_{身} + V_{头} = R^2\left(\frac{l}{2} + \frac{2R-H}{\tan\alpha}\right) f_2\left(\frac{\frac{2R-H}{2} + \frac{2R-H}{4}\tan\alpha}{R}\right)$$

$$-\frac{\tan^2\alpha}{12}\left(\frac{l}{2} + \frac{2R-H}{\tan\alpha}\right)^3 f_3\left(\frac{\frac{2R-H}{2} + \frac{2R-H}{4}\tan\alpha}{R}\right)$$

$$+\overline{V_{头}} f_1\left(\frac{\frac{2R-H}{2} + \frac{2R-H}{4}\tan\alpha}{2R}\right)$$

即可求出储油罐中油的体积：

$$V_{身} + V_{头} = R^2\left(\frac{l}{2} + \frac{2R-s-(s-H+l'\tan\alpha)\cos\beta}{\tan\alpha}\right)$$

$$f_2\left(\frac{\frac{2R-s-(s-H+l'\tan\alpha)\cos\beta}{2} + \frac{2R-s-(s-H+l'\tan\alpha)\cos\beta}{4}\tan\alpha}{R}\right)$$

$$-\frac{\tan^2\alpha}{12}\left(\frac{l}{2} + \frac{2R-s-(s-H+l'\tan\alpha)\cos\beta}{\tan\alpha}\right)^3$$

$$f_3\left(\frac{\frac{2R-s-(s-H+l'\tan\alpha)\cos\beta}{2}+\frac{2R-s-(s-H+l'\tan\alpha)\cos\beta}{4}\tan\alpha}{R}\right)$$

$$+\overline{V_{头}}f_1\left(\frac{\frac{2R-s-(s-H+l'\tan\alpha)\cos\beta}{2}+\frac{2R-s-(s-H+l'\tan\alpha)\cos\beta}{4}\tan\alpha}{2R}\right)$$

代入问题所给的数据，即可求出储油罐中油的体积和油位高度及变位参数的函数关系：

$$V(H,\alpha,\beta)=\frac{9}{4}\left(4+\frac{(5-H+2\tan\alpha)\cos\beta-2}{\tan\alpha}\right)$$

$$f_2\left(\frac{(5-H+2\tan\alpha)\cos\beta-2+\frac{(5-H+2\tan\alpha)\cos\beta-2}{2}\tan\alpha}{3}\right)$$

$$-\frac{\tan^2\alpha}{12}\left(4+\frac{(5-H+2\tan\alpha)\cos\beta-2}{\tan\alpha}\right)^3$$

$$f_3\left(\frac{(5-H+2\tan\alpha)\cos\beta-2+\frac{(5-H+2\tan\alpha)\cos\beta-2}{2}\tan\alpha}{3}\right)$$

$$+f_1\left(\frac{\frac{(5-H+2\tan\alpha)\cos\beta-2}{2}+\frac{(5-H+2\tan\alpha)\cos\beta-2}{4}\tan\alpha}{3}\right)$$

其中：

$$f_1(x)=\begin{cases}\frac{\pi}{6}\left(\frac{31}{4}\right)-\frac{\pi}{2}\left(\frac{3}{2}-x\right)^2\left[\sqrt{\frac{169}{64}-\left(\frac{3}{2}-x\right)^2}+\frac{3}{8}\right] \\ -\frac{\pi}{6}\left[\frac{13}{8}-\sqrt{\frac{169}{64}-\left(\frac{3}{2}-x\right)^2}\right]^3 & \left(x<\frac{3}{2}\right) \\ \frac{\pi}{6}\left(\frac{31}{4}\right)+\frac{\pi}{2}\left(\frac{3}{2}-x\right)^2\left[\sqrt{\frac{169}{64}-\left(\frac{3}{2}-x\right)^2}+\frac{3}{8}\right] \\ +\frac{\pi}{6}\left[\frac{13}{8}-\sqrt{\frac{169}{64}-\left(\frac{3}{2}-x\right)^2}\right]^3 & \left(x\geqslant\frac{3}{2}\right)\end{cases}$$

$$f_2(x)=\arccos(1-x)-(1-x)\sqrt{2x-x^2}$$

$$f_3(x)=\frac{x-1}{\sqrt{1-(x-1)^2}}$$

5.2.4 求解问题二的变位参数α和β

首先，我们分析实验数据：根据问题分析，我们知道题目所给数据可以划分为两次出油实验的数据。我们先利用前 301 组数据求解变位参数α和β。

根据题意，我们知道实验数据中的罐容表的标定值是在储油罐水平时标定的，此时显示的油罐体积是无变位时的值，不能反映倾斜时的储油情况。因此，我们先代入$\alpha=0$和$\beta=0$，验证我们的模型在无变位时是否正确，作图，如图 22 所示。

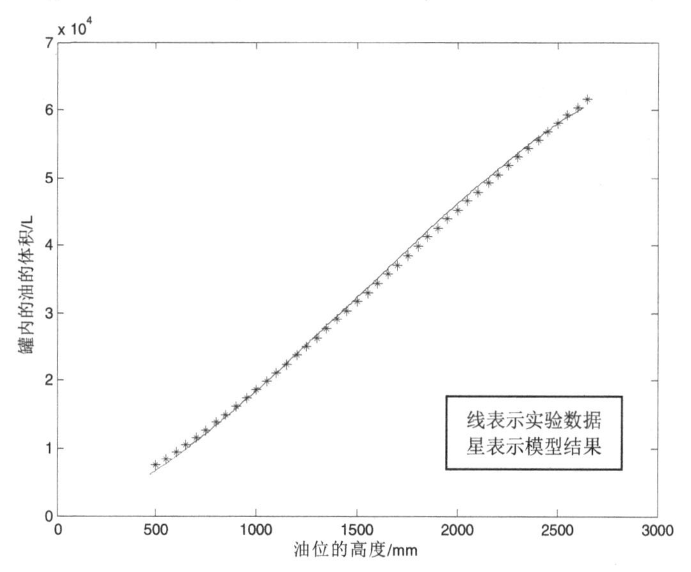

图 22　实验数据和无变位（$\alpha=0$和$\beta=0$）的模型结果的比较

误差分析见表 8。

表 8　误差分析 7

最大绝对误差/L	957.9341	最大相对误差/%	12.75
最小绝对误差/L	1.9295	最小相对误差/%	0.01
绝对误差平均值/L	550.9970	相对误差平均值/%	2.46

相对误差较小，证明模型是适用于油罐水平情况的。

接着我们分析题目的实验数据，发现每次出油的量ΔV的记录是准确的，所以我们认为要准确计算出变位参数α和β的值，应用建立的模型对出油量ΔV和油浮子在出油前后的高度示数H_1和H_2进行数值拟合，才可以求出，即

$$\Delta V = V(H_1,\alpha,\beta) - V(H_2,\alpha,\beta)$$

ΔV、H_1和H_2均是实验数据，利用MATLAB 7.0程序搜索得最优解：

$$\alpha = 2.8^\circ，\quad \beta = 4.1^\circ，\quad R^2 = 0.9116$$

误差分析见表9。

表9 误差分析8

最大绝对误差/L	96.3710	最大相对误差/%	39.56
最小绝对误差/L	0.1768	最小相对误差/%	0.20
绝对误差平均值/L	24.3381	相对误差平均值/%	16.87

5.2.5 利用实验数据对变位参数α和β进行检验

根据问题分析，我们利用一次充满后的出油数据，认为是一次出油的实验数据。据此，我们利用另外299组数据对我们的变位参数进行检验。

作图对比，如图23所示。

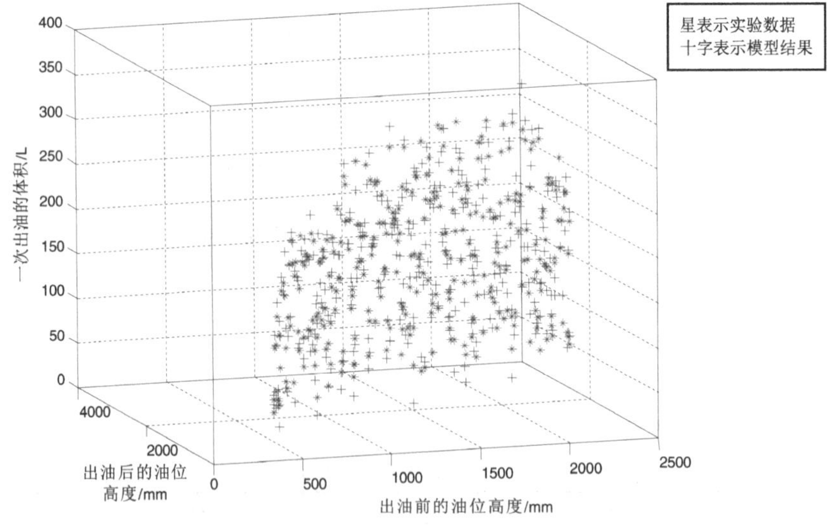

图23 实验数据和变位（$\alpha = 2.8$和$\beta = 4.1$）的模型结果的比较

误差分析见表10。

表10 误差分析9

最大绝对误差/L	52.2178	最大相对误差/%	29.54
最小绝对误差/L	0.0250	最小相对误差/%	0.01
绝对误差平均值/L	15.1560	相对误差平均值/%	11.15

观察图 23，实验数据和模型结果分布近似在一起，但分布较离散，无明显的集中趋势和规律。最终平均相对误差为11.15%，也在可接受范围之内，所以认为变位参数$\alpha = 2.8°$和$\beta = 4.1°$是适用于本文的最优解。

5.2.6 给出罐体变位后油位高度间隔为 10cm 的罐容表标定值

将变位参数$\alpha = 2.8°$和$\beta = 4.1°$代入以上所推出的结论，可得出油位高度和储油体积的函数关系式，再分别取值，计算出罐容表的标定值，见表 11。

表 11 罐体变位后油位的罐容表标定值

位置/cm	标定值/L	位置/cm	标定值/L	位置/cm	标定值/L	位置/cm	标定值/L
0	230	80	23703	160	40553	240	52207
10	3628	90	26122	170	42287	250	53279
20	6878	100	28445	180	43944	260	54248
30	9988	110	30676	190	45523	270	55103
40	12966	120	32819	200	47023	280	55825
50	15820	130	34875	210	48444	290	56381
60	18557	140	36848	220	49784	300	56671—64664
70	21183	150	38740	230	51040		

六、模型的评价

我们从实际问题出发，综合考虑多种因素，分析不同因素对储油罐的影响，并建立综合变位参数的罐内储油量和油位高度的数学模型。据此，我们总结了模型的如下优点：

（1）模型和实验数据之间的相对误差较小，证明模型可以很好地反映油罐的工作情况，可以运用于实际问题。

（2）模型用大量的图表进行分析，使得问题的结果简明清晰。

（3）对模型中的各种影响因素进行量化分析，增强了文章的说服力。

缺点：由于时间紧迫，我们的模型是在做了部分的简化后所得的。对于一些比较复杂的、较次要的因素我们并未考虑，比如输油和出油管道的设置、油浮子自身的体积、重量等，这些都是值得改进的地方。

七、模型的推广

问题一为一种理想的情况，我们先分析小椭圆形储油罐无变位时的出入油情况，然后再分析当小椭圆形储油罐纵向变位时，油量与油高度的关系。而在问题二中，考虑到储油罐的实际形状为两端的球冠体加中间的圆柱体，在第一问的基础上，我们用相似的积分求解方法先求解当储油罐无变位时储油量和油位高度的一般关系，然后再分析当储油罐横向和纵向变位时储油量和油位高度的一般关系，对于其他相似的容器，其求解过程与本模型是相似的。因此，本模型不仅适用于储油罐，还可用于其他与储油罐形状相似的容器的容量的计算。我们可以将本题的计算过程编成一个小软件，对于相似的容器，只要输入容器的对应参数，就可求出容器此时的盛装量，具有较强的实用价值。

参考文献

[1] 李致荣．椭圆柱型卧式油罐容积的计算[J]．数学的实践与认知，1977（2）：19-28.

[2] 付昶林．倾斜油罐容量的计算[J]．黑龙江八一农垦大学学报，1981（2）：43-52.

[3] 毕建珍．椭球封头油罐储油量的计算方法[J]．汽车运输，1996（9）：41-43.

[4] 同济大学数学系．高等数学（上册）[M]．6版．北京：高等教育出版社，2007.

[5] 管冀年，赵海．卧式储油罐罐内油品体积标定的实用方法[J]．计测技术，2004（3）：21，36.

[6] 田铁军．倾斜卧式罐直圆筒部分的容积计算[J]．现代计量测试，1999（5）：32-36.

【论文评述】

本文从试验罐水平情况入手，在不同变位参数下，建立了基于微元法的储油量与油位高度的关系模型，最后达到标定储油罐的目的，是一篇较为优秀的数学建模论文。此案例也被作为定积分应用的教学案例，应用于我校本科生的医学高等数学课堂教学中。

问题一，针对理想的小椭圆形实验罐的变位识别与罐容表标定问题，利用微元法的思想，首先建立了无变位时椭圆形实验罐内的储油量与油位高度的关系模型，其次，利用附件1的实验数据进行误差分析，并对罐体的几何参数进行修正，为变位识别做准备。以此为建模基础，分五个阶段考虑，纵向移位下实验罐的罐容表标定问题采用的仍然是微元法的思想。最终求解结果与参考答案完全相同，非常精确。

问题二，针对实际储油罐的变位识别与罐容表标定问题，在问题一的基础上，仍然从储油罐水平情况入手，难点就是两端球冠体的体积微元问题。本文通过建立合理的三维坐标，通过积分转化获得复杂的变位的储油量与油位高度的关系模型，实际问题解决过程中采用了数值积分的方法。不足之处在于，没有对变位参数进行敏感性分析。

宋丽娟

2011 年 A 题

城市表层土壤重金属污染分析

随着城市经济的快速发展和城市人口的不断增加，人类活动对城市环境质量的影响日渐突出。对城市土壤地质环境异常的查证，以及如何应用查证获得的海量数据资料开展城市环境质量评价，研究人类活动影响下城市地质环境的演变模式，日益成为人们关注的焦点。

按照功能划分，城区一般可分为生活区、工业区、山区、主干道路区及公园绿地区等，分别记为 1 类区、2 类区、……、5 类区，不同的区域环境受人类活动影响的程度不同。

现对某城市城区土壤地质环境进行调查。为此，将所考察的城区划分为间距 1 公里左右的网格子区域，按照每平方千米 1 个采样点对表层土（0～10cm 深度）进行取样、编号，并用 GPS 记录采样点的位置。应用专门仪器测试分析，获得了每个样本所含的多种化学元素的浓度数据。另一方面，按照 2km 的间距在那些远离人群及工业活动的自然区取样，将其作为该城区表层土壤中元素的背景值。

附件 1 列出了采样点的位置、海拔高度及其所属功能区等信息，附件 2 列出了 8 种主要重金属元素在采样点处的浓度，附件 3 列出了 8 种主要重金属元素的背景值。

现要求你们通过数学建模来完成以下任务：

（1）给出 8 种主要重金属元素在该城区的空间分布，并分析该城区内不同区域重金属的污染程度。

（2）通过数据分析，说明重金属污染的主要原因。

（3）分析重金属污染物的传播特征，由此建立模型，确定污染源的位置。

（4）分析你所建立模型的优缺点，为更好地研究城市地质环境的演变模式，还应收集什么信息？有了这些信息，如何建立模型以解决问题？

注：因篇幅原因，文中提及并未列出的“附件”均为题目自带，有需要的读者可在全国大学生数学建模竞赛官方网站（http://www.mcm.edu.cn/index_cn.html）上下载。

2011年A题　全国二等奖

城市表层土壤重金属污染分析

参赛队员：童武阳　王　泽　荀明飞
指导教师：雷玉洁

摘　要

本文结合题目所给的信息，以颜色参数表示重金属元素的浓度，在三维空间地形图的基础上绘制出各重金属的空间分布图；建立了重金属污染程度评价模型；提出重金属传播模型，并求解模型，确定出污染源的位置、补充模型以分析地质演变模式。

第一问，根据采样点的三维坐标值数据，我们选用二维插值的方法，在MATLAB绘图中给出了该地区的三维地形图，然后采用三维作图中的第四维颜色来描述8种元素的浓度，不同颜色表示出重金属的不同浓度分布范围，直观地表现了重金属的空间分布。对5种功能区重金属的污染程度评价，我们选用灰度聚类分析模型，建立了指标体系，确定出8种元素在综合评价中的权重及隶属函数值，得到聚类系数，再确定出各污染物的聚类结果，即山区>生活区>公园绿地区>道路交通区>工业区，见表1-8。

第二问，我们对各功能区八种元素的平均值和背景值总体上做比较，得出人类活动是重金属污染的根本原因，然后我们根据5类功能区8种重金属的平均值和背景值，从相同元素在不同功能区含量分布的差异，以及相同功能区内的8种重金属元素之间的相互比较，全面分析了各重金属污染的主要原因。

第三问，首先我们根据文献[1]查找到8种重金属元素的传播途径有空气传播、土壤传播和水传播，每种重金属元素传播途径不止一种，再根据问题二中对不同重金属元素的污染原因分析，可确定各重金属元素的主要传播途径。

由于同一重金属元素在该城区内的污染源不止一个，所以我们根据问题一中的空间分布图，确定污染源的个数，划分出各污染源的大概范围。从原始数据中筛选出各自的采样点数据作为模型拟合求解的数据来源。

我们选用了基于湍流扩散理论的静态模型作为空气传播模型，通过最小二乘法对模型进行拟合，确定参数值。由于污染源的坐标也作为模型中的未知参数，因此拟合结果可以直接得到污染源的具体坐标。土壤传播模型中，我们选取了处于污染区的任意一个点，分析该点的浓度与污染源之间的函数关系，由此建立出微分方程，再通过数据对该方程进行拟合，求出参数值，从而确定出了污染源的平面坐标(x_0, y_0)。

问题四，我们从模型的适用条件、模型的建立过程以及精确度等方面分析了前面模型的优缺点，对此，我们对地质环境的演变模式研究补充了四个方面的问题：一是对土壤各剖面层次的重金属含量数据的收集，二是对周边城-郊-乡典型样带的土壤重金属含量数据的收集，三是收集该城区在不同时期的污染状况的数据，四是对社会环境和生物自然环境数据的统计。数据一和数据二可采用问题一中的灰色聚类法分析，数据三可采用 BP 神经网络法预测城市未来的地质变化，对于第四个统计数据，我们准备建立灰色关联分析模型，以分析引起地质变化的主要因素。

关键词：重金属污染评估模型；灰度聚类法；重金属传播模型；污染源定位

一、问题的重述

为研究人类活动影响下城市地质环境的演变模式，现对某城市城区土壤地质环境进行调查。为此，将所考察的城区划分为间距 1km 左右的网格子区域，按照每平方千米 1 个采样点对表层土（0～10cm 深度）进行取样、编号，并用 GPS 记录采样点的位置。应用专门仪器测试分析，获得了每个样本所含的多种化学元素的浓度数据。另一方面，按照 2km 的间距在那些远离人群及工业活动的自然区取样，将其作为该城区表层土壤中元素的背景值。

城区按照功能划分，一般可分为生活区、工业区、山区、主干道路区及公园绿地区等，分别记为 1 类区、2 类区、……、5 类区，不同的区域环境受人类活动影响的程度不同。

附件 1 列出了采样点的位置、海拔高度及其所属功能区等信息，附件 2 列出了 8 种主要重金属元素在采样点处的浓度，附件 3 列出了 8 种主要重金属元素的背景值。

现要求你们通过数学建模来完成以下任务：

（1）给出 8 种主要重金属元素在该城区的空间分布，并分析该城区内不同区域重金属的污染程度。

（2）通过数据分析，说明重金属污染的主要原因。

（3）分析重金属污染物的传播特征，由此建立模型，确定污染源的位置。

（4）分析你所建立模型的优缺点，为更好地研究城市地质环境的演变模式，还应收集什么信息？有了这些信息，如何建立模型以解决问题？

二、基本假设

（1）假设空气中重金属元素的传播不受植被的遮挡。

（2）假设未知点的功能区划分符合最近邻点原则。

（3）假设气体扩散速度 q 和土壤的扩散速度 v 在定位过程中不改变。

（4）气体在空中的传播与高度无关。

三、符号（参数）说明

（1）W_{kij}：第 k 个评价点的第 i 种污染物在第 j 个级别中的权重。

（2）X_{ki}：第 k 个评价点的第 i 种污染物的浓度值。

（3）$f_{ij}(x)$：第 i 种污染物关于第 j 个级别的隶属函数。

（4）$f_{ij}(x_{ki})$：第 k 个评价点的第 i 种污染物浓度值在该污染物第 j 类隶属函数中的函数值。

（5）r：相关性系数。

（6）(x_0, y_0, z_0)：污染源坐标。

（7）x_0F：流出室的初始溶质质量。

（8）$c(t)$：时刻 t 时在污染点 O' 的污染物浓度。

四、问题的分析

4.1 问题一

首先为了更清楚地观察采集地区的地形地貌，我们用二维插值的方法在 MATLAB 中作出该地区的空间地形图，并在图上用符号标明生活区、工业区、林业区、交通区和公园绿地区五种不同区域。

然后我们采用三维作图中的第四维颜色来描述 8 种元素的浓度，即把三维函数中的颜色参数用重金属元素的浓度来表示，从而在三维图上作出重金属的浓度分布图，并以不同的颜色来表示重金属的不同浓度分布范围，进而以不同的符号来表示各个区域。

土壤污染评价的常用方法有指数法和灰度聚类法。指数法是对各污染因子进行评价，认为各污染因子具有等价性，不能突出主要污染物和浓度差异对污染程度的影响，故会掩盖某些污染因子质的飞跃特征，评价结果往往不符合整体综合评价的要求。

因此，我们选用模糊综合评判方法，把土壤污染按不同标准分级，根据隶属函数在闭区间连续取值对5个功能区的土壤质量进行评价，并依据灰色系统理论，拓宽各隶属函数中的污染物取值范围，即使污染物浓度超过这一范围仍有可比性，并引入修正系数对隶属函数进行修正，以保证相邻两类隶属函数在分界值上具有相同的函数值，因为污染物的级别有一个浓度范围，应避免把标准值作为函数的极值，造成级别分界附近的误判现象。评价结果能同时给出各评价对象所属的污染级别和它们之间环境质量的优劣[2]。

4.2 问题二

首先我们对各功能区8种元素的平均值和背景值总体上做比较，得出人类活动对环境的影响，然后从数据中分析8种不同元素在不同功能区浓度的相似点和不同点，再从相同元素不同功能区、相同功能区不同元素，双向分析其污染特点，综合分析评价其可能存在的污染原因。

4.3 问题三

重金属的传播主要可分为空气传播和土壤传播。对于不同的重金属元素，其各自的传播途径不止一种，此处我们选取其各自的主要传播途径，根据问题二中分析得知的每种元素可能存在的污染源，以及文献[1]中重金属元素的传播特性，可分析给出8种元素在该城区内的主要传播途径。

污染源分布在重金属浓度较高的地方，在空间分布图中体现为颜色较深的区域，所以根据图中的深色区域可以确定污染源的个数，然后划定污染源的大概范围，并从原始数据中筛选出在所划分区域的采集点。以此数据作为模型的数据来源。然后，我们分别对两种传播途径建立模型。

（1）空气传播模型：在已有的污染源估计定位工作中应用最多的静态模型为高斯模型和基于湍流扩散理论的静态模型。由于基于湍流扩散理论的静态模型引入了对风向的考虑，更符合我们所模拟的环境条件，因此我们选择了基于湍流扩散理论的静态模型作为空气传播的模型。

（2）土壤传播模型：我们选取了处于污染区的任意一个点，该点的浓度实际为高浓度污染源向其扩散的溶质与该点向低浓度下游扩散出去的溶质的差值。由此建立微分方程模型。

模型的求解：通过非线性最小二乘法对模型进行拟合，确定模型中的参数，由于污染源的坐标也作为模型中的未知参数，因此由拟合结果可以直接得到污染源的具体坐标值。

4.4 问题四

我们从模型的适用条件、模型的建立过程以及精确度等方面分析了前面模型的优缺点，基于以上模型的缺点，我们对地质环境的演变模式研究补充了四个方面的问题：一是对土壤各剖面层次的重金属含量数据的收集，研究城市土壤污染的时间积累作用。二是对周边城-郊-乡典型样带的土壤重金属含量数据的收集，研究城市化进程中地质环境的演变。三是收集该城区在不同时期的污染状况的数据，从时间上研究土壤污染的演变模式，预测土壤污染随时间的变化。四是对社会环境和生物自然环境数据的统计。

数据一和数据二可采用问题一中的灰色聚类法分析，数据三可采用 BP 神经网络预测模型预测城市未来的地质变化，对于第四个统计数据，我们准备建立灰色关联分析模型，以确定人口数量、国民经济等指标在城市地质变化演变过程中的权重，分析引起地质变化的主要因素。

五、模型的构建与求解

5.1 问题一

5.1.1 主要重金属元素的空间分布

题目中给出了采样点的三维坐标值，首先为了更清楚地观察采集地区的地形地貌，我们用二维插值的方法，在 MATLAB 中作出了该地区的地形图，并在图上用符号标明生活区、工业区、林业区、交通区和公园绿地区五种不同区域。按照题目要求作出 8 种元素的空间分布图。

我们采用三维作图中的第四维颜色来描述 8 种元素的浓度，即把三维函数中的颜色参数用重金属元素的浓度来表示，从而在三维图上作出重金属的浓度分布图，并以不同的颜色来表示重金属的不同浓度分布范围，可以直观地表现出重金属的分布情况。而以不同的符号来表示各个区域，可以直观地反映区域和重金属浓度的分布关系。

图 1-1 中用 5 种不同颜色标明 As 的浓度分布状况。其中红色表示浓度最大的区域，蓝色表示浓度最小的区域，图 1-1 中用 5 种不同的图标表示该区的 5 个功能区，有利于确定元素的含量分布和功能区的关系。从图 1-1 可以看出有三块地区 As 含量明显高于其他区域，而这些地区大部分属于交通区，所以交通区的 As 含量明显高于其他四区，工业区和生活区大部分处于青色区域，山林区和绿地区处于蓝色区域，说明工业区和生活区的 As 浓度高于山林区和绿地区。

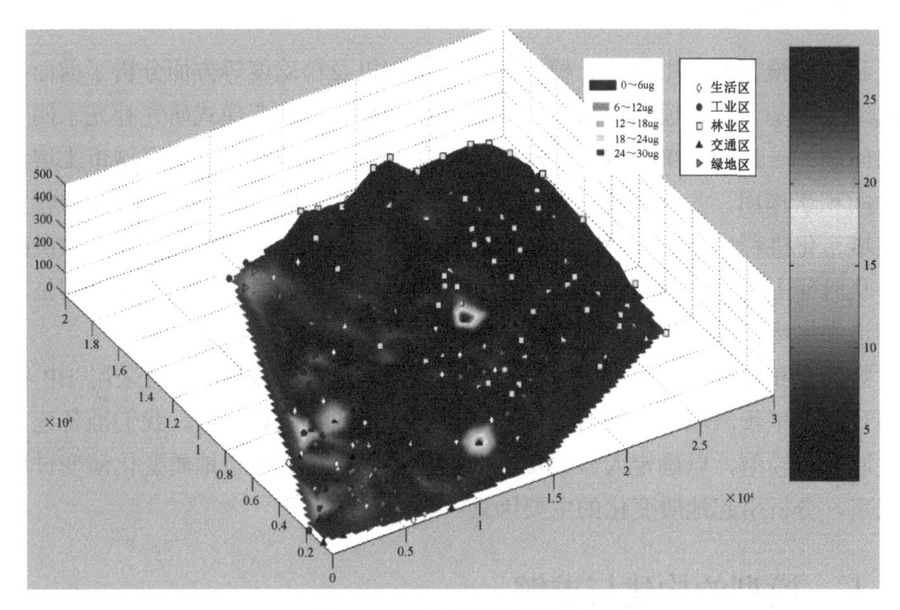

图 1-1 As 元素的空间分布

通过综合分析可以得到，交通区 As 含量最高，工业区和生活区的含量次之，山林区和绿地区的含量比较低。通过初步分析，可以得出交通区的 As 污染程度比较高。

同理，可以得到其余元素的分布图（图 1-2～图 1-8）及其特点，见附件二。

5.1.2 污染程度的评价

5.1.2.1 评价等级标准和指标的确立

该城市城区土壤重金属综合评价有 As、Cd、Cr、Cu、Hg、Ni、Pb 和 Zn 8 个评价指标（分别记为$i=1,2,\cdots,n$），有 5 个功能区评价点（分别记为$k=1,2\cdots,m$），5 个评价级别[3]（分别记为$j=1,2,\cdots,h$），划分级别见表 1-1，各功能区土壤重金属含量取平均值，见表 1-2。

表 1-1 各污染物污染级别的划分标准 单位：mg/kg

污染状况	级别	As	Cd	Cr	Cu	Hg	Ni	Pb	Zn
清洁	Ⅰ	16	0.28	69	35	0.2	40	31	51
尚清洁	Ⅱ	20.1	0.39	75.2	50	0.27	50	43.1	87.6
起始污染	Ⅲ	27.3	0.61	86.5	100	0.41	60	65.5	161.6
中等污染	Ⅳ	35	1.2	500	400	1.5	200	200	300
严重污染	Ⅴ	>35	>1.2	>500	>400	>1.5	>200	>200	>300

表 1-2 土壤重金属含量平均值 单位：mg/kg

功能区	As	Cd	Cr	Cu	Hg	Ni	Pb	Zn
生活区	6.27	0.290	69.02	49.40	0.093	18.34	69.11	237.01
工业区	7.25	0.393	53.14	127.54	0.642	19.81	93.04	277.93
山区	4.04	0.152	38.96	17.32	0.041	15.45	36.56	73.29
交通区	5.71	0.360	58.05	62.21	0.447	17.62	63.53	242.85
公园绿地区	6.26	0.281	43.64	30.19	0.115	15.29	60.71	154.24

5.1.2.2 求隶属函数的阈值

对于级别 Ⅰ～级别 Ⅳ 的隶属函数阈值即相应级别的中心值，对于级别Ⅴ，其范围为$[S_{i4},\infty)$，（S_{i4} 为 i 种污染物的第Ⅳ级标准值），无级别中心值，其阈值取该级别的下限值（即 S_{i4} ），其计算公式为

$$\lambda_{ij}=\begin{cases} S_{i1}/2 & j=1 \\ (S_{i(j-1)}+S_{ij})/2 & j=2,3,\cdots,h-1 \\ S_i(h-1) & j=h \end{cases} \qquad (1)$$

式中：λ_{ij} 为 i 种污染物的第 j 级阈值；S_{ij} 为 i 种污染物的第 j 级标准值（$i=1,2,\cdots,n$，$j=1,2,\cdots,h$ ）。由表一得各污染物隶属函数阈值，见表 1-3。

表 1-3 各污染物隶属函数阈值 单位：mg/kg

级别	As	Cd	Cr	Cu	Hg	Ni	Pb	Zn
Ⅰ	8	0.14	34.5	17.5	0.1	20	15.5	25.5
Ⅱ	18.05	0.335	72.1	42.5	0.235	45	37.05	69.3
Ⅲ	23.7	0.5	80.85	75	0.34	55	54.3	124.6
Ⅳ	31.15	0.905	293.25	250	0.955	130	132.75	230.8
Ⅴ	35	1.2	500	400	1.5	200	200	300

5.1.2.3 确定污染物的权重

灰色聚类法根据污染物的浓度不同、级别不同而确定权重，同一污染物在同级别的权重和不同污染物在同一级别的权重都可能不相同，对综合评价非常适用，由阈值根据下列公式确定权重：

$$W_{kij}=\frac{X_{ki}/\lambda_{ij}+1}{\sum_{i=1}^{n}(X_{ki}/\lambda_{ij}+1)} \tag{2}$$

式中，W_{kij}为第k个评价点的第i种污染物在第j个级别中的权重，X_{ki}为第k个评价点的第i种污染物的浓度值，λ_{ij}同上。

将各功能区实测值和有关阈值代入上式可求得各功能区污染物关于各个级别的权重，如表1-4为功能区1中各污染物的权重，其他功能区污染物权重可类似求得。

表1-4 功能区1中各污染物的权重

级别	As	Cd	Cr	Cu	Hg	Ni	Pb	Zn
I	0.057	0.098	0.096	0.122	0.062	0.061	0.175	0.329
II	0.061	0.095	0.076	0.174	0.162	0.063	0.153	0.218
III	0.108	0.120	0.137	0.113	0.103	0.118	0.154	0.146
IV	0.106	0.125	0.107	0.112	0.132	0.102	0.133	0.184
V	0.124	0.129	0.114	0.113	0.123	0.123	0.137	0.159

5.1.2.4 确定隶属函数并求值

隶属函数反映了污染物（评价指标）对污染级别的亲疏关系，每个污染物均有5类隶属函数与相应级别相对应，其图形（图1-9）和表达式如下所示。

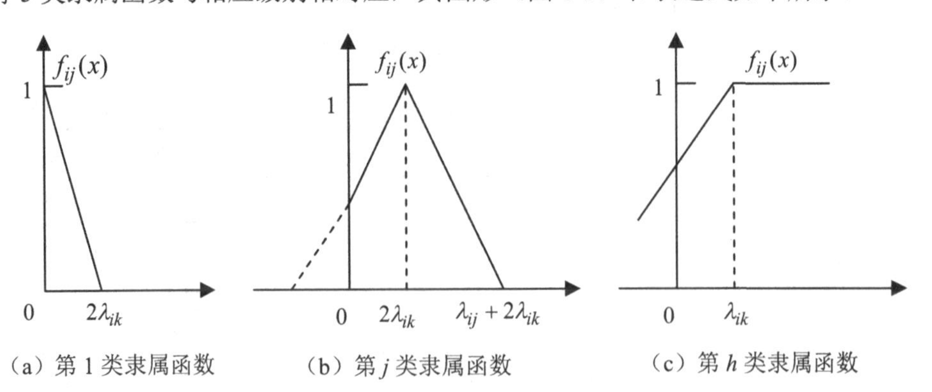

（a）第1类隶属函数　（b）第j类隶属函数　（c）第h类隶属函数

图1-9 隶属函数的三种基本图形

第 1 类（$j=1$）隶属函数［图 1-9（a）］为

$$f_{i1}(x)=\begin{cases}\dfrac{x-2\lambda_{ik}}{-2\lambda_{ik}} & 0\leqslant x\leqslant 2\lambda_{ik}\\ 0 & x\geqslant 2\lambda_{ik}\end{cases} \tag{3}$$

第 j 类（$j=2,3,\cdots,h-1$）隶属函数［图 1-9（b）］为

$$f_{ij}(x)=\begin{cases}\dfrac{x-(\lambda_{ij}-2\lambda_{ik})}{2\lambda_{ik}} & 0\leqslant x\leqslant \lambda_{ij}\\ \dfrac{x-(\lambda_{ij}+2\lambda_{ik})}{-2\lambda_{ik}} & \lambda_{ij}\leqslant x\leqslant \lambda_{ij}+2\lambda_{ik}\\ 0 & x\geqslant \lambda_{ij}+2\lambda_{ik}\end{cases} \tag{4}$$

第 h 类（$j=h$）隶属函数［图 1-9（c）］为

$$f_{ik}(x)=\begin{cases}\dfrac{x+\lambda_{ik}}{2\lambda_{ik}} & 0\leqslant x\leqslant \lambda_{ik}\\ 1 & x\geqslant \lambda_{ik}\end{cases} \tag{5}$$

以上式中（或图 1 中）：$f_{ij}(x)$ 为 i 种污染物关于第 j 个级别的隶属函数；x 为污染物实测浓度值；λ_{ij} 为 i 种污染物关于第 j 个级别的隶属函数阈值。

将各功能区污染物实测值、阈值代入以上表达式中即可求得该污染物关于各个级别的隶属函数值，如功能区 1 中 As 元素的第 I 类隶属函数可由图 1-10 中的 $f_{ij}(x)$ 曲线求得，即

$$f_{11}(x)=f_{11}(6.27)=(6.27-2\lambda_{15})/(-2\lambda_{15})=(6.27-70)/(-70)=0.910$$

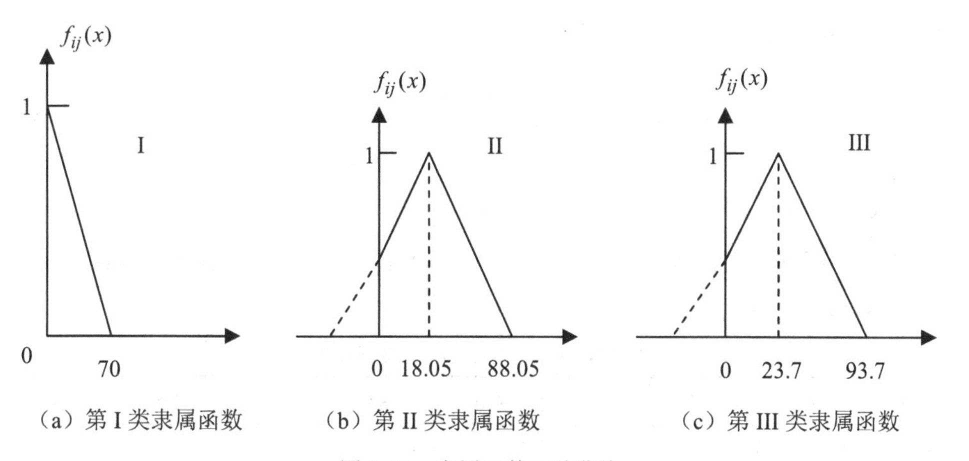

（a）第 I 类隶属函数　（b）第 II 类隶属函数　（c）第 III 类隶属函数

图 1-10　隶属函数五种曲线

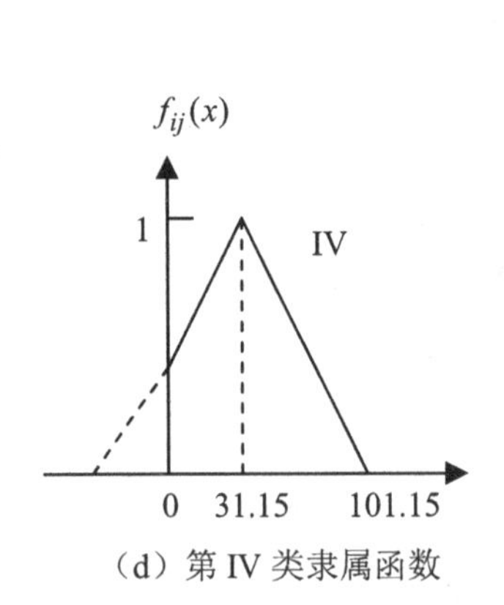

（d）第 IV 类隶属函数

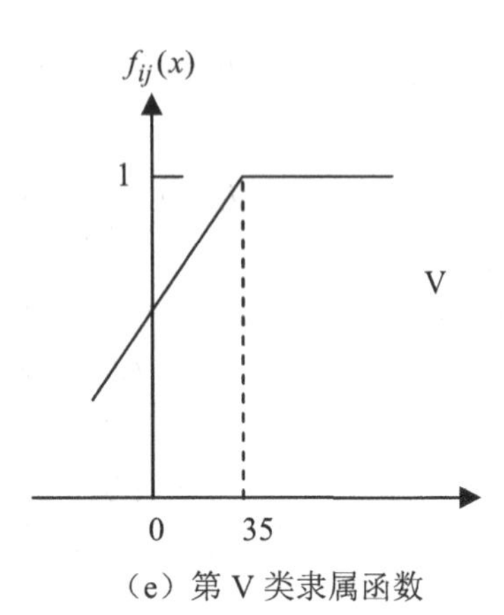

（e）第 V 类隶属函数

图 1-10　隶属函数五种曲线（续图）

其余级别和点类似可求得。表 1-5 为求得的 A 点各污染物的各类隶属函数值。

表 1-5　功能区 1 各污染物的隶属函数值

级别	As	Cd	Cr	Cu	Hg	Ni	Pb	Zn
I	0.910	0.879	0.931	0.938	0.969	0.954	0.827	0.605
II	0.832	0.981	0.997	0.991	0.953	0.933	0.920	0.720
III	0.751	0.913	0.988	0.968	0.918	0.908	0.963	0.812
IV	0.645	0.744	0.776	0.749	0.713	0.971	0.841	0.990
V	0.590	0.621	0.569	0.562	0.531	0.546	0.673	0.895

5.1.2.5　求修正系数

修正系数用来对隶属函数值进行修正，以保证相邻两类隶属函数在级别标准值处具有相同的函数值，表达式为

$$C_{ij}(x)=\begin{cases}\dfrac{2\lambda_{ik}-S_{ij}}{2\lambda_{ik}-(\lambda_{ij}-S_{i(j-1)})} & j=2,3,\cdots,h\\ 1 & j=1\end{cases} \tag{6}$$

式中，$C_{ij}(x)$ 为第 i 种污染物对于第 j 类隶属函数的修正系数，其余符号意义同上。由阈值表和级别标准值表并将数值代入计算可得各污染物关于各类隶属函数的修正系数，见表 1-6。

表 1-6　各类隶属函数的修正系数

级别	As	Cd	Cr	Cu	Hg	Ni	Pb	Zn
I	1	1	1	1	1	1	1	1
II	0.759	0.904	0.934	0.946	0.944	0.886	0.937	0.944

续表

级别	As	Cd	Cr	Cu	Hg	Ni	Pb	Zn
Ⅲ	0.813	0.926	0.936	0.903	0.956	0.861	0.949	0.975
Ⅳ	0.816	1.007	1.174	0.615	1.141	0.606	1.109	1.034
Ⅴ	0.771	0.883	0.931	0.500	0.933	0.500	0.923	0.915

5.1.2.6　求聚类系数

聚类系数反映了评价点与各级别之间的亲疏关系，表达式如下：

$$\eta_{kj}=\sum_{i=1}^{n}W_{kij}\times C_{ij}\times f_{ij}(x_{ki}) \tag{7}$$

式中：η_{kj} 为第 k 个评价点关于第 j 个级别的聚类系数；$f_{ij}(x_{ki})$ 为第 k 个评价点的第 i 种污染物浓度值在该污染物第 j 类隶属函数中的函数值；其他符号意义同前。式中的权重值、修正系数值及隶属函数值可分别直接从表四、表五、表六中读取，同样可求得其他各功能区的聚类系数，见表 1-7。

表 1-7　各功能区的聚类系数

级别	功能区 1	功能区 2	功能区 3	功能区 4	功能区 5
Ⅰ	0.8039	0.6421	0.8734	0.7045	0.8003
Ⅱ	0.8345	0.7386	0.8685	0.8023	0.8623
Ⅲ	0.8318	0.7762	0.8089	0.8862	0.7996
Ⅳ	0.7783	0.8054	0.7543	0.8901	0.7064
Ⅴ	0.5291	0.8812	0.5421	0.7994	0.6594

例如，功能区 1 关于级别 1 的聚类系数计算如下：

$$\begin{aligned}\eta_{kj}&=\sum_{i=1}^{n}W_{kij}\times C_{ij}\times f_{ij}(x_{ki})\\&=0.057\times0.910\times1+0.098\times0.879\times1+0.096\times0.931\times1+0.122\times0.938\times1\\&\quad+0.062\times0.969\times1+0.061\times0.954\times1+0.175\times0.827\times1+0.329\times0.605\times1\\&=0.8039\end{aligned}$$

5.1.2.7　求聚类结果

根据表七各功能区的聚类系数，各功能区实测值在不同级别中的最大聚类系数为该功能区的污染级别，例如功能区 1 中 5 个聚类系数中，级别Ⅱ的系数最大，则功能区 1 的污染级别为Ⅱ级，同理可求出功能区 2 为Ⅴ级，功能区 3 为Ⅰ级，功能区 4 为Ⅳ级，功能区 5 为Ⅱ级，然后按系数大小确定各功能区环境质量的优劣，系数越大，表明相应点环境质量越好，聚类结果见表 1-8。

表 1-8 灰色聚类结果

功能区	1（生活区）	2（工业区）	3（山区）	4（交通区）	5（公园绿地区）
所属级别	II	V	I	IV	II
质量优劣	3 区（I）>1 区（0.8345）> 5 区（0.8623）> 4 区（IV）>2 区（V）				

5.2 问题二

5.2.1 数据分析

表 2-1 分别列出了不同功能区 8 种元素土壤含量的平均值和各元素的背景值。

表 2-1 土壤重金属含量平均值与背景值 单位：mg/kg

功能区	As	Cd	Cr	Cu	Hg	Ni	Pb	Zn
1	6.27	0.290	69.02	49.40	0.093	18.34	69.11	237.01
2	7.25	0.393	53.14	127.54	0.642	19.81	93.04	277.93
3	4.04	0.152	38.96	17.32	0.041	15.45	36.56	73.29
4	5.71	0.360	58.05	62.21	0.447	17.62	63.53	242.85
5	6.26	0.281	43.64	30.19	0.115	15.29	60.71	154.24
背景值	3.6	0.13	31	13.2	0.035	12.3	31	69

由表中数据对比可知，城市土壤重金属元素在城市不同区域的分布已显著区别于自然土壤（背景值），说明人类活动是导致城市重金属污染的根本原因，土地功能类型的差异实际上是人类活动方式、活动强度的差异，这些差异必然会影响到土壤重金属的含量及分布，因此探讨重金属含量在不同城市功能类型土壤中的分布能在一定程度上反映人为活动的影响，分析出不同类型的重金属污染原因。

图 2-1 更加形象地反映了各重金属元素在不同功能区的差异。

由图 2-1 可知，8 种重金属在城区不同功能类型土壤中分布的差异程度不等，采样的 8 种重金属元素除 Cr 外，其他的元素在工业区含量均最高，而且 Cr 污染程度中工业区污染也仅次于公园绿地区和交通区，说明工业生产排放的废弃物是工业区重金属元素的主要污染来源。而山区由于人类活动对其影响较小，且绿色植被对有害重金属有一定的净化能力，因此在所有重金属污染中，山区污染是最小的。

下面分别对不同的重金属污染进行分析。

（1）对 As 元素和 Ni 元素污染的原因分析。对表 2-1 和图 2-1 进行分析可知，As 元素和 Ni 元素在各个不同功能区的含量差异不大，与背景值比较，污染程度较低。含量差异小可能与 As 元素和 Ni 元素的空气传播途径有关，空气对流及风会导致其污染分布趋于平均。工业区的 As 元素污染可能来自采矿、冶金、化学制药等工业生产，Ni 元素污染可能来自冶炼镍矿石及冶炼钢铁时，部分矿粉随气流进入大气以及镀镍工业的废水排放污染；而生活区和公园绿地区中喷的各种杀虫剂等含砷的药类可能是 As 元素污染的主要原因。

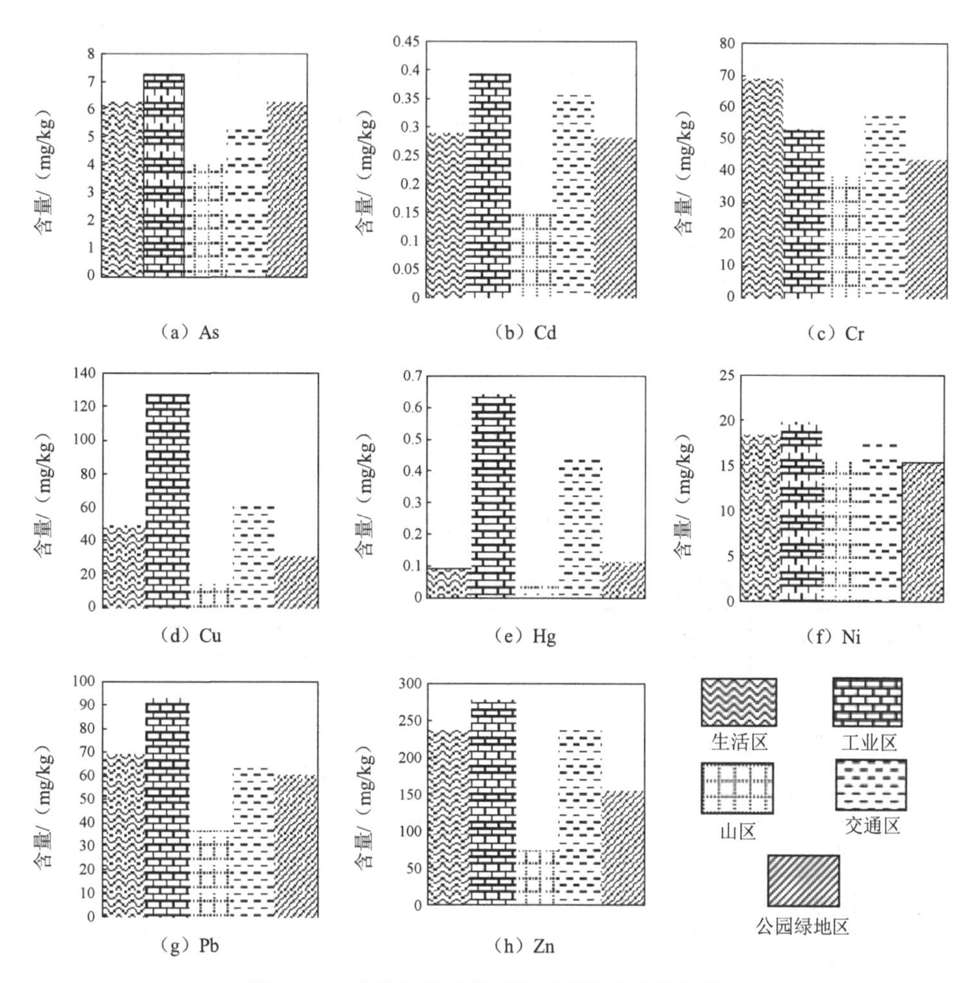

图 2-1 8 种重金属元素不同功能区含量分布图

（2）对 Cd、Cr 和 Pb 元素污染的原因分析。由表 2-1 和图 2-1 可知，Cd、Cr 和 Pb 元素在各个功能区的含量具有相似点，三者在工业区、生活区、交通区的污染都较严重，且含量差异较小，无特异值，与背景值比较，其浓度值都在同一级别。化学燃料中含有大量的 Pb、Cr 和 Cd 等重金属，汽车尾气排放是交通区和生活区污染的主要原因。而工业区中电镀、冶炼及蓄电池工业的废气废水的排放是导致污染的可能原因。

（3）对 Zn、Hg 和 Cu 元素污染的原因分析。对表 2-1 和图 2-1 进行分析可知，三种重金属在工业区、生活区和交通区的浓度都远远大于其背景值，含量差异显著。其中 Zn 元素浓度在功能区 1、2、4 中达到了 200mg/kg 以上（背景值 69mg/kg），Hg 元素在功能区 2、4 中的浓度超过了其背景值的 15 倍，Cu 元素在工业区的浓度达到了 127.54mg/kg，是背景值的 10 倍。这说明 Zn、Hg 和 Cu 元素是该城区的重大污染源，其原因可能是该城区主要的工业体系与三种元素有关，如铜锌矿的开采和冶炼、金属加工、机械制造、钢铁生产。

5.2.2 相关性分析

重金属元素之间的相关性可反映有关元素之间的关联情况或污染来源。Person 相关系数应用广泛，其计算公式及其性质如下：

$$r=\frac{\sum(x-\overline{x})(y-\overline{y})}{\sqrt{\sum(x-\overline{x})^2(y-\overline{y})^2}} \tag{8}$$

当$|r|<0.3$时，说明相关性微弱；当$0.3<|r|<0.5$时，说明低度相关。

当$0.5<|r|<0.8$时，说明显著相关；当$0.8<|r|<1$时，说明高度相关。

城区各主要重金属元素的相关性分析结果见表 2-2。

表 2-2 城区各主要重金属元素的相关性分析结果

元素	As	Cd	Cr	Cu	Hg	Ni	Pb	Zn
As	1							
Cd	0.255	1						
Cr	0.189	0.352	1					
Cu	0.16	0.397	0.532	1				
Hg	0.064	0.265	0.103	0.471	1			
Ni	0.317	0.329	0.716	0.495	0.103	1		
Pb	0.29	0.66	0.383	0.52	0.298	0.307	1	
Zn	0.247	0.431	0.424	0.387	0.196	0.436	0.494	1

从表 2-2 中可以发现，在城区土壤中，Pb 与 Cd 和 Cu 两种元素之间的相关系数分别为 0.66、0.52，Cr 与 Cu 和 Ni 两种元素之间的相关系数分别为 0.532、0.716，都明显高于其他元素，均呈显著正相关性水平，由此可以初步推断：Pb、Cd 和

Cu 三种元素以及 Cr、Cu 和 Ni 分别都有相似的来源。

综上所述，影响城市土壤重金属污染的人为原因归纳起来主要有工业“三废”物质的排放、交通运输过程中产生的废物、居民生活中丢弃的废弃物质等。污染源在城市区域分布的差异性导致了不同功能区土壤中重金属元素含量的不同。

5.3 问题三

5.3.1 重金属元素的传播方式分类

从问题二中对 8 种重金属污染的主要原因分析可知，其传播方式分类见表 3-1。

表 3-1 重金属元素的传播方式

传播途径	重金属元素				
空气	Ni	Cd	Cr	Pb	Hg
土壤	As	Cu	Zn		

5.3.2 筛选出污染源可能存在的区域

每种重金属的污染源所在区域是浓度比较大的地方，从问题一中所作的元素空间分布图观察，可知颜色较深的地方为污染比较严重的地方，同时也是污染源所在的区域。我们先从图上观察出污染相对严重区域以确定出污染区域的坐标范围，在所给图表中筛选出每种元素污染比较严重的区域的采样点（筛选结果见表 2），再分析该区域内重金属的传播特性和污染源的具体位置。

5.3.3 气体传播模型的建立

根据湍流扩散方程来近似模拟空气中的重金属含量的分布，我们做了如下假设：

（1）不考虑障碍物的遮挡等影响。

（2）气体源的气体扩散速度 q 在定位过程中不改变。

（3）气体在空中的传播与高度无关。

地表长时间平均的气体浓度可以由下式得出[4]：

$$R(x_i, y_i) = \frac{q}{2\pi k}\frac{1}{x_i}\exp\left[-\frac{U}{2K}(d-(x_i-x_s))\right] \tag{9}$$

$$d = \sqrt{(x_i - x_s)^2 + (y_i - y_s)^2} \tag{10}$$

式中：q 为气体扩散速率；k 为湍流扩散系数；U 为风速；d 为任意点到污染源的距离；(x_s, y_s) 为污染源的坐标点；(x_i, y_i) 为各观测点的坐标。

5.3.4 土壤传播模型的建立

污染源扩散是以污染源为圆心的，浓度成梯度向外扩散。因此，我们建立如

图 3-1 所示的模型，平面坐标为(x_0, y_0)，污染半径为l_0，假设污染半径内的某一点O'，以下是对该点的浓度进行分析及建立模型的过程。

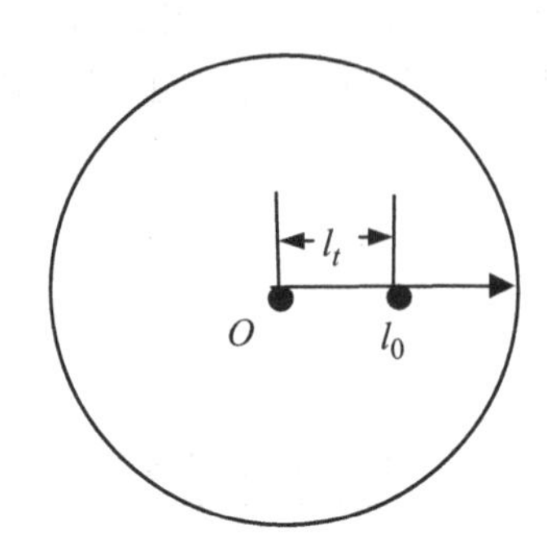

图 3-1　污染源扩散模型

为了便于分析，假设污染点O'为一个房室，并增加一个代表污染物扩散流出的流出室，其过程如图 3-2 所示。

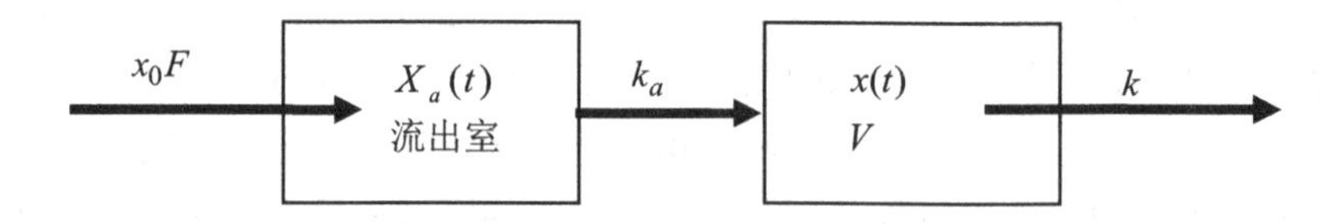

图 3-2　污染点O'浓度的动态模拟

设时刻t在流出室内的污染物溶质量为$x_a(t)$，所给的初始溶质量为x_0，当污染物以一级扩散过程进入房室内时，在时间区间$[t, t+\mathrm{d}t]$内，进入房室的溶质量为$k_a x_a \mathrm{d}t$（k_a为一级扩散率常数），流出的溶质量为$kx\mathrm{d}t$，故有

$$\mathrm{d}x_a = k_a x_a \mathrm{d}t - kx\mathrm{d}t \tag{11}$$

这时，进入流出室的溶质量为零，扩散流出的溶质量为$-k_a x_a \mathrm{d}t$，故有

$$\mathrm{d}x_a = -k_a x_a \mathrm{d}t \tag{12}$$

由于进入流出室的溶质不可能全部流出，因此，流出室的初始溶质量为$x_0 F$，$F(0 < F \leqslant 1)$表示该污染物的扩散速率。建立微分方程模型：

$$\begin{cases} \dfrac{\mathrm{d}x_a}{\mathrm{d}t} = -k_{aa} \\ \dfrac{\mathrm{d}x}{\mathrm{d}t} = k_a x_a - kx \end{cases} \quad (t=0\text{时}，x_a = Fx_0，x=0) \tag{13}$$

通过求解微分方程组得到时刻t在污染点O'的溶质量为

$$x(t)=\frac{k_a F x_0}{(k_a-k)}(\mathrm{e}^{-kx}-\mathrm{e}^{-k_a t}) \tag{14}$$

由于溶质量与浓度成正比关系，且污染点O'可认为体积为1，因此溶质量$x(t)$可等同于浓度$c(t)$，即时刻t在污染点O'的污染物浓度为

$$c(t)=\frac{k_a F x_0}{(k_a-k)}(\mathrm{e}^{-kx}-\mathrm{e}^{-k_a t}) \tag{15}$$

假设扩散速度为v，时间t内流过的距离为

$$l_t=vt \tag{16}$$

距离l_t与污染源O平面坐标(x_0,y_0)之间的数学关系为

$$l_t=\sqrt{(x-x_0)^2(y-y_0)^2} \tag{17}$$

由于k_a、k、x_0、F均为常数，上述方程整理得污染物浓度模型方程（β_1、β_2、β_3为常系数）：

$$c=\beta_1(\mathrm{e}^{-\beta_2 x}-\mathrm{e}^{-\beta_3 l_t}) \tag{18}$$

5.3.5 模型的求解

非线性最小二乘法是以误差的平方和最小为准则来估计非线性静态模型参数的一种参数估计方法。设非线性系统的模型为

$$y=f(x,\theta) \tag{19}$$

式中：y为系统的输出；x为输入；θ为参数（它们可以是向量）。这里的非线性是指对参数θ的非线性模型，不包括输入/输出变量随时间的变化关系。在估计参数时，模型的形式f是已知的，用筛选取得的数据(x_1,y_1)、(x_2,y_2)、…、(x_n,y_n)估计参数的目标函数，模型的误差平方和为

$$Q=\sum_{k=1}^{N}[y_k-f(x_k,\theta)]^2 \tag{20}$$

非线性最小二乘法就是求使Q达到极小时的参数估计值。由于f的非线性，因此不能像线性最小二乘法那样用求多元函数极值的办法来得到参数的估计值，而需要采用复杂的优化算法来求解。常用的算法有搜索算法，搜索算法的思路是：按一定的规则选择若干组参数值，分别计算他们的目标函数值并比较大小；选出使目标函数值最小的参数值，同时舍弃其他参数值；然后按规则补充新的参数值，再与原来留下来的参数值进行比较，选出使目标函数达到最小的参数值。如此继续进行，直到选不出更好的参数值为止。

此方法用 MATLAB 编程，对两种模型中的参数进行拟合，确定其中的参数，从而确定污染源的位置(x_s,y_s)，计算结果见表 3-2。

表 3-2 可能存在污染源的平面坐标位置

污染源	As	Cd	Cr	Cu	Hg	Ni	Pb	Zn
A	(4832, 7821)	(2718, 2275)	(2608, 2313)	(1657, 2833)	(1392, 9708)	(2372, 3723)	(2432, 3732)	(3324, 6032)
B	(18231, 10321)	(13651, 2332)	(21318, 11231)	(4923, 4732)	(9432, 4321)			
C	(12731, 3011)	(15311, 9634)						

5.4 问题四

5.4.1 模型的评价

优点：土壤重金属污染综合评价运用灰色聚类法克服单个因子的片面性，提高了多因子综合评价精度。

缺点：从模型数据来源来说，数据过于单一，导致建立的模型参数有限，简化了土壤重金属含量变化的复杂性，无法很好地运用在实际的问题当中。

针对上述模型的缺点，我们准备收集以下四种信息，建立土壤污染的多方位数据库，多角度地分析和研究城市地质环境的演变模式，避免分析评价过于片面化。

5.4.2 收集信息一：土壤各剖面层次的重金属含量

此次调查取样只是对表层土（0～10cm 深度）进行了取样，只能对城区土壤中重金属含量的水平分布进行分析研究，缺乏对城市土壤重金属含量的纵向分析，无法对城市土壤污染的时间积累作用进行分析，为较好地研究地质环境的演变模式，应对土壤各剖面层次的重金属含量进行测定。

5.4.3 收集信息二：周边城-郊-乡典型样带的土壤重金属含量

在城市化的进程中，城市是在乡村的基础上演变而来的，研究周边城-郊-乡典型样带可以揭示不同级别城乡土壤的起源、性质和污染状况的差异，更好地研究城市地质环境的演变模式。

5.4.4 收集信息三：该城区在不同时期的污染状况

城市地质环境是一个动态系统，它是在漫长的地质年代中形成和演化的结果，且仍在不停地运动，通过比较同一城区土壤在不同时期的污染状况，可以反映城市化、工业化对城市土壤污染的时间积累作用，可预测土壤污染随时间的变化情况。我们选用 BP 神经网络法来预测城市未来的地质变化情况。

5.4.5 收集信息四：社会环境和生物自然环境数据的统计

城市化进程：城区的城市化进程速度不同，其土壤质量也会有差异，统计数据应包括城市历史的长短、人口密度的大小和人类活动的频繁程度。

工业：统计该城市的工业类型、工业布局及工业规模，这些因素会造成所排放出的“三废”的差异和污染物类型的差异，自然会造成各城市土壤环境的差异。

交通运输：交通运输量越大的城市，机动车排出的废气就越多，对土壤环境的污染也就越大。

城市环境状况：城市的绿化面积、绿化覆盖率等对污染的净化和城市环境的改善都有很大影响，各城市对环保工作的重视程度、对污染治理投入的多少及治理污染技术水平的高低的差异、对土地利用和管理方式的差异等，也都会使各城市间的土壤环境产生差异。

5.4.6 模型的建立

对于信息一、信息二、信息三收集的数据，可以用问题一中的灰度聚类法建立模型，评价土壤质量。对于信息四收集的数据，我们采用灰色关联度分析方法分析城镇的国民经济和社会发展指标，得到影响城镇土壤重金属污染的主导因素，理清系统中各因素间的主次关系，找出影响最大的因素。

灰色关联度分析法将指标数据作为母序列，而将影响因素作为子序列，通过计算母序列与子序列之间的关联系数判断两者之间的关联程度。在灰色关联度分析法中有面积关联度分析、相对变率关联度分析及斜率关联度分析等方法。我们采用斜率关联度分析法。它具有计算简便、不需要标准化和关联度分辨率高等特点。

其具体计算方法如下所述。

设 $y(k)$（$k=1,\cdots,m$）为母函数序列，设 $x_i(k)$（$i=1,\cdots,n$）为子函数序列，则 $y(k)$ 与 $y_i(k)$ 在 k 时刻的关联系数为

$$\xi_i(k)=1/\left(1+\left|\frac{\Delta x_i(k)}{\sigma_{xi}}-\frac{\Delta y(k)}{\sigma_y}\right|\right) \tag{21}$$

式中，$\Delta x_i(k)=x_i(k+1)-x_i(k)$，$\Delta y(k)=y(k+1)-y(k)$。

σ_{xi}、σ_y 分别为两序列的标准差

$$\sigma_{xi}=\sqrt{\frac{1}{m}\sum_{k=1}^{m}[x(k)-\overline{x_i}]^2}\ ;\quad \sigma_y=\sqrt{\frac{1}{m}\sum_{k=1}^{m}[y(k)-\overline{y}]^2}$$

$$\overline{x_i}=\frac{1}{n}\sum_{k=1}^{m}x_i(k)\ ;\quad \overline{y}=\frac{1}{n}\sum_{k=1}^{m}(k)$$

则 $x_i(k)$ 序列与 $y(k)$ 序列的关联度计算如下：

$$r_i = \frac{1}{m-1}\sum_{k=1}^{m-1}\xi_i(k) \tag{22}$$

关联度大小的排列次序可表示子序列对母序列的影响程度，排序大的表示对城市地质环境的影响程度大。

六、模型的评价

6.1 模型的优点

（1）问题一中，我们利用 MATLAB 绘图工具绘制了城区的三维平面图，用五种不同颜色来表示不同的浓度分布范围，以直观地从图中观察到每种元素的空间分布情况。

（2）土壤重金属污染综合评价运用灰色聚类法克服单个因子的片面性，提高了多因子综合评价精度。

6.2 模型的缺点

我们忽略了土壤类型及城市植被对重金属含量及分布的影响，把人类活动的影响当成了影响城市土壤重金属元素含量的唯一标准，使模型准确性受到影响。

七、模型的推广与改进

7.1 模型的推广

本文所建模型从空气和土壤两种不同传播介质来分析重金属的传播特征，考虑了风速及土壤理化特性对传播的影响，具有较强的实际应用能力和普遍适用性，可推广至多种污染物的传播特性分析当中，比如可以分析大气中粉尘的传播特性，还可以分析农药污染、化学试剂污染等一系列污染物在土壤中的传播特性。

7.2 模型的改进

为使模型应用效果更好，我们进一步考虑提高精确度的方法，认为可以对模型进行改进：在用湍流扩散模型来模拟重金属在空气中的传播特性时，没有考虑到该城区特定的风向对传播特性的影响，所以可调查该城区一年内的风向情况，导入湍流扩散模型中，更准确地反映实际情况。

参考文献

[1] 李天杰. 土壤环境学[M]. 北京：高等教育出版社，1995.
[2] 丁进宝，程永华. 土壤环境质量评价中的宽阈灰色聚类法[J]. 农业环境保护，1993，12（4）：189-190.
[3] 孙贤斌. 芜湖城市郊区土壤重金属污染综合评价[J]. 皖西学院学报，2005，21（5）：51-54.
[4] USHIKU H, ISHIDA H. Estimation of Gas-Source Location Using Gas Sensors and Ultrasonic Anemometer[J]. Proceedings of IEEE Sensors, 2006(7): 420-423.

【论文评述】

该论文摘要针对需要解决的四个问题分别从思维的过程到运用的软件、建立的模型、问题的结果等方面逐一进行阐述，言简意赅，清晰明了。

问题的分析部分既可理清自己的解题思路，也可帮助读者弄清作者的思考过程，分析到位，一目了然。

本文能够将一个较为复杂的问题有条不紊地讲解清楚，假设合理，符号使用正确，正文条理清晰，建模方法得当，各影响要素考虑周全，结果采用多维立体图进行演示，直观明了，说服力强，是一篇较好的全国二等奖论文。

值得提出的是，在该文中采用的模型非常得当，例如土壤重金属污染综合评价运用灰色聚类法克服单个因子的片面性，提高了多因子综合评价精度；再如，土壤传播模型的建立独创地采用了类似于医学药理学中药物代谢的模型，做到了活学活用，侧面印证了模型的适用性和合理性。

不足之处在于作者思考重金属含量及分布的影响因素时忽略了土壤类型及城市植被，只考虑了人类活动的影响，这对结果的准确性有一定影响。如果考虑更周全，则将会有更好的名次。

雷玉洁　王　泽

2012年A题

葡萄酒的评价

确定葡萄酒质量时一般是通过聘请一批有资质的评酒员进行品评。每个评酒员在对葡萄酒进行品尝后对其分类指标打分，然后求和得到其总分，从而确定葡萄酒的质量。酿酒葡萄的好坏与所酿葡萄酒的质量有直接的关系，葡萄酒和酿酒葡萄检测的理化指标会在一定程度上反映葡萄酒和葡萄的质量。附件1给出了某一年份一些葡萄酒的评价结果，附件2和附件3分别给出了该年份这些葡萄酒的和酿酒葡萄的成分数据。请尝试建立数学模型讨论下列问题：

（1）分析附件1中两组评酒员的评价结果有无显著性差异，哪一组结果更可信。

（2）根据酿酒葡萄的理化指标和葡萄酒的质量对这些酿酒葡萄进行分级。

（3）分析酿酒葡萄与葡萄酒的理化指标之间的联系。

（4）分析酿酒葡萄和葡萄酒的理化指标对葡萄酒质量的影响，并论证能否用葡萄和葡萄酒的理化指标来评价葡萄酒的质量。

注：因篇幅原因，文中提及并未列出的“附件”均为题目自带，有需要的读者可在全国大学生数学建模竞赛官方网站（http://www.mcm.edu.cn/index_cn.html）上下载。

2012 年 A 题　全国一等奖

基于多元逐步线形回归的葡萄酒评价模型

参赛队员：李百川　赵　余　李　鑫
指导教师：罗万春

摘　要

本文研究的是葡萄酒与酿酒葡萄等级划分、相互关系以及葡萄酒质量评价的问题。

对于问题一，我们首先对原始数据进行处理，对 3 个有问题的数值进行修正。再分别求出两组评酒员对每个酒样品打分的均值，运用 SPSS 13.0 进行 K-S 检验，证实各组打分结果均服从正态分布。接着将两组评酒员对红、白葡萄酒评价结果的均值进行配对样本 T 检验，均有 $P<0.05$，说明两组评酒员对两种酒的打分结果均有显著差异。然后，进行标准差分析。先求出第一、二组对红、白葡萄酒打分结果的标准差，并分别将每种酒内两个打分结果的标准差作配对样本 T 检验，则 $t_1=4.320$，$P_1=2.02\times10^{-4}$，$t_2=5.216$，$P_2=1.7\times10^{-5}$，且红葡萄酒中两组标准差的均值为 7.4132、5.6201，白葡萄酒中两组标准差的均值为 10.5519、7.1405，因此第二组评酒员打分结果更可信。

对于问题二，我们按以下三步进行。

（1）建立熵权模型，运用 MATLAB 7.8 对数据进行标准化、归一化的处理，算出红、白葡萄各 60 个指标的权重，筛选出权重值大于 0.02 的指标分别有 17 个和 11 个。

（2）通过查阅文献，将葡萄酒分为 6 个等级。

（3）将每个样品归一化后的值分别乘以各指标权重，并求和算出总分值。再将总分值分成 6 个等级，若被分在同一等级的葡萄样品大多数对应的是同一葡萄酒等级，则这个等级即对应该葡萄酒等级。因此，得到红、白葡萄分级与酒样品等级一致的概率为 70.37%和 85.71%。

对于问题三，我们以酿酒葡萄的各个理化指标为自变量，葡萄酒的各个理化指标为因变量，建立多元逐步线性回归模型。然后运用 SPSS 13.0 得到红、白葡萄酒分别有 15 个和 14 个回归方程，且回归方程的系数有显著意义。

对于问题四，我们建立多元逐步线性回归模型，通过对样品进行抽样，把其中1组样品作为测试组，其余均作为训练组，得到回归方程，并将测试样本代入进行检验，求出检测值，并与真实值比较求出绝对误差和相对误差。再依次改变测试组，各进行27次和28次模拟，得到检测值与真实值的平均相对误差分别为4.38%、5.51%。然后再考虑葡萄的芳香物质对酒质量的影响，方法同上，求得检测值与真实值的平均相对误差分别为8.83%、6.76%。综合比较，仅考虑葡萄和葡萄酒的理化指标时，检测值的平均相对误差较小，与真实值更接近，故可以用葡萄和葡萄酒的理化指标来评价葡萄酒的质量，最后用葡萄和葡萄酒的理化指标求出二者的回归方程。

本文建立的葡萄酒评价模型能巧妙运用多种方法，结合实际情况对问题进行求解，具有很好的通用性和推广性。

关键词：配对样本T检验　多元逐步线性回归模型　K-S检验　熵权模型

1 问题重述

1.1 问题背景

葡萄酒质量一般是通过有资质的评酒员进行品评的。每个评酒员在对葡萄酒进行品尝后对其分类指标打分，然后求和得到其总分，从而确定葡萄酒的质量。酿酒葡萄的好坏与所酿葡萄酒的质量有直接的关系，葡萄酒和酿酒葡萄检测的理化指标会在一定程度上反映葡萄酒和葡萄的质量。

1.2 数据集

在附件1、附件2和附件3中，本题分别给出某一年份一些葡萄酒的评价结果及这些葡萄酒和酿酒葡萄的成分数据。

1.3 提出问题

根据上述问题背景即数据，题目要求我们建立数学模型讨论下列问题。

（1）分析附件1中两组评酒员的评价结果有无显著性差异，并比较哪组结果更可信。

（2）根据酿酒葡萄的理化指标和葡萄酒的质量对这些酿酒葡萄进行分级。

（3）分析酿酒葡萄与葡萄酒的理化指标之间的联系。

（4）分析酿酒葡萄和葡萄酒的理化指标对葡萄酒质量的影响，并论证能否用葡萄和葡萄酒的理化指标来评价葡萄酒的质量。

2 模型假设

（1）忽略酿酒工艺等程序对葡萄酒质量的影响。

（2）评酒员对葡萄酒的打分独立进行。

（3）高品质葡萄酒由优质葡萄酿造。

（4）低品质葡萄只能生产出低品质葡萄酒。

3 符号说明

（1）t：配对样本T检验中的检验统计量。

（2）$\boldsymbol{R}$：熵权法模型中建立的判别矩阵。

（3）b_{ij}：第 i 个酒样本的第 j 个指标标准化后的值（$i=1,2,\cdots,28$ 或 29；$j=1,2,\cdots,60$）。

（4）w_j：熵权法模型中所得的第 j 个指标的权重。

（5）A_n：红葡萄中酿酒葡萄的第 n 项指标（$n=1,2,\cdots,59$）。

（6）B_m：红葡萄酒的第 n 项指标（$m=1,2,\cdots,15$）。

（7）A_n'：白葡萄中酿酒葡萄的第 n 项指标（$n=1,2,\cdots,59$）。

（8）B_m'：白葡萄酒的第 m 项指标（$m=1,2,\cdots,14$）。

（9）$\hat{y}$：逐步回归模型中所得的回归方程。

（10）F：逐步回归模型中 F 检验的结果。

注：其余符号在文中使用时说明。

4 问题分析

4.1 问题一

由于评酒员对葡萄酒的评价具有一定的主观性，会对葡萄酒的等级评定产生较大的影响。因此，题目首先要求我们分析两组评酒员对酒的打分结果有无显著性差异，再比较哪种结果更可信。

首先，对数据进行处理。我们通过观察附件 1，发现有 3 个数据异常。经过分析，我们可以建立比重模型对 3 个错误指标进行修正。接着，根据两组评酒员对两组葡萄酒4个大指标10个小指标的打分结果，分别计算出评酒员对每个样本总评分的均值、方差、标准差。考虑到要分析组与组数据间有无显著差异，要用配对样本T检验，因此，我们需要先对数据进行正态分布检验，判断两组数据是否服从正态分布。

然后，我们可以进行显著性分析。将两组人对红、白葡萄酒的评分均值分别进行配对样本 T 检验，分析两组评酒员对同一种酒的评打分结果是否具有显著差异。

最后，为比较结果的可信度，我们可以进行标准差分析；分别算出每组内所有标准差的均值，并进行比较；将每种酒中两组人评价的标准差进行配对样本 T 检验，根据其差异性情况，判断哪组评酒员评价哪种酒可信。

思路流程图如图1所示。

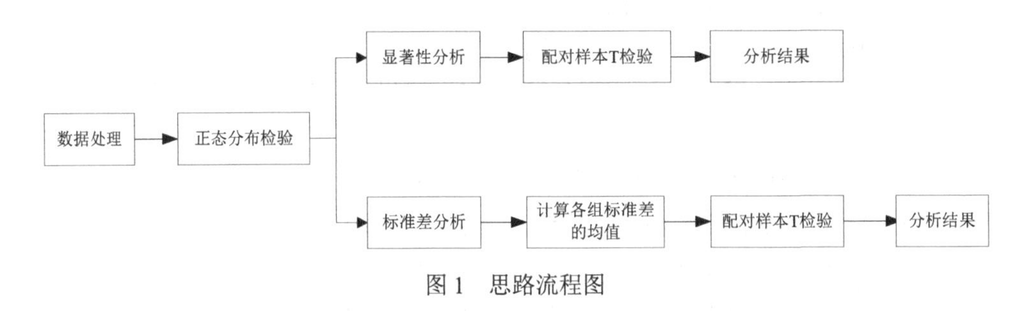

图1 思路流程图

4.2 问题二

题目要求根据酿酒葡萄的理化指标和葡萄酒的质量对这些酿酒葡萄进行分级。我们可以将评酒员对葡萄酒的评分作为葡萄质量的评价标准，并按以下步骤来解题。

（1）剔除指标。由于每个酒样本有59个指标，考虑到指标数过多会对分级结果产生干扰，通过比较几种剔除因子的方法，如主成分分析、灰色系统理论、熵权法、回归模型等，我们打算选用熵权法进行指标剔除。通过标准化、归一化等处理，求出各指标的权重值，并对其进行排序，从而选出指标。

（2）划分葡萄酒等级。查阅文献，确定葡萄酒评价标准，对葡萄酒等级进行划分。

（3）划分酿酒葡萄等级。首先我们可以将每个葡萄样品归一化后的值分别乘以各指标权重并相加，算出总分值。再将总分值分级，若被分在同一等级的葡萄样品大多数对应的是同一葡萄酒等级，则这个等级就对应该葡萄酒等级，即分级正确。最后算出两种葡萄分级的一致率。

4.3 问题三

要分析酿酒葡萄与葡萄酒的理化指标之间的联系，即分析葡萄酒每个理化指标与酿酒葡萄每个理化指标之间的关系。由于回归模型适合找指标间的关系，因此，我们可以建立多元逐步线性回归模型。然后分别将葡萄酒的每个理化指标与酿酒葡萄 59 个指标代入模型中，求得回归方程。

4.4 问题四

题目要求我们分析酿酒葡萄和葡萄酒的理化指标与葡萄酒质量的关系，并找出二者对葡萄酒质量的影响。最后，论证能否用葡萄和葡萄酒的理化指标来评价葡萄酒的质量。

本问与问题三相似，也是找关系的问题。要分析二者对葡萄酒质量的影响，我们可以建立多元逐步线性回归模型，将葡萄酒和葡萄的全部指标看作整体，作为自变量，葡萄酒的质量（用评分代替）为因变量。找到酿酒葡萄、葡萄酒与葡萄酒质量的回归函数，再将样本代入方程进行检验，算出检测值、绝对误差、相对误差，从而分析二者对葡萄酒质量的影响。

为了使该模型得出的回归函数更可信，我们考虑到，可以采取抽样的方法，将样本分为训练组与测试组，通过一定次数的模拟，从而分析测验值与真实值的一致率。因此，我们可以选择一种抽样的方法，即取 1 个样本作为测试组，其余均作为训练组。

首先，我们将所有样本分成训练组和测试组两部分，1 个作为测试组，其余样本作为训练组。根据训练组得到的回归方程，将测试样本代入，算出测试样本的预测评分，并按评分标准进行等级划分，求出预测等级，与原结果进行比较。再依次改变测试样本，各进行 27 次和 28 次，求出平均相对误差。

然后，考虑把葡萄的芳香物质，与葡萄和葡萄酒的理化指标一起作为自变量，葡萄酒的评分作为因变量，代入模型。接着，按照上述步骤，求得平均相对误差，并进行比较，判断哪种方法对葡萄酒的质量影响较大。

最后，选择效果好的一种方法，将所有样品代入模型，求出回归方程，找到二者的关系，并进行分析。

5 模型建立与求解

5.1 问题一的模型建立与求解

5.1.1 数据处理

5.1.1.1 相关背景

我们知道，在葡萄酒的感官评价中，由于评酒员间存在评价尺度、评价位置和评价方向等方面的差异，因此其对酒的评价具有一定的主观性，这导致不同评酒员对同一酒样的评价差异很大。

因此，我们需要对两组评酒员的打分结果进行差异性分析，进而分析哪组评酒员的打分结果更可信。

5.1.1.2 分析数据

通过观察数据，我们发现附件 1 中有 3 个数据异常，下面将建立模型进行修正。

（1）建立模型。建立如下比重模型：

$$p_{ik}=\frac{x_{ik}-\min\limits_{1\leqslant j\leqslant 10}\{x_{ij}\}}{\max\limits_{1\leqslant j\leqslant 10}\{x_{ij}\}-\min\limits_{1\leqslant j\leqslant 10}\{x_{ij}\}}\quad (i=1,2,\cdots,10,\ i\neq t) \tag{1}$$

式中：t 为缺失项所在的指标数；x_{ij} 为在这一样品中第 i 项指标第 j 评酒员的打分；p_{ik} 为第 k 个评酒员对第 i 项指标打分的比重。

其平均值为 $\overline{p}=\frac{1}{n-1}\times\sum\limits_{i=1}^{n-1}p_{ik}$ ，并将 $\overline{p}$ 作为缺失项数值评分比重，由此求出缺失项

$$x_{tk}=\overline{p}\times(\max\limits_{1\leqslant j\leqslant 10}\{x_{tj}\}-\min\limits_{1\leqslant j\leqslant 10}\{x_{tj}\})+\min\limits_{1\leqslant j\leqslant 10}\{x_{tj}\} \tag{2}$$

（2）异常数据修正。第一个错误出现在第一组对红葡萄酒样品 20 打分的结果中。酒样品 20 中评酒员 4 对色调的评分数据缺失，而该酒样品的打分中，所有评酒员对指标 5 质量的评分都为 14 分，因此可以在比重模型中舍弃对指标 5 的考虑，将数据代入式（1），求出 $\overline{p}=0.25$，然后将 $\overline{p}$ 代入式（2），求出 $x_{tk}=5$ 。

第二个错误项出现在第一组对白葡萄酒样品 3 的打分结果中，打分结果见表 1。

表 1　白葡萄酒样品 3 相关指标及打分结果

	满分值	指标	品酒员									
			1	2	3	4	5	6	7	8	9	10
口感分析	6	纯正度	5	3	5	4	5	4	4	4	6	5
	8	浓度	7	2	8	6	7	6	6	7	7	6
	8	持久性	7	5	7	5	6	7	77	5	6	7

由表 1 可以看出，酒样品 3 中评酒员 7 对口感分析中的持久性打分错误。于是，按照上述方法求出 $\overline{p}=0.571$， $x_{tk}=6$。

第三个错误项出现在第一组对白葡萄酒样品 8 的打分结果中，打分结果见表 2。

表 2　白葡萄酒样品 8 相关指标及打分结果

	满分值	指标	品酒员									
			1	2	3	4	5	6	7	8	9	10
口感分析	6	纯正度	5	2	5	2	5	3	4	4	4	5
	8	浓度	7	2	6	4	7	6	6	6	6	7
	8	持久性	7	4	6	4	6	5	6	7	16	6

由表 2 可以看出，酒样品 8 中评酒员 9 对口感分析中的持久性打分错误。同理求出 $\overline{p}=0.571$， $x_{tk}=6$。

最后，将 3 个修正后的数据代回打分结果表。

5.1.1.3　计算各组评酒员对各酒样品的评分均值

根据附件 1 中给出的打分结果，我们先求出两组评酒员对两种酒每个样品评分的均值，见表 3。

表 3　评分均值表

酒样品	红葡萄酒		白葡萄酒	
	第一组	第二组	第一组	第二组
酒样品 1	62.7	68.1	82	77.9
酒样品 2	80.3	74	74.2	75.8
酒样品 3	80.4	74.6	78.2	75.6
酒样品 4	68.6	71.2	79.4	76.9
酒样品 5	73.3	72.1	71	81.5

续表

酒样品	红葡萄酒		白葡萄酒	
	第一组	第二组	第一组	第二组
酒样品 6	72.2	66.3	68.4	75.5
酒样品 7	71.5	65.3	77.5	74.2
酒样品 8	72.3	66	70.4	72.3
酒样品 9	81.5	78.2	72.9	80.4
酒样品 10	74.2	68.8	74.3	79.8
酒样品 11	70.1	61.6	72.3	71.4
酒样品 12	53.9	68.3	63.3	72.4
酒样品 13	74.6	68.8	65.9	73.9
酒样品 14	73	72.6	72	77.1
酒样品 15	58.7	65.7	72.4	78.4
酒样品 16	74.9	69.9	74	67.3
酒样品 17	79.3	74.5	78.8	80.3
酒样品 18	60.1	65.4	73.1	76.7
酒样品 19	78.6	72.6	72.2	76.4
酒样品 20	79.1	75.8	77.8	76.6
酒样品 21	77.1	72.2	76.4	79.2
酒样品 22	77.2	71.6	71	79.4
酒样品 23	85.6	77.1	75.9	77.4
酒样品 24	78	71.5	73.3	76.1
酒样品 25	69.2	68.2	77.1	79.5
酒样品 26	73.8	72	81.3	74.3
酒样品 27	73	71.5	64.8	77
酒样品 28			81.3	79.6

5.1.2 正态分布检验

由于后面进行差异性分析与标准差分析时均要用到配对样本T检验，因此要先检验各组打分结果是否服从正态分布，于是选择K-S检验方法。

5.1.2.1 基本原理

K-S检验的基本原理[1]如下所述。

K-S（Kolmogorov-Smirnov）检验是检验单一样本是否来自某一特定分布的方

法。检验方法是以样本数据的累积频数分布与特定理论分布进行比较，若两者间的差异性很小，则推断该样本来自某特定分布族。

利用单一样本 K-S 检验判断各个样本是否服从正态分布，过程如下所述。

首先根据问题要求提出原假设 H_0 和备择假设 H_1:

H_0：样本所来自的总体服从正态分布。

H_1：样本所来自的总体不服从正态分布。

$F_0(x)$ 表示理论样本分布函数，$F_n(x)$ 表示一组随机样本的累积频数函数。设 D 为 $F_n(x)$ 与 $F_0(x)$ 差距的最大值，定义式为

$$D = \max\left|F_n(x) - F_0(x)\right| \tag{3}$$

当实际观测 $D > D(n,a)$ 时（$D(n,a)$ 是显著水平为 a、样本容量为 n 时，D 的拒绝临界值），则拒绝 H_0，反之则接受 H_0 假设。

5.1.2.2 求解模型

把表 1 中的各组均值代入，运用 SPSS 13.0 进行检验，结果见表 4。

表 4 K-S 检验结果

葡萄	红葡萄		白葡萄	
组别	第一组	第二组	第一组	第二组
P 值	0.528	0.801	0.973	0.796

由表 4 可以看出，均有 $P>0.05$，故各组打分结果均服从正态分布。

5.1.3 评酒员打分结果的显著性分析

5.1.3.1 建立模型

为了分析两组评酒员对同一种酒的打分结果有无显著性差异，采用配对样本 T 检验的方法进行显著性分析。

配对样本是指对同一样本进行两次测试所获得的两组数据，或对两个完全相同的样本在不同条件下进行测试所得的两组数据。配对样本 T 检验是双总体 T 检验的一种，主要用于检验两个样本的平均数（包括均值、方差、标准差）与其各自所代表的总体的差异是否显著。

配对样本 T 检验的前提条件：

（1）已知一个总体均数。

（2）可得到一个样本均数及该样本标准差。

（3）样本来自正态或近似正态总体。

配对样本 T 检验统计量为

$$t = \frac{\overline{X_1} - \overline{X_2}}{\sqrt{\dfrac{\sigma_{X_1}^2 + \sigma_{X_2}^2 - 2r\sigma_{X_1}\sigma_{X_2}}{n-1}}} \tag{4}$$

式中：$\overline{X_1}$、$\overline{X_2}$ 分别为两样本平均数；$\sigma_{X_1}^2$、$\sigma_{X_2}^2$ 分别为两样本方差；r 为相关样本的相关系数。

5.1.3.2 求解模型

对两组打分结果进行配对样本 T 检验，检验结果见表 5。

表 5 配对样本 T 检验结果

类别	红葡萄酒	白葡萄酒
t	2.487	–2.672
P 值	0.020	0.013

由表 5 知双尾检验的 $P<0.05$，说明两组评酒员对红葡萄酒和对白葡萄酒的打分结果均有显著差异。

5.1.4 评酒员打分结果标准差分析

题目要求我们对打分结果进行分析，并比较哪组打分结果更加可信。我们知道标准差可以用来反映一组数据的稳定性，于是我们对数据进行标准差分析。

5.1.4.1 计算标准差

根据附件 1 中的评分情况，运用 MATLAB 7.8，算出两组评酒员对两种酒每个样品打分结果的标准差，结果见表 6。

表 6 每个样品打分结果的标准差

酒样品	红葡萄酒		白葡萄酒	
	第一组	第二组	第一组	第二组
酒样品 1	9.6385	9.0486	9.6032	5.0870
酒样品 2	6.3078	4.0277	14.1798	7.0048
酒样品 3	6.7692	5.5418	8.3240	11.9369
酒样品 4	10.3944	6.4256	6.6866	6.4885
酒样品 5	7.8747	3.6953	11.2448	5.1262
酒样品 6	7.7287	4.5959	12.7558	4.7668
酒样品 7	10.1790	7.9169	6.2583	6.4944
酒样品 8	6.6341	8.0691	12.7819	5.5787
酒样品 9	5.7397	5.0728	9.6315	10.3086

续表

酒样品	红葡萄酒		白葡萄酒	
	第一组	第二组	第一组	第二组
酒样品 10	5.5136	6.0148	14.5835	8.3905
酒样品 11	8.4123	6.1680	13.3087	9.3714
酒样品 12	8.9250	5.0122	10.7605	11.8340
酒样品 13	6.7032	3.9101	13.0678	6.8386
酒样品 14	6.0000	4.8120	10.6875	3.9847
酒样品 15	9.2502	6.4300	11.4717	7.3515
酒样品 16	4.2544	4.4833	13.3417	9.0683
酒样品 17	9.3814	3.0277	12.0074	6.2013
酒样品 18	6.5396	7.0899	12.5118	5.4985
酒样品 19	6.8832	7.4267	6.8118	5.1034
酒样品 20	4.0947	6.2503	8.0250	7.0742
酒样品 21	10.7750	5.9591	13.1420	8.0250
酒样品 22	7.1149	4.9261	11.7757	7.3212
酒样品 23	5.6999	4.9766	6.6072	3.4059
酒样品 24	8.6538	3.2745	10.5415	6.2084
酒样品 25	8.0388	6.6131	5.8205	10.3199
酒样品 26	5.5936	6.4464	8.5381	10.1440
酒样品 27	7.0553	4.5277	12.0167	5.9628
酒样品 28			8.9697	5.0376

5.1.4.2　计算标准差的均值

由表 6 计算出各组标准差的均值，见表 7。

表 7　各组标准差的均值

葡萄酒	红葡萄酒		白葡萄酒	
组别	第一组	第二组	第一组	第二组
均值	7.4132	5.6201	10.5519	7.1405

由表 7 看出，第一组对红、白葡萄酒各样品打分结果的标准差的均值均大于第二组，可初步确定，第二组更可信。

5.1.4.3　T 检验

进行配对样本 T 检验，结果见表 8。

表8 配对样本T检验结果

类别	红葡萄酒	白葡萄酒
t	4.320	5.216
P值	2.02×10^{-4}	1.7×10^{-5}

由表8知均有$P<0.05$，故两组评酒员的打分标准差有显著差异。

5.1.4.4 结论

综上所述，通过计算两组评酒员对红、白葡萄酒各样品打分结果的标准差的均值，及对其进行标准差分析，可说明第二组评酒员的对酒的打分更可信。因此，在后面几问的求解中，我们选用第二组评酒员对葡萄酒的打分作为葡萄酒质量的真实值。

5.2 问题二的模型建立与求解

5.2.1 数据处理

通过观察，附件2中有的指标下有几组数据，其原因是该组数据进行了多次测试。因此，首先要对这些有多组数据的指标进行处理，求出均值。

5.2.2 指标筛选

题目要求根据酿酒葡萄的理化指标和葡萄酒的质量对这些酿酒葡萄进行分级。可以将评酒员对葡萄酒的打分作为葡萄质量的评价标准。通过观察附件2，发现每个酒样品有59个指标，考虑到指标数过多会对分级结果产生干扰，需要对指标进行剔除。

通过比较几种剔除因子的方法，如主成分分析、灰色系统理论、熵权法、回归模型等，选用熵权法进行因子剔除。

5.2.2.1 计算各个指标权重

熵权法[2-3]是根据被评价对象的指标值构成的判断矩阵来确定指标权重的一种方法，具有较强的客观性，排除了专家意见等容易受主观因素影响的成分。本题中，将评酒员对葡萄酒的打分记为指标60，与酒样本的59个指标一起，共同构造判断矩阵，计算权重。

具体步骤如下所述。

（1）构建判断矩阵，再对其进行标准化处理。

判断矩阵：

$$\boldsymbol{R}=(r_{ij})_{m\times n}(i=1,2,\cdots,n;\ j=1,2,\cdots,m) \tag{5}$$

式中，m为评价的对象数，n为评价的指标数。

标准化：

$$b_{ij}=\frac{r_{ij}-r_{\min}}{r_{\max}-r_{\min}} \tag{6}$$

式中，$r_{\max}$、$r_{\min}$分别为同一评价指标下不同对象中最满意或最不满意者。

（2）根据熵的定义，确定这60个评价指标的熵值：

$$H_j=-\frac{1}{\ln n}\sum_{i=1}^{n}f_{ij}\ln f_{ij} \tag{7}$$

式中，$f_{ij}=b_{ij}/\sum_{i=1}^{n}b_{ij}(i=1,2,\ldots,n，j=1,2,\ldots,m)$，$0\leqslant H_j\leqslant 1$。

显然，当$f_{ij}=0$时，$\ln f_{ij}$无意义，因此对f_{ij}加以修正，并对其归一化：

$$f_{ij}=\frac{1+b_{ij}}{\sum_{i=1}^{n}(1+b_{ij})} \tag{8}$$

（3）利用熵值计算评价指标的熵权：

$$W=(w_j)_{1\times m} \tag{9}$$

$$w_j=\frac{1-H_j}{n-\sum_{j=1}^{n}H_j} \tag{10}$$

根据以上步骤进行计算，运用 MATLAB 7.8[4]得到各个指标的最终熵权，并进行排序，见表9和表10。

表9　红葡萄各理化指标权重值

排序	指标	权重	排序	指标	权重	排序	指标	权重	排序	指标	权重
1	11	0.0261	16	4	0.0201	31	50	0.0155	46	18	0.0134
2	8	0.0247	17	9	0.0200	32	30	0.0154	47	19	0.0132
3	39	0.0244	18	47	0.0185	33	6	0.0153	48	13	0.0132
4	26	0.0242	19	51	0.0184	34	23	0.0152	49	60	0.0132
5	38	0.0240	20	53	0.0182	35	17	0.0151	50	55	0.0131
6	29	0.0230	21	14	0.0175	36	16	0.0150	51	2	0.0130
7	5	0.0221	22	35	0.0173	37	27	0.0149	52	49	0.0126
8	24	0.0219	23	25	0.0173	38	33	0.0147	53	46	0.0125
9	7	0.0212	24	3	0.0169	39	31	0.0146	54	56	0.0124

续表

排序	指标	权重	排序	指标	权重	排序	指标	权重	排序	指标	权重
10	28	0.0209	25	54	0.0168	40	45	0.0145	55	32	0.0124
11	37	0.0208	26	34	0.0167	41	20	0.0141	56	59	0.0123
12	48	0.0207	27	22	0.0166	42	43	0.0140	57	12	0.0118
13	52	0.0205	28	15	0.0164	43	1	0.014	58	41	0.0112
14	36	0.0204	29	10	0.0162	44	44	0.0137	59	57	0.0102
15	40	0.0203	30	21	0.0159	45	42	0.0134	60	58	0.0078

表10 白葡萄各理化指标权重值

排序	指标	权重	排序	指标	权重	排序	指标	权重	排序	指标	权重
1	32	0.0338	16	56	0.0191	31	14	0.0159	46	6	0.0137
2	34	0.0282	17	45	0.0189	32	22	0.0156	47	38	0.0131
3	20	0.0246	18	29	0.0188	33	2	0.0155	48	46	0.0129
4	24	0.0239	19	31	0.0182	34	5	0.0152	49	8	0.0128
5	21	0.0237	20	25	0.0181	35	10	0.0152	50	11	0.0127
6	48	0.0232	21	42	0.0179	36	13	0.0151	51	1	0.0126
7	47	0.0227	22	59	0.0179	37	50	0.0151	52	36	0.0122
8	37	0.0220	23	43	0.0177	38	7	0.0151	53	4	0.0121
9	9	0.0208	24	15	0.0177	39	52	0.0150	54	55	0.0119
10	39	0.0202	25	28	0.0166	40	40	0.0150	55	51	0.0114
11	41	0.0201	26	30	0.0163	41	3	0.0149	56	57	0.0107
12	26	0.0197	27	16	0.0161	42	35	0.0145	57	49	0.0106
13	17	0.0194	28	18	0.0161	43	23	0.0143	58	60	0.0099
14	33	0.0193	29	12	0.0160	44	19	0.0142	59	53	0.0088
15	44	0.0192	30	54	0.0159	45	27	0.0137	60	58	0.0080

5.2.2.2 结论

根据表9和表10，以权重值0.02为界限，权重在0.02以上的为影响力较大的指标，结果见表11。

5.2.3 葡萄酒等级划分

通过查阅资料[5-6]，目前较为权威的葡萄酒等级评价体系见罗伯特·帕克的《葡萄酒倡导家》，这一体系简称RP。其评价标准见表12。

表 11 酿酒葡萄理化指标筛选结果

类别	编号	数目
红葡萄	11 8 39 26 38 29 5 24 7 28 37 48 52 46 40 4 9	17
白葡萄	32 34 20 24 21 48 47 37 9 39 41	11

注 上表各指标编号分别代表的指标如下：11（蛋氨酸）、8（丙氨酸）、39（山萘酚）、26（褐变度）、38（槲皮素）、29（单宁）、5（谷氨酸）、24（柠檬酸）、7（甘氨酸）、28（总酚）、37（杨梅黄酮）、48（固酸比）、52（果梗比）、46（pH 值）、40（异鼠李素）、4（丝氨酸）、9（胱氨酸）、32（反式白藜芦醇苷）、34（反式白藜芦醇）、20（VC 含量）、24（柠檬酸）、21（花色苷）、48（固酸比）、47（可滴定酸）、37（杨梅黄酮）、41（总糖）。

表 12 RP 评价体系的评价标准

分数	等级
96～100	顶级佳酿
90～95	优秀
80～89	优良
70～79	普通
60～69	次品
50～59	劣品

为了方便计算，将 6 个等级分别进行排序，从劣品～顶级佳酿分别为 1～6 档，见表 13。

表 13 葡萄酒的等级与档次

等级	劣品	次品	普通	优良	优秀	顶级佳酿
档次	1	2	3	4	5	6

5.2.4 酿酒葡萄等级划分

5.2.4.1 分析葡萄得分与酒评分的关系

根据上面求出的权重，建立权重模型。将每个葡萄样品归一化后的数值分别乘以各指标权重，得到各指标得分。再将每个样品的各指标得分相加，算出总分值。

$$S_i = \sum_{j=1}^{m} w_j x_{ij} \quad (i = 1, 2, \cdots, n) \tag{11}$$

为了结果便于分析，我们将葡萄得分乘以1000，结果见表 14 和表 15。

表14 红葡萄得分表

样本	1	2	3	4	5	6	7	8	9
得分	16.06	13.88	16.59	13.66	13.67	11.63	13.71	17.03	15.34
样本	10	11	12	13	14	15	16	17	18
得分	13.47	14.49	11.64	14.00	15.22	14.32	13.47	13.05	11.04
样本	19	20	21	22	23	24	25	26	27
得分	13.77	13.60	14.67	14.88	15.18	13.33	13.03	12.09	12.55

表15 白葡萄得分表

样本	1	2	3	4	5	6	7	8	9	10
得分	8.63	9.57	8.80	9.87	10.44	9.15	10.11	9.72	9.73	8.75
样本	11	12	13	14	15	16	17	18	19	20
得分	8.23	8.77	8.65	8.76	10.38	9.39	9.81	9.33	8.79	10.77
样本	21	22	23	24	25	26	27	28		
得分	8.82	9.84	9.44	9.12	9.24	9.43	10.40	9.50		

由表14和表15求得的总分值，我们用MATLAB 7.8绘制葡萄得分与葡萄酒总评分关系图，进而分析二者的关系。

由图2可看出，葡萄得分与葡萄酒总评分基本呈正相关，即葡萄质量的好坏基本可以反映葡萄酒品质的好坏。

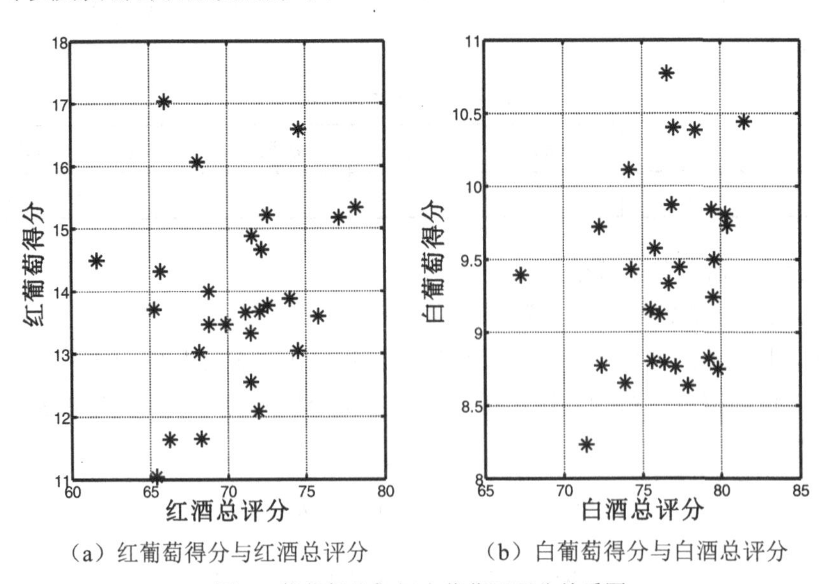

（a）红葡萄得分与红酒总评分　（b）白葡萄得分与白酒总评分

图2 葡萄得分与相应葡萄酒评分关系图

5.2.4.2 等级划分

将葡萄得分从最小值到最大值平均分为五类，为了与酒等级相一致，再将第五类平均分为两类，分级标准见表 16。

表 16 酿酒葡萄分类标准

红葡萄		白葡萄	
分数	等级	分数	等级
11.04～12.24	1	8.23～8.74	1
12.24～13.44	2	8.74～9.25	2
13.44～14.63	3	9.25～9.76	3
14.63～15.83	4	9.76～10.26	4
15.83～16.43	5	10.26～10.52	5
16.43～17.03	6	10.77～10.77	6

根据分级标准，若被分在同一等级的葡萄样品，大多数对应的是同一葡萄酒等级，则这个等级就对应该葡萄酒等级，即分级正确，原理如图 3 所示。

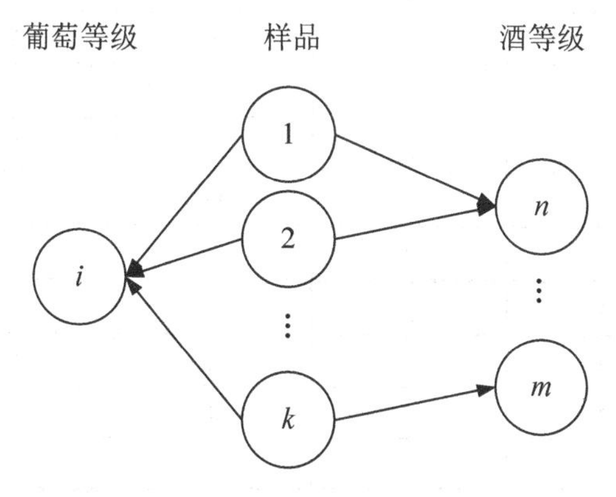

图 3 葡萄分级原理图

图 3 中，i 表示某一葡萄等级，n～m 表示葡萄酒等级，1～k 为葡萄样品。由图 3 可以看出，对分到同一葡萄等级 i 的样品而言，若大多数被分到同一个葡萄酒等级 n，则葡萄等级 i 则对应葡萄酒等级 n。

然后根据上面的分级标准将其与相应酒的等级相互比较得到表 17。

由于每一个葡萄等级都可能对应多个酒等级，于是，我们将被分在同一等级的且大多数对应的是同一葡萄酒等级的葡萄样品归为该等级，结果见表 18。

表17 葡萄等级与酒等级比较

红葡萄			白葡萄		
编号	葡萄等级	酒等级	编号	葡萄等级	酒等级
6	1	2	1	1	3
12	1	2	11	1	3
18	1	2	13	1	3
26	1	3	3	2	3
17	2	3	6	2	3
24	2	3	10	2	3
25	2	2	12	2	3
27	2	3	14	2	3
2	3	3	19	2	3
4	3	3	21	2	3
5	3	3	24	2	3
7	3	2	25	2	3
10	3	2	2	3	3
11	3	2	8	3	3
13	3	2	9	3	4
15	3	2	16	3	2
16	3	2	18	3	3
19	3	3	23	3	3
20	3	3	26	3	3
9	4	3	28	3	3
14	4	3	4	4	3
21	4	3	7	4	3
22	4	3	17	4	4
23	4	3	22	4	3
1	5	2	5	5	4
26	6	3	15	5	3
27	6	2	27	5	3
			20	6	3

注 1. 表中加框的为等级归错类的样品。

2. 表中的编号为葡萄样品。

表 18 葡萄等级分级情况

红葡萄			白葡萄		
类别	归对数	归错数	类别	归对数	归错数
1	3	1	1	3	0
2	3	1	2	9	0
3	6	5	3	6	2
4	5	0	4	3	1
5	1	0	5	2	1
6	1	1	6	1	0

于是，根据表 18，对分级结果进行整理，见表 19。

表 19 葡萄等级分级正确个数与一致率

品种	正确个数	一致率/%
红葡萄	19	70.37
白葡萄	24	85.71

综合分析，得到红葡萄归类与红葡萄酒归类的一致率为 70.37%，白葡萄归类与白葡萄酒归类的一致率为 85.71%

5.3 问题三的模型建立与求解

5.3.1 建立多元逐步线性回归模型

为找出酿酒葡萄与葡萄酒的理化指标之间的联系，可以通过建立多元逐步线性回归模型，求出每个葡萄酒理化指标与所有酿酒葡萄的理化指标之间的回归方程。

5.3.1.1 基本思想

多元逐步线性回归的基本思想[7-8]如下所述。

逐步回归分析的实施过程是每一步都要对已引入回归方程的变量计算其偏回归平方和，然后选一个偏回归平方和最小的变量，在预先给定的水平下进行显著性检验，如果显著则该变量不必从回归方程中剔除，这时方程中其他的几个变量也都不需要剔除（因为其他几个变量的偏回归平方和都大于最小的一个，更不需要剔除）。相反，如果不显著，则该变量要剔除。

5.3.1.2 建立模型

（1）计算变量均值 $\overline{x_1},\overline{x_2},\cdots,\overline{x_n},\overline{y}$ 和差平方和 $L_{11},L_{22},\cdots,L_{pp},L_{yy}$，记各自的标

准化变量为$u_j=\dfrac{x_j-\overline{x_j}}{\sqrt{L_{ij}}}$，$j=1,2,\cdots,p$，$u_{p+1}=\dfrac{y-\overline{y}}{\sqrt{L_{yy}}}$。

（2）计算$x_1,x_2,\cdots x_p,y$的相关系数矩阵$R^{(0)}$。

（3）设已经选上了 k 个变量：$x_{i_1},x_{i_2},\cdots,x_{i_k}$且$i_1,i_2,\cdots i_k$互不相同，$\boldsymbol{R}^{(0)}$经过变换后为$\boldsymbol{R}^{(k)}=(r_{i_j}^{(k)})$. 对$j=1,2,\cdots,k$逐一计算标准化变量$u_{i_j}$的偏回归平方和$V_{i_j}^{(k)}=\dfrac{(r_{i_j,(p+1)}^{(k)})^2}{r_{i_ji_j}^{(k)}}$，记$V_l^{(k)}=\max\{V_{i_j}^{(k)}\}$，作 F 检验，$F=\dfrac{V_l^{(k)}}{r_{(p+1)(p+1)}^{(k)}\big/(n-k-1)}$，对给定的显著性水平$\alpha$，拒绝域为$F<F_{1-\alpha}(1,n-k-1)$。

（4）重复第 3 步，直至最终选上了 t 个变量$x_{i_1},x_{i_2},\cdots,x_{i_t}$，且$i_1,i_2,\cdots,i_t$互不相同，$\boldsymbol{R}^{(0)}$经过变换后为$\boldsymbol{R}^{(t)}=(r_{i_j}^{(t)})$，则对应的回归方程为

$$\frac{\hat{y}-\overline{y}}{\sqrt{L_{yy}}}=r_{i_1,(p+1)}^{(k)}\frac{x_{i_1}-\overline{x}_{i_1}}{\sqrt{L_{i_1i_1}}}+\cdots+r_{i_k,(p+1)}^{(k)}\frac{x_{i_k}-\overline{x}_{i_k}}{\sqrt{L_{i_ki_k}}} \tag{12}$$

通过代数运算可得

$$\hat{y}=b_0+b_{i_1}x_{i_1}+\cdots+b_{i_k}x_{i_k} \tag{13}$$

基本步骤图如图 4 所示。

5.3.1.3 求解模型

根据附件 2 中给出的酿酒葡萄和葡萄酒的理化指标，把红葡萄中酿酒葡萄的各项指标记为$A_n(n=1,2,\cdots,59)$，葡萄酒的每个指标记为$B_n(n=1,2,\cdots,15)$；白葡萄中酿酒葡萄的各项指标记为$A_n'(n=1,2,\cdots,59)$，葡萄酒的每个指标记为$B_n'(n=1,2,\cdots,14)$。

然后把酿酒葡萄的所有指标作为自变量，葡萄酒的每个指标分别作为因变量，进行逐步线性回归分析，求出二者之间的关系。

1. 品种为红葡萄

（1）第一个理化指标的回归结果。把葡萄酒的第一个理化指标花色苷B_1与酿酒葡萄的所有指标代入模型，得出相关性检验结果、方差分析结果、回归系数，对这些结果进行整理，见表 20。

根据表 20 所示结果，进行分析。

第一，回归分析筛选结果见表 20，可知酿酒葡萄的理化指标中对红葡萄酒的花色苷指标有较大影响的有A_{21}（花色苷）、A_{32}（反式白藜芦醇苷）、A_3（苏氨酸）、A_8（丙氨酸）、A_2（天门冬氨酸）、A_{55}（果皮颜色 L）、A_{54}（果皮质量）、A_{53}（出

汁率）、A_{16}（赖氨酸）、A_{17}（组氨酸）、A_{34}（反式白藜芦醇）。

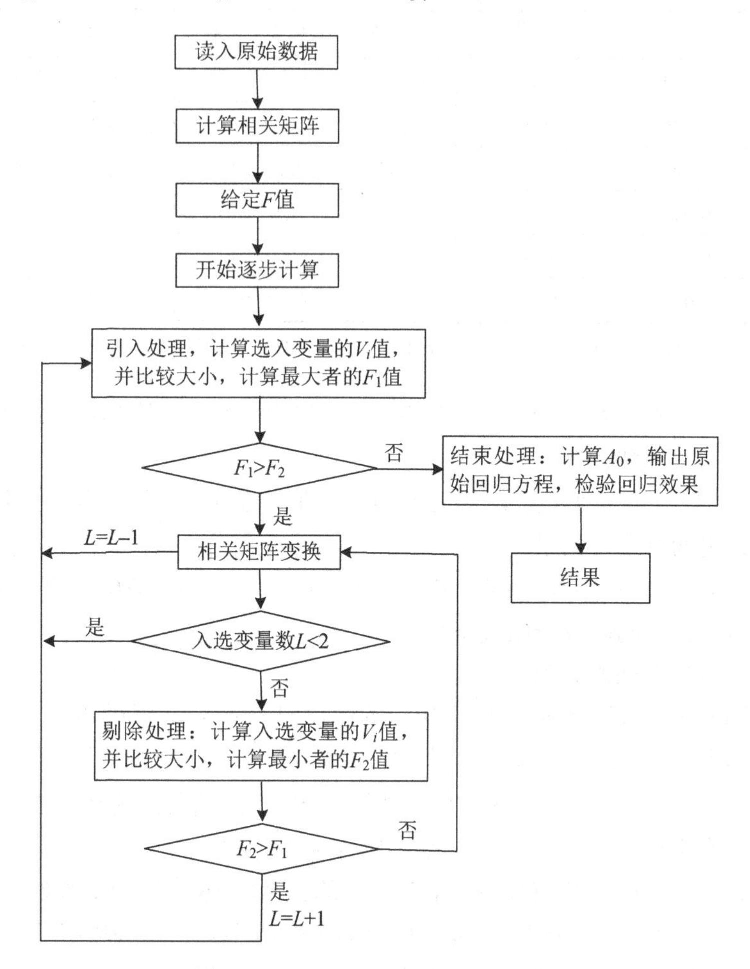

图 4　多元逐步线性回归模型步骤图

表 20　回归分析结果

变量	r	r^2	T 值	P 值（方差）	系数	P 值
常数	0.923	0.851	–2.324	9.4×10^{-13}	–312.713	3.5×10^{-2}
21	0.973	0.947	23.358	2.9×10^{-17}	2.181	6.7×10^{-14}
32	0.980	0.960	6.349	3.2×10^{-16}	45.306	5.7×10^{-7}
3	0.984	0.968	5.990	6.8×10^{-17}	0.610	6.4×10^{-6}
8	0.989	0.978	–7.658	6.8×10^{-17}	–1.563	7.1×10^{-7}
2	0.991	0.982	4.595	8.6×10^{-17}	1.128	3.5×10^{-4}

续表

变量	r	r^2	T值	P值（方差）	系数	P值
55	0.993	0.986	3.025	5.1×10^{-19}	13.063	9.0×10^{-3}
54	0.995	0.990	2.684	6.5×10^{-17}	232.327	1.7×10^{-2}
53	0.996	0.991	–2.983	7.4×10^{-17}	–2.220	9.0×10^{-3}
16	0.997	0.993	4.358	9.2×10^{-17}	1.759	1.0×10^{-3}
17	0.998	0.996	–3.041	1.9×10^{-16}	–1.781	8.0×10^{-3}
34	0.923	0.851	–2.856	6.3×10^{-16}	–86.645	1.2×10^{-2}

注　P值（方差）指方差分析时所得的P值，最后一列的P值指求回归系数时的P值。

第二，相关系数r、判定系数r^2均较大，说明红葡萄酒的花色苷指标B_1与所选指标之间的相关性较好。

第三，方差分析：T值、P值见表20，P值都非常小，可以认为酿酒葡萄的各理化指标之间有线性关系。

第四，回归分析：回归系数、P值见表20，P值均小于0.05，可认为回归系数有显著意义，即回归分析结果可信。

因此，可得到回归方程：

$$B_1 = 2.181A_{21} + 45.306A_{32} + 0.61A_3 - 1.563A_8 + 1.128A_2 + 13.063A_{55} + 232.327A_{54} - 2.22A_{53} + 1.759A_{16} - 1.781A_{17} - 86.645A_{34} - 312.713 \quad (14)$$

（2）其余指标的回归结果。方法同上，分别把红葡萄酒的其余14个指标与红葡萄的所有指标进行分析，得到其余14个回归方程。

因此，红葡萄中葡萄酒与酿酒葡萄之间的关系即15个回归函数如下：

$$\begin{cases} B_1 = 2.181A_{21} + 45.306A_{32} + 0.61A_3 - 1.563A_8 + 1.128A_2 + 13.063A_{55} \\ \qquad +232.327A_{54} - 2.22A_{53} + 1.759A_{16} - 1.781A_{17} - 86.645A_{34} - 312.713 \\ B_2 = 0.144A_{28} + 0.189A_{40} + 0.049A_{45} + 4.3A_{34} + 0.005A_3 - 8.253 \\ B_3 = 0.263A_{28} + 1.09A_{32} + 0.337A_{57} - 0.145A_{39} + 0.113A_{40} + 2.028 \\ \qquad \cdots\cdots \\ B_{15} = -1.339A_{23} - 0.68A_{37} - 0.055A_{18} + 4.82A_{52} + 0.477A_{12} - 1.218A_{11} \\ \qquad + 4.765A_{24} - 0.02A_{26} - 2.139A_{56} - 0.165A_{45} + 0.055A_{42} + 85.875 \end{cases} \quad (15)$$

注：公式中省略$B_4 \sim B_{14}$共11个方程。

2. 品种为白葡萄

同理，分别把白葡萄酒的14个指标与酿酒葡萄的所有指标进行分析，得到14个回归方程：

$$
\begin{cases}
B_1' = -0.042A_{10}' + 0.017A_{12}' + 0.043A_{13}' + 0.01A_{16}' + 0.014A_{25}' + 0.855A_{31}' - \\
\qquad 0.707A_{33}' + 3.054A_{34}' + 0.023A_{45}' + 1.398A_{54}' + 0.077A_{58}' - 4.47 \\
B_2' = 0.018A_{14}' + 0.008A_{16}' + 0.008A_{45}' + 0.088A_{58}' - 0.766 \\
B_3' = 3.183A_{40}' + 0.331A_{23}' - 0.281A_{22}' - 0.293A_{47}' + 0.162A_{15}' + 2.645A_{35}' - \\
\qquad 0.015A_4' + 0.087A_{17}' - 0.002A_{51}' - 0.006A_{18}' + 0.038A_{14}' + 0.018A_{44}' + \\
\qquad 0.055A_{55}' + 0.002A_{50}' - 0.708A_{46}' - 0.009A_{13}' + 2.149 \\
\qquad \cdots\cdots \\
B_{14}' = -0.128A_{53}' + 0.267A_{49}' + 0.308A_{52}' + 5.223
\end{cases}
\tag{16}
$$

注：公式中省略 $B_4' \sim B_{13}'$ 共 10 个方程。

5.3.2　结果分析

综上，通过将数据代入建立的模型，求出两种葡萄与两种葡萄酒对应的 15 个和 14 个回归方程，且每组的相关系数 r、判定系数 r^2、回归系数均有显著性。因此，这 29 个回归方程效果不错。

5.4　问题四的模型建立与求解

5.4.1　建立多元逐步线性回归模型

题目要求分析酿酒葡萄和葡萄酒的理化指标与葡萄酒质量的关系，并分析二者对葡萄酒质量的影响。因此，把葡萄酒和葡萄的全部指标看作整体，并将其作为自变量，葡萄酒的质量（用打分结果代替）为因变量，建立多元逐步线性回归模型。

多元逐步线性回归模型的原理见 5.3.1.2 小节。

5.4.2　样本选取

为了使该模型得出的回归函数更可信，分级效果更好，考虑采取抽样的方法，将样本分为训练组与测试组，通过一定次数的模拟，判断分级的平均正确率，从而对分级效果进行评价。

抽样方法有多种，如简单随机抽样、分层抽样、系统抽样和整群抽样。由于每种方法各有优劣，选择分层抽样法中的一种：取 1 个样本作为测试组，其余均作为训练组。

5.4.3　分析葡萄和葡萄酒理化指标对酒质量的影响

5.4.3.1　品种为红葡萄

1．基本步骤

首先，将 27 个酒样品分成训练组和测试组两部分，26 个样品构成训练组，剩下1个作为测试组。根据训练组得到的回归方程，将测试组代入，算出检验值，并与真实值进行比较，求出绝对误差、相对误差。

然后，依次改变测试样本，共进行27次，求出27次模拟的平均相对误差。

2．求解模型

按照上述步骤，运用MATLAB 7.8编程求解，27次模拟的检验值、真实值、绝对误差、相对误差见表21。

表21　红葡萄中测试组检验结果及误差

样品号	检验值	真实值	绝对误差	相对误差/%
1	62.65	68.10	5.45	8.00
2	78.47	74.00	4.47	6.04
3	74.98	74.60	0.38	0.50
4	68.84	71.20	2.36	3.31
5	70.67	72.10	1.43	1.98
6	68.77	66.30	2.47	3.72
7	66.34	65.30	1.04	1.60
8	71.16	66.00	5.16	7.81
9	78.75	78.20	0.55	0.71
10	69.37	68.80	0.57	0.83
11	64.46	61.60	2.86	4.65
12	70.06	68.30	1.76	2.57
13	73.20	68.80	4.40	6.40
14	69.11	72.60	3.49	4.81
15	64.76	65.70	0.94	1.43
16	74.67	69.90	4.77	6.82
17	68.61	74.50	5.89	7.91
18	59.35	65.40	6.06	9.26
19	72.68	72.60	0.08	0.10
20	69.81	75.80	5.99	7.90
21	70.29	72.20	1.91	2.64
22	72.59	71.60	0.99	1.38
23	73.74	77.10	3.36	4.36
24	76.38	71.50	4.88	6.83

续表

样品号	检验值	真实值	绝对误差	相对误差/%
25	71.52	68.20	3.32	4.87
26	70.19	72.00	1.81	2.51
27	64.89	71.50	6.61	9.25

5.4.3.2 品种为白葡萄

按照上述步骤，运用 MATLAB 7.8 编程求解，28 次模拟的检验值、真实值、绝对误差、相对误差见表 22。

表 22 白葡萄中测试组检验结果及误差

样品号	检验值	真实值	绝对误差	相对误差/%
1	79.07	77.90	1.17	1.50
2	82.07	75.80	6.27	8.27
3	86.74	75.60	11.14	14.73
4	80.05	76.90	3.15	4.10
5	80.78	81.50	0.72	0.88
6	75.92	75.50	0.42	0.56
7	76.66	74.20	2.46	3.31
8	77.02	72.30	4.72	6.53
9	74.42	80.40	5.98	7.44
10	76.91	79.80	2.89	3.62
11	65.00	71.40	6.40	8.97
12	74.31	72.40	1.91	2.64
13	71.35	73.90	2.55	3.45
14	77.93	77.10	0.83	1.07
15	68.35	78.40	10.05	12.82
16	78.81	67.30	11.51	17.10
17	72.43	80.30	7.87	9.80
18	68.98	76.70	7.72	10.06
19	70.07	76.40	6.33	8.29
20	79.20	76.60	2.60	3.39
21	78.06	79.20	1.14	1.44

续表

样品号	检验值	真实值	绝对误差	相对误差/%
22	69.20	79.40	10.20	12.85
23	77.31	77.40	0.09	0.12
24	76.56	76.10	0.46	0.60
25	78.73	79.50	0.77	0.97
26	74.19	74.30	0.11	0.15
27	70.05	77.00	6.95	9.03
28	79.22	79.60	0.38	1.50

5.4.3.3 比较分析

由表 21 和表 22 求出红、白葡萄测试结果的平均相对误差分别为 4.38%、5.51%，可以看出平均相对误差数值较小，可以说明检测值与真实值一致性高。

5.4.4 考虑葡萄的芳香物质对酒质量的影响

由于葡萄的芳香物质也可能对葡萄酒的质量有影响。于是，把葡萄的芳香物质与葡萄和葡萄酒的理化指标一起作为自变量，葡萄酒的评分作为因变量，代入模型。

5.4.4.1 品种为红葡萄

按照上述步骤，运用 MATLAB 7.8 编程求解，27 次模拟的检验值、真实值、绝对误差、相对误差见表 23。

表 23 红葡萄中测试组检验结果及误差

样品号	检验值	真实值	绝对误差	相对误差/%
1	56.42	68.10	11.68	17.15
2	78.44	74.00	4.44	6.00
3	79.41	74.60	4.81	6.45
4	65.56	71.20	5.64	7.92
5	73.17	72.10	1.07	1.48
6	73.90	66.30	7.60	11.46
7	68.09	65.30	2.79	4.28
8	69.31	66.00	3.31	5.02
9	75.31	78.20	2.89	3.69
10	68.94	68.80	0.14	0.21
11	83.90	61.60	22.30	36.20

续表

样品号	检验值	真实值	绝对误差	相对误差/%
12	75.99	68.30	7.69	11.26
13	73.82	68.80	5.02	7.30
14	61.94	72.60	10.66	14.68
15	74.28	65.70	8.58	13.05
16	71.38	69.90	1.48	2.11
17	94.39	74.50	19.89	26.70
18	60.55	65.40	4.85	7.42
19	72.10	72.60	0.50	0.69
20	77.01	75.80	1.21	1.59
21	70.63	72.20	1.57	2.18
22	86.78	71.60	15.18	21.20
23	75.16	77.10	1.94	2.51
24	70.08	71.50	1.42	1.99
25	69.79	68.20	1.59	2.33
26	72.49	72.00	0.49	0.69
27	64.83	71.50	6.67	9.32

5.4.4.2 品种为白葡萄

按照上述步骤，运用 MATLAB 7.8 编程求解，28 次模拟的检验值、真实值、绝对误差、相对误差见表 24。

表 24 白葡萄中测试组检验结果及误差

样品号	检验值	真实值	绝对误差	相对误差/%
1	78.76	77.90	0.86	1.11
2	80.25	75.80	4.45	5.87
3	87.08	75.60	11.48	15.19
4	72.67	76.90	4.23	5.50
5	78.58	81.50	2.92	3.59
6	76.42	75.50	0.92	1.22
7	75.42	74.20	1.22	1.65
8	73.87	72.30	1.57	2.17
9	90.19	80.40	9.79	12.18
10	81.28	79.80	1.48	1.85

续表

样品号	检验值	真实值	绝对误差	相对误差/%
11	78.13	71.40	6.73	9.43
12	73.36	72.40	0.96	1.32
13	78.23	73.90	4.33	5.85
14	77.07	77.10	0.03	0.04
15	72.86	78.40	5.54	7.07
16	87.06	67.30	19.76	29.36
17	76.30	80.30	4.00	4.98
18	72.12	76.70	4.58	5.98
19	70.87	76.40	5.53	7.24
20	83.32	76.60	6.72	8.78
21	73.79	79.20	5.41	6.82
22	82.55	79.40	3.15	3.97
23	76.76	77.40	0.64	0.83
24	85.75	76.10	9.65	12.68
25	97.61	79.50	18.11	22.78
26	75.05	74.30	0.75	1.00
27	69.32	77.00	7.68	9.98
28	78.83	79.60	0.77	0.97

5.4.4.3 比较分析

由表23和表24，求出红、白葡萄测验结果的平均相对误差分别为8.83%、6.76%，可以看出平均相对误差数值略有点大，且平均相对误差波动很大，说明检测值与真实值一致性不高。

5.4.5 综合比较

综合上述两种是否考虑芳香物质的情况，对两种情况的平均正确率进行汇总，结果见表25。

表25 平均相对误差比较　　单位：%

品种	红葡萄	白葡萄
考虑芳香物质	4.38	5.51
未考虑芳香物质	8.83	6.76

为了更清晰地比较二者的区别，对结果进行绘图，如图5所示。

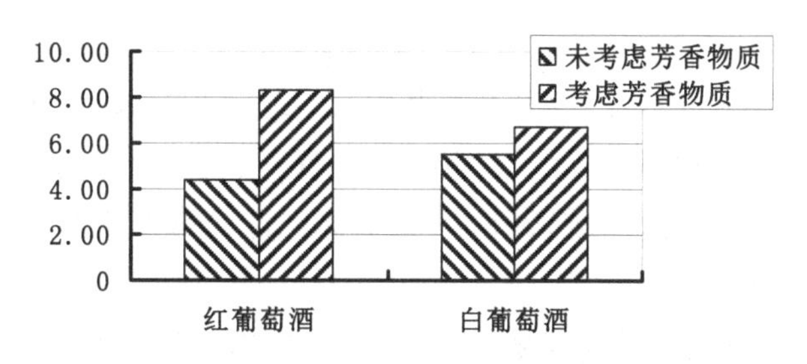

图 5　平均相对误差比较图（单位：%）

由图 5 可以直观看出，考虑芳香物质，与未考虑芳香物质相比，红、白葡萄测验结果的平均相对误差均有所下降。因此认为不考虑芳香物质，仅考虑葡萄与葡萄酒的理化指标，它们对葡萄酒的质量影响较大。

5.4.6　求回归方程

由于葡萄与葡萄酒的理化指标对葡萄酒的质量影响较大，故将二者代入多元逐步线性回归模型，以确定二者的关系式。

5.4.6.1　得出结论

（1）品种为红葡萄。把红葡萄全部 27 个酒样本全部代入模型，得出相关性检验结果、方差分析结果、回归系数，对这些结果进行整理，结果见表 26。

表 26　红葡萄酒回归结果

变量	r	r^2	T 值	P 值（方差）	系数	P 值
常数	0.923	0.851	–2.324	9.4×10^{-13}	67.202	3.5×10^{-2}
30	0.973	0.947	23.358	2.9×10^{-17}	0.351	6.7×10^{-14}
58	0.980	0.960	6.349	3.2×10^{-16}	–0.067	5.7×10^{-7}
68	0.984	0.968	5.990	6.8×10^{-17}	4.065	6.4×10^{-6}
50	0.989	0.978	–7.658	6.8×10^{-17}	0.003	7.1×10^{-7}
38	0.991	0.982	4.595	8.6×10^{-17}	0.033	3.5×10^{-4}
17	0.993	0.986	3.025	5.1×10^{-19}	0.158	9.0×10^{-3}
5	0.995	0.990	2.684	6.5×10^{-17}	–0.026	1.7×10^{-2}
25	0.996	0.991	–2.983	7.4×10^{-17}	–0.104	9.0×10^{-3}
33	0.997	0.993	4.358	9.2×10^{-17}	–0.118	1.0×10^{-3}
10	0.998	0.996	–3.041	1.9×10^{-16}	–0.048	8.0×10^{-3}
27	0.923	0.851	–2.856	6.3×10^{-16}	6.157	1.2×10^{-2}

注　P 值（方差）指方差分析时所得的 P 值，最后一列的 P 值指求回归系数时的 P 值。

根据表 26 所示结果进行分析。

第一，回归分析筛选结果见表26，可知葡萄和葡萄酒的理化指标中对红葡萄酒的质量有较大影响的有 A_{30}（葡萄总黄酮）、A_{58}（果皮颜色 H）、A_{68}（顺式白藜芦醇）、A_{50}（果穗质量）、A_{38}（槲皮素）、A_{17}（组氨酸）、A_5（谷氨酸）、A_{25}（多酚氧化酶活力）、A_{33}（顺式白藜芦醇苷）、A_{10}（缬氨酸）、A_{27}（DPPH 自由基）、A_{22}（酒石酸）。

第二，相关系数 r、判定系数 r^2 均较大，说明红葡萄酒的质量与葡萄和葡萄酒的理化指标的相关性较好。

第三，方差分析：T 值、P 值见表26，P 值都非常小，可以认为葡萄和葡萄酒的各理化指标之间有线性关系。

第四，回归分析：回归系数、P 值见表26，P 值均小于0.05，可认为回归系数有显著意义，即回归分析结果可信。

于是，得到红葡萄酒的回归方程：

$$\begin{aligned} B = & 0.351A_{30} - 0.067A_{58} + 4.065A_{68} + 0.003A_{50} + 0.033A_{38} \\ & + 0.158A_{17} - 0.026A_5 - 0.104A_{25} - 0.118A_{33} - 0.048A_{10} \\ & + 6.157A_{27} - 0.099A_{22} + 67.202 \end{aligned} \tag{17}$$

（2）品种为白葡萄。把白葡萄全部28个酒样本全部代入模型，得出相关性检验结果、方差分析结果、回归系数，对这些结果进行整理，结果见表27。

表27　白葡萄酒回归结果

变量	r	r^2	T值	P值（方差）	系数	P值
常数	0.523	0.273	2608.017	0.004	99.664	1.47×10^{-7}
57	0.635	0.403	1524.810	0.002	2.071	4.3×10^{-7}
3	0.685	0.469	1291.850	0.001	0.078	5.99×10^{-7}
62	0.735	0.541	−1560.435	0.001	−1.598	4.11×10^{-7}
68	0.778	0.606	1285.579	0.001	101.138	6.05×10^{-7}
56	0.825	0.681	1883.010	2.26×10^{-4}	0.487	2.82×10^{-7}
10	0.871	0.758	−1128.240	5.23×10^{-5}	−0.135	7.86×10^{-7}
28	0.898	0.806	2403.896	2.45×10^{-5}	1.205	1.73×10^{-7}
55	0.918	0.843	−1331.592	1.40×10^{-5}	−1.123	5.64×10^{-7}
25	0.943	0.889	1068.822	2.98×10^{-6}	0.048	8.75×10^{-7}
12	0.962	0.925	−485.694	5.87×10^{-7}	−0.128	4.24×10^{-7}
58	0.971	0.944	−1189.118	3.41×10^{-7}	−0.346	7.07×10^{-7}
9	0.981	0.962	−966.949	1.20×10^{-7}	−0.076	1.07×10^{-6}

续表

变量	r	r^2	T 值	P 值（方差）	系数	P 值
67	0.986	0.972	747.011	8.40×10^{-8}	3.783	1.79×10^{-6}
54	0.991	0.983	–664.917	2.87×10^{-8}	–12.704	2.26×10^{-6}
41	0.996	0.992	–389.611	2.81×10^{-9}	–0.018	6.59×10^{-6}
47	0.998	0.996	–337.172	9.49×10^{-10}	–0.35	8.8×10^{-6}
11	0.999	0.998	–401.517	3.07×10^{-10}	–0.219	6.2×10^{-6}
35	1.000	0.999	–272.636	3.29×10^{-10}	–1.906	1.35×10^{-5}
49	1.000	1.000	–157.619	2.18×10^{-10}	–0.107	4.02×10^{-5}
45	1.000	1.000	–116.257	1.09×10^{-10}	–0.009	7.4×10^{-5}
19	1.000	1.000	–37.430	5.83×10^{-11}	–0.001	7.13×10^{-4}
14	1.000	1.000	–24.700	6.12×10^{-10}	–0.004	1.635×10^{-3}
37	1.000	1.000	–12.121	1.02×10^{-8}	–0.019	6.738×10^{-3}
34	1.000	1.000	6.196	2.87×10^{-7}	0.23	0.025

注　P 值（方差）指方差分析时所得的 P 值，最后一列的 P 值指求回归系数时的 P 值。

根据表 27 所示结果进行分析。

第一，回归分析筛选结果见表 27，可知葡萄和葡萄酒的理化指标中对白葡萄酒的质量有较大影响的有 A'_{57}（果皮颜色 b)、A'_3（苏氨酸)、A'_{62}（总酚)、A'_{68}（顺式白藜芦醇)、A'_{56}（果皮颜色 a)、A'_{10}（缬氨酸)、A'_{28}（总酚)、A'_{55}（果皮颜色 L)、A'_{25}（多酚氧化酶活力)、A'_{12}（异亮氨酸)、A'_{58}（果皮颜色 H)、A'_9（胱氨酸)、A'_{67}（反式白藜芦醇)、A'_{54}（果皮质量)、A'_{41}（总糖)、A'_{47}（可滴定酸)、A'_{11}（蛋氨酸)、A'_{35}（顺式白藜芦醇)、A'_{49}（干物质含量)、A'_{45}（可溶性固形物)、A'_{19}（蛋白质)、A'_{14}（酪氨酸)、A'_{37}（杨梅黄酮)、A'_{34}（反式白藜芦醇)。

第二，相关系数 r、判定系数 r^2 均较大，说明白葡萄酒的质量与葡萄和葡萄酒的理化指标的相关性较好。

第三，方差分析：T 值、P 值见表 27，P 值都非常小，可以认为葡萄和葡萄酒的各理化指标之间有线性关系。

第四，回归分析：回归系数、P 值见表 27，P 值均小于 0.05，可认为回归系数有显著意义，即回归分析结果可信。

于是，得到白葡萄组的回归方程：

$$
\begin{aligned}
B' = {} & 2.071A'_{57} + 0.078A'_{3} - 1.598A'_{62} + 101.138A'_{68} + 0.0487A'_{56} - 0.135A'_{10} \\
& + 1.205A'_{28} - 1.123A'_{55} + 0.048A'_{25} - 0.128A'_{12} - 0.346A'_{58} - 0.076A'_{9} \\
& + 3.783A'_{67} - 12.704A'_{54} - 0.018A'_{41} - 0.35A'_{47} - 0.219A'_{11} - 1.906A'_{35} \\
& - 0.107A'_{49} - 0.009A'_{45} - 0.001A'_{19} - 0.004A'_{14} - 0.019A'_{37} + 0.23A'_{34} \\
& + 99.664
\end{aligned}
\tag{18}
$$

5.4.6.2 结果分析

根据上述对于回归结果的相关分析及图 5，可以看出，葡萄与葡萄酒的理化指标对葡萄酒的质量确实有较大影响。

6 模型的评价与推广

6.1 模型的优点

（1）高效简便。采用 MATLAB 7.8、SPSS 13.0 专业软件对模型进行求解，使运算更为简便快捷，效率更高。

（2）结果可靠。本文建立的熵权模型能有效避免主观赋权造成的影响，使结果更加合理可靠。

（3）模型简单易懂、方法灵活，具有较强的推广性。

6.2 模型的缺点

由于本题所给的数据有缺失与异常的情况，求解时可能对结果产生影响。若能将数据完善，效果更佳。

6.3 模型的推广

本文建立的葡萄酒评价模型能巧妙运用多种方法进行指标筛选、等级评定，可广泛用于水资源等级评定、模式识别等实际问题中，有较强的推广性。

参考文献

[1] 薛薇．SPSS 统计分析方法及应用[M]．2 版．北京：电子工业出版社，2009.

[2] 李俊．基于熵权法的粮食产量影响因素权重确定[J]．安徽农业科学，2012，40（11）：6851-6854.

[3] 韩中庚．数学建模方法及其应用[M]．北京：高等教育出版社，2005.

[4] 马莉．MATLAB 数学实验与建模[M]．北京：清华大学出版社，2010.

[5] 凌春鸣．葡萄酒密码[J]．新财富，2010（12）：170-173.
[6] 卢树林，吕波，高斌．关于葡萄酒中 pH 值的研究[J]．葡萄栽培与酿酒，1996（2）：40.
[7] 姜启源．数学模型[M]．2 版．北京：高等教育出版社，1993.
[8] 阎伟，刘丽，黄山春，等．逐步回归模型在红棕象甲预测中的应用[J]．热带作物学报，2011，32（8）：1549-1552.

【论文评述】

该文章基于多元逐步线性回归等方法，通过划分葡萄酒与酿酒葡萄等级，找出酿酒葡萄与葡萄酒二者的关系，建立了一种葡萄酒评价新模型，具有一定的科学性、创新性和推广性。

全文逻辑清晰、思维缜密，能准确阐述前后因果关系，连贯性强。将难度大、主观性强的葡萄酒质量评价问题深入浅出、逐层拆分来解析，使文章浅显易懂、科学客观，并辅以思路流程图、步骤图等帮助理解。文章排版清晰、标题醒目、重点突出；且图表制作清晰，能准确运用各种形式的图来说明相应问题，比如在阐述评分关系时运用散点图、在论述是否考虑芳香物质时运用柱形图等，使结果更加直观明了。归纳式的问题重述、图解式的问题分析和标注式的数据析误是该文的重要突破，使该文成为后来学生学习的论文模板之一。

对于缺失错误数据纠正采用的比重模型，就本文来说是比较可靠的。此后，该文章综合运用标准差分析、熵权法、多元线性回归等模型，达到了指标筛选与等级评定的目的。在模型求解时，科学地将样本随机分为训练组和测试组，从而使得测试样本和检测样本相互独立，以 1 个为测试组，其余为训练组，根据训练组得到回归方程，并将测试组代入算出检验值，通过与真实值比较求出相对误差，进而得到平均相对误差，有效增加了模型的科学性和可靠性。

该文章建立的葡萄酒评价模型，可广泛用于水资源等级评定、模式识别等实际问题中，具有较强的推广性。但由于数据存在缺失与异常的情况，求解时可能对模型产生影响，若能将数据完善，效果更佳。

李百川　罗万春

2013 年 A 题

车道被占用对城市道路通行能力的影响

车道被占用是指因交通事故、路边停车、占道施工等因素，导致车道或道路横断面通行能力在单位时间内降低的现象。由于城市道路具有交通流密度大、连续性强等特点，一条车道被占用，也可能降低路段所有车道的通行能力，即使时间短，也可能引起车辆排队，出现交通阻塞。若处理不当，甚至出现区域性拥堵。

车道被占用的情况种类繁多、复杂，正确估算车道被占用对城市道路通行能力的影响程度，将为交通管理部门正确引导车辆行驶、审批占道施工、设计道路渠化方案、设置路边停车位和设置非港湾式公交车站等提供理论依据。

视频 1（附件 1）和视频 2（附件 2）中的两个交通事故处于同一路段的同一横断面，且完全占用两条车道。请研究以下问题：

（1）根据视频 1（附件 1），描述视频中交通事故发生至撤离期间，事故所处横断面实际通行能力的变化过程。

（2）根据上一问题所得结论，结合视频 2（附件 2），分析并说明同一横断面交通事故所占车道不同对该横断面实际通行能力影响的差异。

（3）构建数学模型，分析视频 1（附件 1）中交通事故所影响的路段车辆排队长度与事故横断面实际通行能力、事故持续时间、路段上游车流量间的关系。

（4）假如视频 1（附件 1）中的交通事故所处横断面距离上游路口变为 140m，路段下游方向需求不变，路段上游车流量为 1500pcu/h（pcu 为标准车当量数），事故发生时车辆初始排队长度为零，且事故持续不撤离。请估算，从事故发生开始，经过多长时间，车辆排队长度将到达上游路口。

附件 1：视频 1

附件 2：视频 2

附件 3：视频 1 中交通事故位置示意图

附件 4：上游路口交通组织方案图

附件 5：上游路口信号配时方案图

注：只考虑四轮及以上机动车、电瓶车的交通流量，且换算成标准车当量数。

附件 3

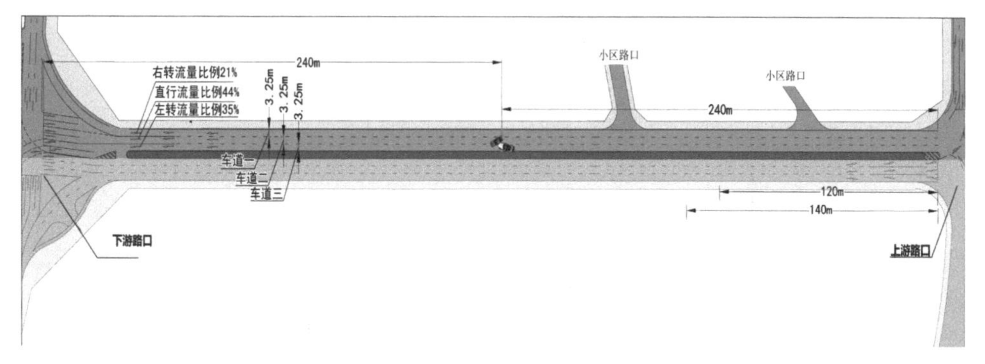

视频 1 中交通事故位置示意图

附件 4

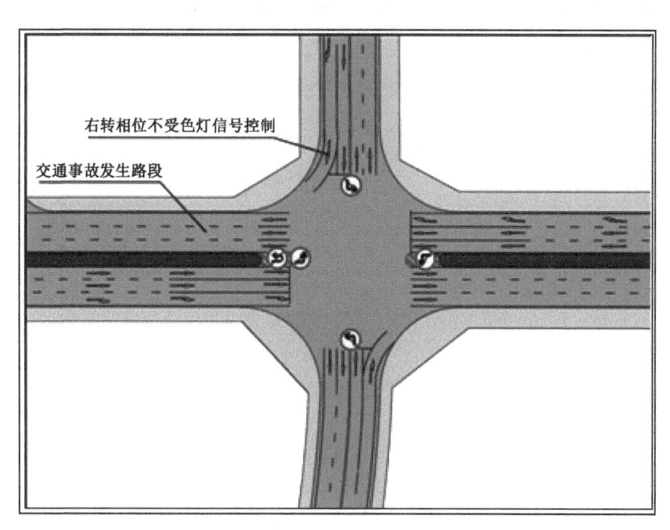

上游路口交通组织方案图

附件 5

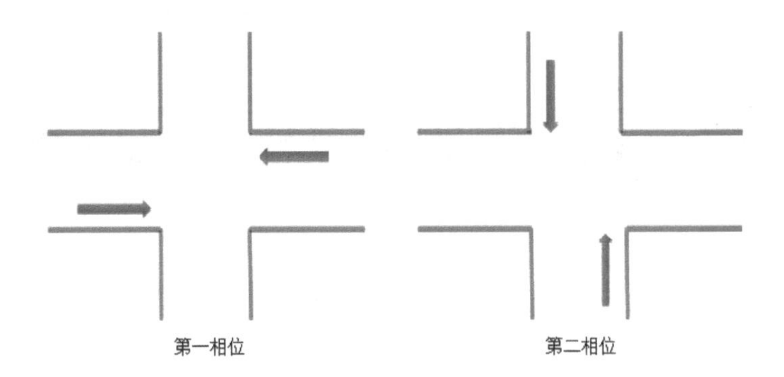

相位时间均为 30s，黄灯时间为 3s，信号周期为 60s

相位时间=绿灯时间+绿闪时间（3s）+黄灯时间

上游路口信号配时方案图

注：因篇幅原因，文中提及并未列出的“附件”“视频”等均为题目自带，有需要的读者可在全国大学生数学建模竞赛官方网站（http://www.mcm.edu.cn/index_cn.html）上下载。

2013 年 A 题　全国一等奖

车道被占用对城市道路通行能力的影响

参赛队员：张瑞瑞　颜泽勇　许一航
指导教师：马　翠

摘　要

车道被占用的情况种类繁多复杂，正确估算车道被占用对城市道路通行能力的影响程度，将为交通部门交通管理提供重要理论依据。本文首先统计视频 1 和视频 2 中车流量、车密度、堵车量、堵车长度、阻塞密度等数据，通过对车流量、堵车量等数据的分析，得到了道路通行能力的变化过程，建立了车辆排队长度分析的交通流模型，得到堵车长度与时间的函数关系：t<12min 时，堵车长度 $L_{m(T_1)}(t)=7.49t<L'$；t>12min 时，堵车长度为 240m。

问题一：描述道路横断面实际通行能力的变化过程。查阅文献并给出符合此题的道路通行能力的定义：交通饱和状态下单位时间内通过横断面的车辆数。首先统计饱和状态下通过事故横断面的大型车和小型车数量，折算为标准小汽车当量数之后再进行插值拟合，得到了通行能力随时间变化的曲线；同时从反面——每分钟堵车量分析了堵车量的变化，得到了堵车量随时间变化的曲线，而堵车量变化趋势与通行能力的变化趋势是相反的。

问题二：通过直接分析与间接分析两种分析法分析所占车道不同对通行能力影响的差异。直接分析：直接通过作图分析视频 1、视频 2 中通行能力的差异，得到视频 1 通行能力下降更快，且趋于稳定时视频 1 的通行能力低于视频 2 的通行能力的结论。间接分析：分析视频 1、视频 2 中堵车量、1min 内车流量、红灯车流量、绿灯车流量是否存在差异。首先经过 K-S 检验得到各组数据均服从正态分布，然后利用独立样本 T 检验比较得到只有绿灯时车流量不存在差异，其他各组数据均存在明显差异的结论。

问题三：建立了车辆排队长度分析的交通流模型，考虑到横断面实际通行能力、上游车流量与车辆排队长度的关系不太明显，因此巧妙地将横断面通行能力、上游车流量分别转化为事故点瓶颈段、事故点上游的交通密度，密度数据均从视频中获取，将其化作系数，最终得到了车辆排队长度与时间的函数关系式：$t<12\text{min}$ 时，堵车长度 $L_{m(T_1)}(t)=7.49t<L'$；$t>12\text{min}$ 时，堵车长度为 240m。

问题四：因变量排队长度已知，为求自变量 t，利用关系式——上游车流量 $P=$ 上游交通密度 $k_{11}\times$ 上游车速 v，根据 P/v 确定了上游车速，利用多项式拟合得到上游车速随时间变化的函数关系式 $v=0.03t^3-0.44t^2+t+13.54$，进而得到上游交通流密度为 $P/(0.03t^3-0.44t^2+t+13.54)$，利用此上游交通流密度对车辆排队长度随时间变化的函数关系式进行修正，得到修正的车辆排队长度随时间变化的关系式之后再利用随机泊松流进行仿真，最终得到经过 14.78min 左右，车辆排队长度将到达上游路口。

关键词： 实际通行能力　插值拟合　独立样本 T 检验　排队长度　交通流模型

一、问题重述

车道被占用是指因交通事故、路边停车、占道施工等因素，导致车道或道路横断面通行能力在单位时间内降低的现象。由于城市道路具有交通流密度大、连续性强等特点，一条车道被占用，也可能降低路段所有车道的通行能力，即使时间短，也可能引起车辆排队，出现交通阻塞。若处理不当，甚至出现区域性拥堵。

车道被占用的情况种类繁多、复杂，正确估算车道被占用对城市道路通行能力的影响程度，将为交通管理部门正确引导车辆行驶、审批占道施工、设计道路渠化方案、设置路边停车位和设置非港湾式公交车站等提供理论依据。

视频 1（附件 1）和视频 2（附件 2）中的两个交通事故处于同一路段的同一横断面，且完全占用两条车道。请研究以下问题：

（1）根据视频 1（附件 1），描述视频中交通事故发生至撤离期间，事故所处横断面实际通行能力的变化过程。

（2）根据上一问题所得结论，结合视频 2（附件 2），分析并说明同一横断面交通事故所占车道不同对该横断面实际通行能力影响的差异。

（3）构建数学模型，分析视频 1（附件 1）中交通事故所影响的路段车辆排队长度与事故横断面实际通行能力、事故持续时间、路段上游车流量间的关系。

（4）假如视频 1（附件 1）中的交通事故所处横断面距离上游路口变为 140m，路段下游方向需求不变，路段上游车流量为 1500pcu/h，事故发生时车辆初始排队长度为零，且事故持续不撤离。请估算，从事故发生开始，经过多长时间，车辆排队长度将到达上游路口。

二、模型假设

（1）在确定的时间段内，驶入和驶出的车辆数目是守恒的。

（2）路面状况良好。

（3）事故发生至撤离期间仅发生了这一次事故。

（4）人行道、交叉口、街边商店不许停车。

（5）上游车流量服从泊松分布。

三、符号说明

（1）TC：$TC = n/t$，表示道路通行能力，交通饱和状态下单位时间内通过横断面的车辆数。

（2）m：$m = \dfrac{\left|Q_1 - Q_1^0\right|\left|Q_2 - Q_2^0\right|}{2}$，道路每分钟堵车量。

（3）Q_1^0：事故发生前红灯时车流量平均值。

（4）Q_2^0：事故发生前绿灯时车流量平均值。

（5）Q_1：事故发生后各个时间段红灯时的车流量。

（6）Q_2：事故发生后各个时间段绿灯时的车流量。

（7）$Q_2 - Q_2^0$：道路拥堵情况下绿灯相位时间比正常情况下少通过的车辆数。

（8）$\left|Q_1 - Q_1^0\right|$：由于道路拥堵在绿灯期间未能正常通过的车辆在红灯期间通过，导致红灯相位期间增加的车辆数。

（9）k_1和k_2：事故发生后形成的两个笔筒交通流密度区域的密度。

（10）S：波阵面。

（11）$L(m)$：某公路基本路段长度。

（12）n：单方向车道数。

（13）$D(m)$：单方向车道宽度。

（14）$b(m)$：事故车辆占用道路宽度。

（15）$a(m)$：事故车辆占用道路长度。

（16）L'：事故点上游路段长度。

（17）$L_m(t)$：t时刻事故点上游路段L'内车流的排队长度。

（18）$\omega(T_i)$：T_i时间内新产生的交通波的速度。

（19）u_f：该事故路段的自由流速度，即该路段的设计车速。

（20）k_{i1}：T_i 内事故点上游的交通密度。

（21）k_{i2}：T_i 内事故点瓶颈段的交通密度。

（22）k_j：该路段的交通堵塞密度。

（23）T_1：事故发生到警察到达现场的时间/交通事故发生至撤离的时间。

（24）T_2：交通事故现场处理时间。

（25）T_3：交通事故持续影响时间。

（26）P：上游车流量。

（27）v：上游车速。

四、问题分析

首先，本题的数据信息均来自视频 1 和视频 2，因此，做好此题的前提是从所给视频中提取尽可能多的合理、有效的数据信息。然后，因本题围绕道路通行能力展开，故必须给出一个明确的“道路通行能力”的定义，而且要能够用视频中所获取的数据、参数计算得到通行能力的大小。

针对问题一，描述交通事故发生至撤离期间，事故所处横断面实际通行能力的变化过程。要描述实际通行能力的变化过程，首先需要知道什么是实际通行能力，可这样考虑：鉴于通行能力是指单位时间内通过某横断面的最大车辆数，但是在视频中并不能直接获取道路横断面所允许通过的最大车辆数，而只能获得某一时间段内的通过某一确定横断面的车辆数，此时的车辆数并不一定是最大车辆数，只有在道路达到饱和状态时，即通过的车流量大于道路的通行能力时，单位时间内通过的车辆数才能代表实际通行能力。因此，需要获取饱和状态下单位时间内通过横断面的车流量，即可表示道路的通行能力。此时得到的数据只是某些时间段的实际通行能力，需要利用插值拟合得到通行能力随时间的变化过程，并且可能得到通行能力与时间的函数关系。

但是，根据附件中所给发生事故路段的示意图，可以看到有十字路口，而且从视频中明显可以观察到，由于上游路口的信号灯的影响，上游车流量在规律性地发生变化，因此考虑按照红绿灯的相位时间（30s）统计车流量，据此定义一个“每分钟堵车量”的概念，每分钟堵车量是事故发生后绿灯相位时间内比事故发生前绿灯相位时间内少通过的车辆数，事故发生后红灯相位时间内比事故发生前红灯相位时间多通过的车辆数，两者所求均值即道路每分钟堵车量。每分钟堵车量考虑了红绿灯对车流量的影响，其变化过程与通行能力的变化过程相反，每分钟车流量越大，道路横断面实际通行能力越低。

针对问题二，分析所占车道不同对该横断面实际通行能力影响的差异。比较车道不同所引起的差异也就是比较视频 1 与视频 2 通行能力之间存在的差异，对通行能力差异的分析有直接分析和间接分析两种，直接分析就是分析视频 1、视频 2 通行能力的差异，间接分析是分析视频 1、视频 2 中与通行能力相关因素的差异，这些相关因素包括车流量和问题一中定义的“每分钟堵车量”，而车流量又包括 1 分钟内的车流量、红灯时的车流量及绿灯时的车流量。分析这些因素的差异同样可以反映通行能力之间的差异。视频 2 中的通行能力、每分钟堵车量和车流量数据均可按照视频 1 的计算方法获得。得到两组数据之后可以考虑均值比较，分析其差异，但应用前必须验证各组数据是否服从正态分布。

针对问题三，分析车辆排队长度与事故横断面实际通行能力、事故持续时间、路段上游车流量间的关系。根据常识，排队长度与三者的关系不是单一的，而是相互影响的结果，故构建模型从整体的角度分析排队长度与其他量之间的关系。

针对问题四，根据问题三中所得函数表达式，可知堵车长度为因变量，堵车时间为自变量，因而问题四中求解堵车时间，可以将其简化为一道数学解方程题，即在因变量 $L_{m(T_1)}(t)$ 确定的情况下求解自变量 t 的取值。要解出方程，就要确定 $L_{m(T_1)}(t)$ 与 t 的函数关系式。本来问题三中已经确定了函数关系式，但是车流量的改变使得方程的参数发生了改变，因此本文通过分析车流量引起参数改变的方式，进而确定改变后的参数，参数确定之后解方程的问题自然迎刃而解。

车流量的改变导致参数的改变，主要是由于车流量改变之后事故点上游的交通密度 k_{11} 也随之改变，而其他几个参数基本不发生变化。因此，只要能够确定上游车流量与上游交通密度 k_{11} 之间的关系，就可确定出变化后的参数。

确定修正的参数之后，也就得到了修正的排队长度随时间变化的函数关系式，此时可利用仿真分析来得到排队长度达到 140m 所需的时间，其中仿真分析需要生成随机泊松流。

五、模型建立与求解

5.1 事故发生后实际通行能力的变化过程

5.1.1 正面分析道路实际通行能力的变化过程

道路通行能力：在一定道路条件和交通条件下，单位时间（通常指一小时）内能够通过一条车道或道路横断面的最多车辆数（或换算为轿车的当量车数），也称公路通行能力。根据此定义，在本文中将道路通行能力定义如下：交通饱和状态下单位时间内通过横断面的车辆数：

$$TC = n / t \tag{1}$$

式中，n 为通过车辆数，t 为时间。

交通饱和状态是指道路的车流量大于通行能力，在视频中定义为事故发生处至第一岔路口这一路段内车辆数为8辆以上的持续状态。因此，本文通过饱和状态下的车流量来衡量实际通行能力的变化过程。从所给附件视频1中得到事故发生后饱和状态下车流量的统计结果，由于大型车和小型车对交通的影响程度不同，所表示的道路通行能力也存在差异，因此须按照一定的规则将大型车折算为小型车，折算得到的结果称为小汽车当量数。查阅资料[7]得到小汽车当量数的折算规则，见表1。

表1 小汽车当量数的折算规则

车辆类型	小型车	大型车
换算系数	1.0	2.0

按照表1的折算规则，将所得的饱和状态下车流量统计结果折算为小汽车当量数，然后按照公式$TC = n/(t \cdot 60)$（此时 n 为小汽车当量数，t 为饱和状态的时间段长度）计算得到单位时间（1min）内的小汽车当量数，此时的小汽车当量数即事故所处横断面的实际通行能力。饱和状态下折算后的小汽车当量数及横断面的实际通行能力见表2。

表2 事故发生后饱和状态下标准小汽车当量数、横断面通行能力

饱和状态出现的时间段	标准小汽车当量数/pcu	横断面通行能力/（pcu/min）
16:42:46－16:44:00	30	24
16:45:49－16:46:12	8	21
16:47:50－16:48:17	10	22
16:48:32－16:49:14	15	21
16:50:32－16:51:02	11	22
16:51:02－16:51:32	8	16
16:51:32－16:52:02	8	16
16:52:02－16:52:32	10	20
16:52:32－16:53:02	10	20
16:53:02－16:53:32	8	16
16:53:32－16:54:02	9	18

续表

饱和状态出现的时间段	标准小汽车当量数/pcu	横断面通行能力/（pcu/min）
16:54:02－16:54:32	10	20
16:54:32－16:55:02	9	18
16:55:02－16:55:32	10	20
16:55:32－16:56:02	9	18

根据表 2 所得通行能力的数值进行作图，所得结果中只含有饱和点的通行能力，为研究整个事故过程中道路通行能力随时间的变化趋势，利用 MATLAB 7.0 进行插值拟合，得到横断面通行能力的变化过程，如图 1 所示。

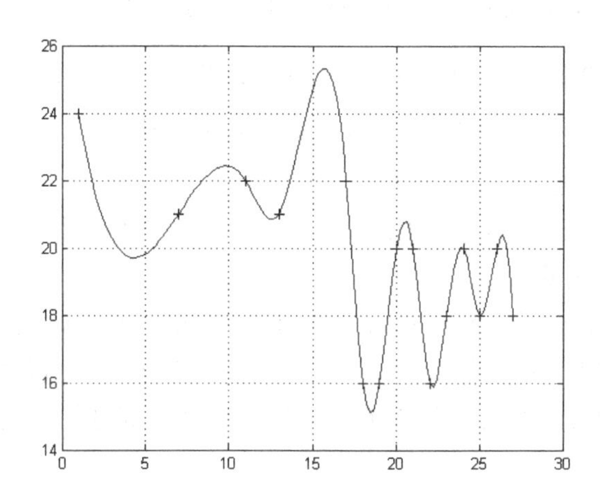

图 1　事故发生后通行能力的插值拟合结果

由图 1 可得，事故刚发生时通行能力的波动较大，且刚发生事故时的通行能力仍然较高，与正常情况下相差不大，且曲线上的点比较稀疏，说明事故发生前 15min 内道路出现饱和状态（即拥堵）的情形较少，这与实际堵车情形是相符的；但是随着堵车时间的延长，道路的横断面实际通行能力逐渐下降，且最终趋于稳定，最终稳定时的通行能力接近于车道一的通行能力。

5.1.2　反面分析道路实际通行能力的变化过程

为进一步研究事故所处横断面实际通行能力的变化过程，本文定义了与通行能力概念相对的“每分钟堵车量”，方便从反面分析通行能力的变化过程。在实际情况中，每分钟堵车量越少，则说明道路的实际通行能力越高，反之亦然；且每分钟堵车量的变化过程与道路实际通行能力的变化过程是相反的。此定义的优势在于考虑了信号灯的差异对通行能力的影响。

现将“每分钟堵车量”定义如下：事故发生后绿灯相位时间内比事故发生前绿灯相位时间内少通过的车辆数，事故发生后红灯相位时间内比事故发生前红灯相位时间多通过的车辆数，两者所求均值即道路每分钟堵车量。

根据定义可以得到道路每分钟堵车量 m 的计算公式如下：

$$m=\frac{\left|Q_1-Q_1^0\right|\left|Q_2-Q_2^0\right|}{2} \tag{2}$$

式中：Q_1^0 为事故发生前红灯时车流量；Q_1 为事故发生后各个时间段红灯时的车流量；Q_2^0 为事故发生前绿灯时车流量；Q_2 为事故发生后各个时间段绿灯时的车流量。$Q_2-Q_2^0$ 表示道路拥堵情况下绿灯相位时间比正常情况下少通过的车辆数，$\left|Q_1-Q_1^0\right|$ 表示由于道路拥堵在绿灯期间未能正常通过的车辆在红灯期间通过，导致红灯相位期间增加的车辆数。此两者的平均值表示道路每分钟堵车量。道路每分钟堵车量越多，说明道路的实际通行能力越低。因此可由每分钟堵车量的变化情况反映道路通行能力的变化过程。

其中红绿灯的相位时间可由附件 5 得到：附件 5 中的相位时间为 30s，每个信号周期为 60s，公式

相位时间=绿灯时间+绿闪时间（3s）+黄灯时间（3s）

为绿灯的相位时间，则对应的红灯相位时间也是 30s，因此以 30s 为单位时间分别统计视频 1 中红、绿灯时的车流量，以考虑红、绿灯的变化对道路通行能力的影响。

事故发生前（正常）的车流量可按照信号灯的相位时间进行统计，得到并折算结果。结果见表 3。

表 3 事故发生前红、绿灯时车流量统计及折算结果

时间段	小客车	大客车	标准小汽车当量数/pcu
16:38:45－16:39:15（1）	5	1	7
16:39:15－16:39:45（2）	10	1	12
16:39:45－16:40:15（3）	2	0	2
16:40:15－16:40:45（4）	10	1	12
16:40:45－16:41:15（5）	6	0	6
16:41:15－16:41:45（6）	10	2	14

注 表中括号内的数值表示第几个时间段，其中，第奇数个（1、3、5、…）时间段为红灯的相位时间，第偶数个（2、4、6、…）时间段为绿灯的相位时间，下同。

由表 3 可得，信号灯为红灯时的车流量（平均值为 5pcu）明显低于信号灯为

绿灯时的车流量（平均值约为 12pcu），车流量相差较大。

进而统计得到视频 1 中交通事故发生至撤离期间红绿灯的车流量，并按照表 1 进行折算，结果见表 4。

表 4　事故发生后红绿灯时车流量统计及折算结果

时间段	小客车	大客车	标准小汽车当量数/pcu
16:42:32－16:43:02（1）	7	3	13
16:43:02－16:43:32（2）	7	2	11
16:43:32－16:44:02（3）	11	0	11
16:44:02－16:44:32（4）	6	1	8
16:44:32－16:45:02（5）	9	0	9
16:45:02－16:45:32（6）	7	0	7
16:45:32－16:46:02（7）	8	0	8
16:46:02－16:46:32（8）	8	1	10
16:46:32－16:47:02（9）	8	0	8
16:47:02－16:47:32（10）	6	0	6
16:47:32－16:48:02（11）	9	1	11
16:48:02－16:48:32（12）	10	0	10
16:48:32－16:49:02（13）	10	0	10
16:49:02－16:49:32（14）	9	0	9
16:49:32－16:50:02（15）	-	-	-
16:50:02－16:50:32（16）	6	1	8
16:50:32－16:51:02（17）	11	0	11
16:51:02－16:51:32（18）	8	0	8
16:51:32－16:52:02（19）	8	0	8
16:52:02－16:52:32（20）	8	1	10
16:52:32－16:53:02（21）	8	1	10
16:53:02－16:53:32（22）	8	0	8
16:53:32－16:54:02（23）	-	-	-
16:54:02－16:54:32（24）	10	0	10
16:54:32－16:55:02（25）	7	1	9
16:55:02－16:55:32（26）	10	0	10
16:55:32－16:56:02（27）	9	0	9

在统计车流量的数据时，视频数据的缺失导致时间段15、23的车流量数据缺失，因此本文建立插值拟合模型对缺失数据进行填充，用MATLAB 7.0进行插值拟合，结果如图2所示。

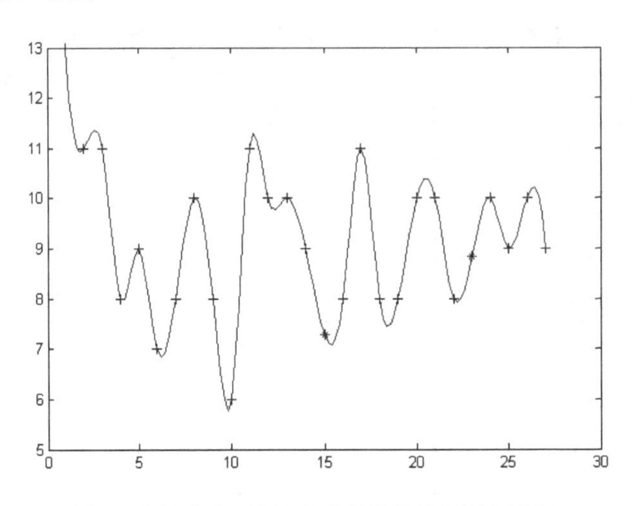

图2　事故发生后小汽车当量数的插值拟合结果

图2中，插值拟合得到时间段15的车流量为7pcu，时间段23的车流量为8pcu。而且红绿灯时的车流量相差不大，甚至有时红灯时的车流量大于绿灯时的车流量。分析原因，是由于部分车辆在绿灯相位期间通过了绿色信号灯以后，车辆拥堵并未通过事故所处横断面，导致红灯相位期间增加的车流量甚至超过绿灯相位期间的车流量，此即信号灯的差异对通行能力影响的结果。

将表4及插值拟合所得事故发生后红、绿灯时车流量统计结果与事故发生前红、绿灯时车流量的平均值（5pcu、12pcu）按照式（2）分别作差，得到每分钟堵车量的统计结果，见表5。

表5　事故发生后每分钟堵车量的统计结果　　单位：pcu

时间段	每分钟堵车量	时间段	每分钟堵车量
16:42:32－16:43:32（1）	5	16:49:32－16:50:32（8）	3
16:43:32－16:44:32（2）	5	16:50:32－16:51:32（9）	5
16:44:32－16:45:32（3）	5	16:51:32－16:52:32（10）	3
16:45:32－16:46:32（4）	3	16:52:32－16:53:32（11）	5
16:46:32－16:47:32（5）	5	16:53:32－16:54:32（12）	3
16:47:32－16:48:32（6）	4	16:54:32－16:55:32（13）	3
16:48:32－16:49:32（7）	4	-	-

根据表 5，利用 MATLAB 7.0 作图并拟合得到每分钟堵车量的变化情况，如图 3 所示。

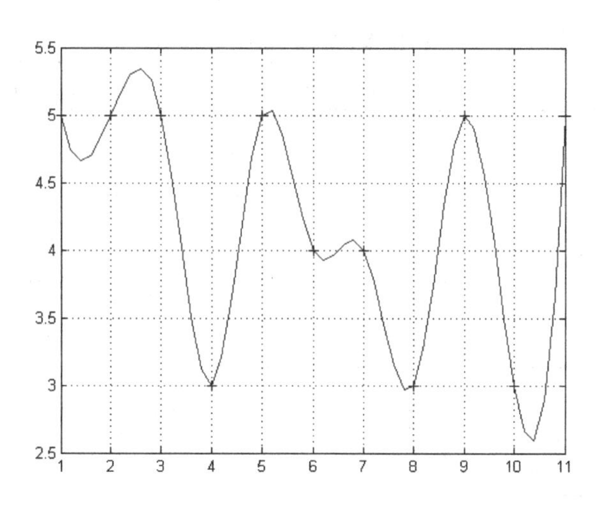

图 3　事故发生后每分钟堵车量的变化情况

由图 3 可得，考虑红绿灯的影响之后，每分钟堵车量相差不大，基本为 3～5pcu，这时虽然道路的通行能力降低了，但是在绿灯期间未能通过的车辆在红灯期间仍然可以通过，所以堵塞车辆数是比较稳定的，但是当道路通行能力继续下降时，堵车量会逐渐增加，并出现视频中堵到 120m 处的情景。

5.2　所占车道不同对通行能力影响的差异

分析车道不同对通行能力影响的差异，首先可以直接分析视频 1 与视频 2 中的通行能力是否存在差异，其次考虑与通行能力相关的因素是否存在差异，这些因素包括车流量和每分钟堵车量，其中车流量又包括 1min 内的车流量、红灯时的车流量及绿灯时的车流量。按照视频 1 的方法求得视频 2 中的相关数据，得到两组数据之后要分析其差异，须首先进行正态分布检验，分析各组数据是否服从正态分布，若服从，则可以进一步利用独立样本 T 检验分析两组数据的均值是否存在显著性差异。若存在，则可进一步作图，从图像的变化过程以及波动情况分析具体存在哪些差异。若不服从正态分布，则不能进行均值比较，跳过此步骤，直接作图直观分析两者的差异。

5.2.1　车道对通行能力影响的差异

分析车道不同对通行能力影响的差异，可以按照与视频 1 相同的饱和状态下的车流量统计方法，得到视频 2 中事故发生后饱和状态下车流量的统计结果，折算之后按照公式$TC = n/(t \cdot 60)$（n为小汽车当量数，t为饱和状态的时间段长度）计算，得到事故所处横断面的实际通行能力，见表6。

表6 事故发生后饱和状态下标准小汽车当量数、横断面通行能力

时间段	标准小汽车当量数/pcu	横断面通行能力/（pcu/min）
17:34:51—17:35:01（2）	6	36
17:41:43—17:42:10（16）	9	10
17:48:50—17:49:09（30）	8	26
17:50:17—17:50:47（33）	11	22
17:50:47—17:51:17（34）	10	20
17:51:17—17:51:47（35）	10	20
17:51:47—17:52:17（36）	10	20
17:52:17—17:52:47（37）	10	20
17:52:47—17:53:17（38）	10	20
17:53:17—17:53:47（39）	10	20
17:53:47—17:54:17（40）	11	22
17:54:17—17:54:47（41）	12	24
17:54:47—17:55:17（42）	10	20
17:55:17—17:55:47（43）	11	22
17:55:47—17:56:17（44）	11	22
17:56:17—17:56:47（45）	13	26
17:56:47—17:57:17（46）	10	20
17:57:17—17:57:47（47）	11	22
17:57:47—17:58:17（48）	10	20
17:58:17—17:58:47（49）	12	24
17:58:47—17:59:17（50）	6	12
17:59:17—17:59:47（51）	10	20
17:59:47—18:00:17（52）	11	22
18:00:17—18:00:47（53）	9	18
18:00:47—18:01:17（54）	10	20
18:01:17—18:01:47（55）	9	18
18:01:47—18:02:17（56）	11	22
18:02:17—18:02:47（57）	10	20
18:02:47—18:03:17（58）	13	26

由表 6 可以得到视频 2 中道路横断面的实际通行能力，要想采用独立样本 T 检验，分析视频 1、视频 2 中道路的通行能力是否存在差异，首先须检验两组数据是否均服从正态分布。

K-S（Kolmogorov-Smirnov）检验是检验某一样本是否来自某一特定分布的一种非参方法。检验方法以样本数据的累积频数分布与特定理论分布进行比较，若两者间的差异性很小，则推断该样本来自某特定分布族。

把表 2 和表 6 中的两组通行能力的数据分别运用 SPSS 13.0 进行 K-S 检验，结果见表 7。

表 7　通行能力 K-S 检验结果表

组别	视频 1	视频 2
P 值	0.668	0.042

由表 7 可以看出，视频 2 的 $P<0.1$，拒绝原假设，其通行能力不服从正态分布，不能用独立样本 T 检验分析其差异性，故直接作图比较通行能力的差异。

根据表 6 所得通行能力的数值作图，并利用 MATLAB 7.0 进行插值拟合，得到横断面实际通行能力的变化过程，如图 4 所示。

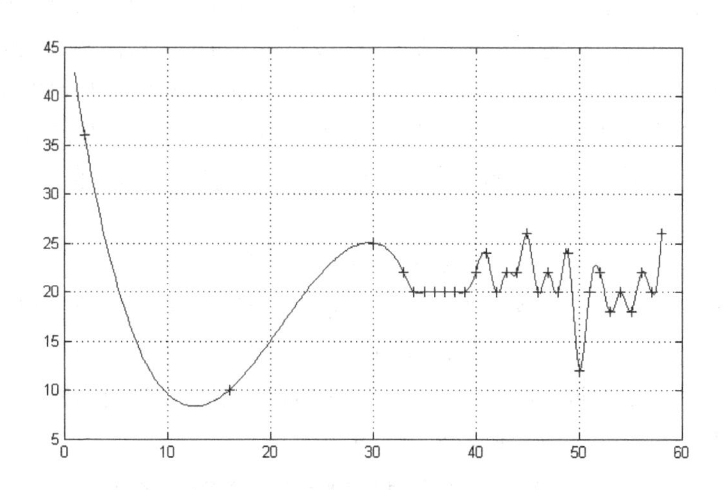

图 4　事故发生后通行能力的插值拟合结果

由图 4 可得，开始时道路横断面的通行能力仍然较高，与正常情况下相差不大，而且出现的饱和点较少，此时道路的阻塞情况较轻，但在 30min 以后，道路的通行能力明显降低，出现较为严重的拥堵，此时的道路通行能力在 20pcu/min 附近波动。

为便于分析，将图1与图4中视频1和视频2中通行能力的变化合并到图5中。

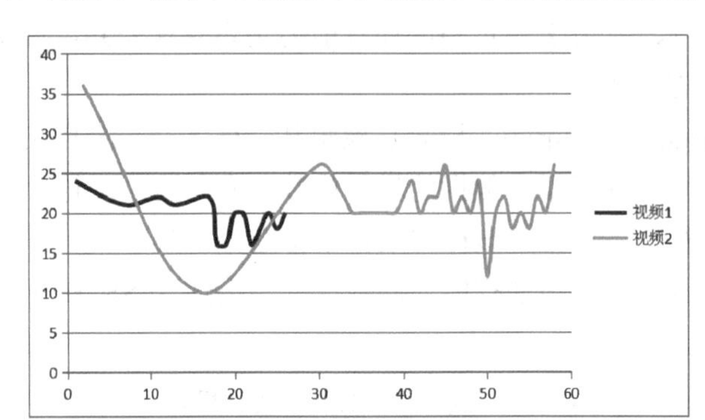

图5 视频1、视频2通行能力差异的比较

由图5可得，视频1与视频2中通行能力总体的变化趋势均为在波动中逐渐降低，并最终趋于平稳，但视频1中道路通行能力明显降低、饱和点密集出现在发生事故15min左右，而视频2中道路通行能力明显降低、饱和点密集出现在事故发生30min左右，且两者最终趋于平稳时，视频1中道路的通行能力（18pcu/min）要低于视频2中道路的通行能力（20pcu/min）。

而导致此种影响差异的因素可能为视频2中被占的是中间的行车道与右边的慢车道，且右边的慢车道车流量比例较低（21%），当车流量比例较低的慢车道被占之后对通行能力的影响相对较小，出现饱和点的时间较晚，最终的平稳值也较大；视频1中的波动较大，是由于左车道为快车道且车流量比例较高（35%），在快车道被占之后对交通的影响较大，出现饱和点的时间较早，通行能力的降低也更加明显。

5.2.2 车道对每分钟堵车量影响的差异

分析车道不同对每分钟堵车量影响的差异，可以按照与视频1相同的按照信号灯的相位时间进行统计的方法，分别得到视频2中事故发生前与事故发生后红绿信号灯时车流量的统计结果，将其折算之后得到事故发生前与发生后的车流量统计结果及小汽车当量数，见表8和表9。

表8 事故发生前红绿灯时车流量统计结果及小汽车当量数

时间段	小客车	大客车	标准小汽车当量数/pcu
17:28:51－17:29:21（1）	3	0	3
17:29:21－17:29:51（2）	14	0	14
17:29:51－17:30:21（3）	3	0	3
17:30:21－17:30:51（4）	16	1	18

表 8 中，每行数据相邻的小汽车当量数数值相差很大，红灯时间段车流量很小，平均值为 3pcu，而绿灯时间段的车流量很大，平均值为 16pcu。

表 9 事故发生后红绿灯时车流量统计结果及小汽车当量数

时间段	小客车	大客车	标准小汽车当量数/pcu
17:34:17—17:34:47（1）	8	0	8
17:34:47—17:35:17（2）	11	3	17
17:35:17—17:35:47（3）	13	1	15
17:35:47—17:36:17（4）	8	1	10
17:36:17—17:36:47（5）	8	0	8
17:36:47—17:37:17（6）	11	1	13
17:37:17—17:37:47（7）	10	2	14
17:37:47—17:38:17（8）	8	1	10
17:38:17—17:38:47（9）	11	1	13
17:38:47—17:39:17（10）	9	1	11
17:39:17—17:39:47（11）	5	3	11
17:39:47—17:40:17（12）	8	0	8
17:40:17—17:40:47（13）	10	2	14
17:40:47—17:41:17（14）	8	0	8
17:41:17—17:41:47（15）	11	0	11
17:41:47—17:42:17（16）	9	1	11
17:42:17—17:42:47（17）	14	0	14
17:42:47—17:43:17（18）	9	2	13
17:43:17—17:43:47（19）	10	0	10
17:43:47—17:44:17（20）	5	2	9
17:44:17—17:44:47（21）	8	1	10
17:44:47—17:45:17（22）	8	0	8
17:45:17—17:45:47（23）	10	0	10
17:45:47—17:46:17（24）	10	0	10
17:46:17—17:46:47（25）	9	2	13
17:46:47—17:47:17（26）	4	2	8
17:47:17—17:47:47（27）	5	3	11
17:47:47—17:48:17（28）	9	0	9

续表

时间段	小客车	大客车	标准小汽车当量数/pcu
17:48:17—17:48:47（29）	10	0	10
17:48:47—17:49:17（30）	8	1	10
17:49:17—17:49:47（31）	11	0	11
17:49:47—17:50:17（32）	10	1	12
17:50:17—17:50:47（33）	11	0	11
17:50:47—17:51:17（34）	10	0	10
17:51:17—17:51:47（35）	8	1	10
17:51:47—17:52:17（36）	10	0	10
17:52:17—17:52:47（37）	8	1	10
17:52:47—17:53:17（38）	10	0	10
17:53:17—17:53:47（39）	6	2	10
17:53:47—17:54:17（40）	11	0	11
17:54:17—17:54:47（41）	10	1	12
17:54:47—17:55:17（42）	10	0	10
17:55:17—17:55:47（43）	7	2	11
17:55:47—17:56:17（44）	9	1	11
17:56:17—17:56:47（45）	9	2	13
17:56:47—17:57:17（46）	8	1	10
17:57:17—17:57:47（47）	9	1	11
17:57:47—17:58:17（48）	8	1	10
17:58:17—17:58:47（49）	6	3	12
17:58:47—17:59:17（50）	4	1	6
17:59:17—17:59:47（51）	6	2	10
17:59:47—18:00:17（52）	11	0	11
18:00:17—18:00:47（53）	9	0	9
18:00:47—18:01:17（54）	8	1	10
18:01:17—18:01:47（55）	9	0	9
18:01:47—18:02:17（56）	9	1	11
18:02:17—18:02:47（57）	10	0	10
18:02:47—18:03:17（58）	11	1	13

将表 9 所得事故发生后红、绿灯时小汽车当量数分别与事故发生前红、绿灯时车流量的平均值（3pcu、16pcu）按照式（1）作差，得到每分钟堵车量的统计结果，见表 10。

表 10　事故发生后每分钟内堵车量的统计结果　单位：pcu

时间段	每分钟堵车量	时间段	每分钟堵车量
17:35:17—17:36:17（1）	9	17:49:17—17:50:17（15）	6
17:36:17—17:37:17（2）	4	17:50:17—17:51:17（16）	7
17:37:17—17:38:17（3）	9	17:51:17—17:52:17（17）	7
17:38:17—17:39:17（4）	8	17:52:17—17:53:17（18）	7
17:39:17—17:40:17（5）	8	17:53:17—17:54:17（19）	6
17:40:17—17:41:17（6）	10	17:54:17—17:55:17（20）	8
17:41:17—17:42:17（7）	7	17:55:17—17:56:17（21）	7
17:42:17—17:43:17（8）	7	17:56:17—17:57:17（22）	8
17:43:17—17:44:17（9）	7	17:57:17—17:58:17（23）	7
17:44:17—17:45:17（10）	8	17:58:17—17:59:17（24）	10
17:45:17—17:46:17（11）	7	17:59:17—17:00:17（25）	6
17:46:17—17:47:17（12）	9	17:00:17—17:01:17（26）	6
17:47:17—17:48:17（13）	8	17:01:17—17:02:17（27）	6
17:48:17—17:49:17（14）	7	17:02:17—17:03:17（28）	5

由表 10 可以得到视频 2 中的每分钟堵车量，为分析视频 1、视频 2 中的每分钟堵车量是否存在差异，类似地，首先选择 K-S 检验来检验两组数据是否服从正态分布。

对表 5 和表 10 中的两组每分钟堵车量的数据分别运用 SPSS 13.0 进行 K-S 检验，结果见表 11。

表 11　每分钟堵车量 K-S 检验结果

组别	视频 1	视频 2
P 值	0.208	0.270

由表 11 可看出，两组数据均有 P 值>0.1，故接受原假设，认为两组堵车量数据均服从正态分布，进一步利用独立样本 T 检验对两组堵车量数据进行差异性检验。SPSS 13.0 检验结果见表 12。

表12 每分钟堵车量独立样本T检验结果

项目	统计量	*P*值
每分钟堵车量	0.699	0.000

由表12可知，双尾检验的*P*值<0.05，说明视频1、视频2的每分钟堵车量有显著差异。进一步作图分析其变化趋势以及波动情况的差异。

根据表10，利用MATLAB 7.0作图并拟合得到每分钟堵车量的变化情况，如图6所示。

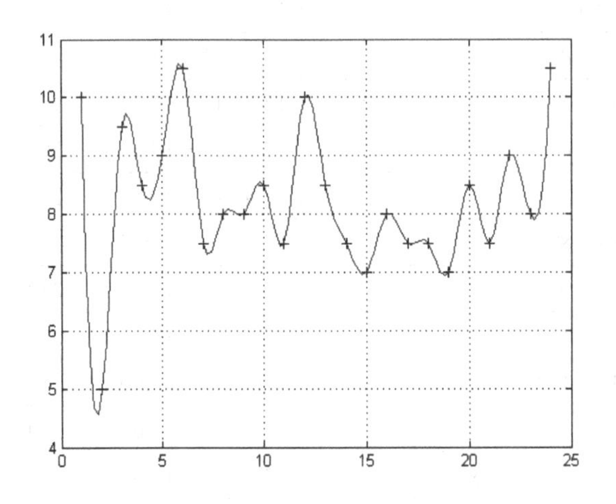

图6 事故发生后每分钟堵车量的变化情况

为便于比较，将图3和图6中每分钟堵车量的变化情况合并至图7中。

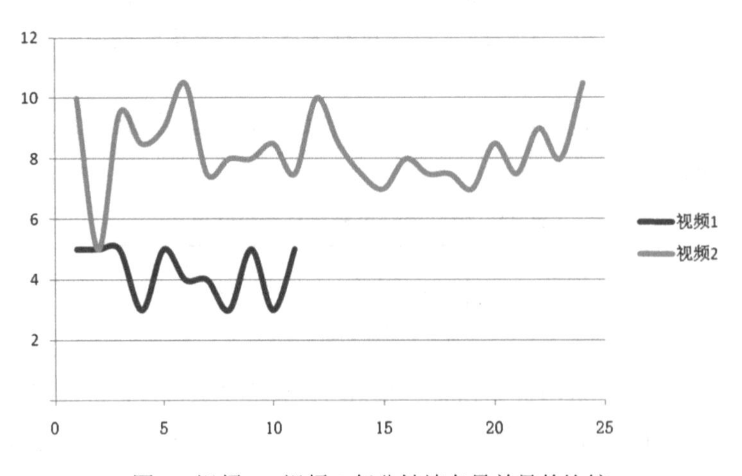

图7 视频1、视频2每分钟堵车量差异的比较

由图 7 可得，视频 2 中每分钟堵车量高于视频 1 中的每分钟堵车量，且视频 2 堵车量的变化总体呈上升趋势，而视频 1 中堵车量基本保持恒定，这可能是由上游车流量的不同引起的。

5.2.3　车道对车流量影响的差异

考虑到红绿灯对车流量的影响，将车道对车流量的影响差异分为三类：车道对每分钟车流量影响的差异、车道对红灯相位时间内车流量影响的差异、车道对绿灯相位时间内车流量影响的差异。

根据表 4 与表 8 可以分别统计得到视频 1 和视频 2 中每分钟车流量、红灯相位期间车流量、绿灯相位期间车流量，统计结果分别见表 13～表 15。

表 13　每分钟车流量　单位：pcu

视频 1	24	19	16	18	14	21	19	19	16	20
视频 2	25	25	21	24	24	19	22	22	27	19
视频 1	18	19	-	-	-	-	-	-	-	-
视频 2	18	20	21	20	20	23	21	20	20	21
视频 1	-	-	-	-	-	-	-	-	-	
视频 2	22	22	23	21	18	21	19	20	23	

表 14　红灯相位期间车流量　单位：pcu

视频 1	13	11	9	8	8	11	10	8	8	10
视频 2	8	15	8	14	13	11	14	11	14	10
视频 1	8	9	9	-	-	-	-	-	-	-
视频 2	10	10	13	11	10	11	11	10	10	10
视频 1	-	-	-	-	-	-	-	-	-	
视频 2	12	11	13	11	12	10	9	9	10	

表 15　绿灯相位期间车流量　单位：pcu

视频 1	11	8	7	10	6	10	9	11	8	10
视频 2	17	10	13	10	11	8	8	11	13	9
视频 1	10	10	-	-	-	-	-	-	-	-
视频 2	8	10	8	9	10	12	10	10	10	11
视频 1	-	-	-	-	-	-	-	-	-	
视频 2	10	11	10	10	6	11	10	11	13	

将三个表中的各组数据代入，利用 SPSS 13.0 进行 K-S 检验，结果见表 16。

表 16 车流量 K-S 检验结果

组别	每分钟		红灯相位时间		绿灯相位时间	
	视频 1	视频 2	视频 1	视频 2	视频 1	视频 2
P 值	0.802	0.436	0.597	0.175	0.289	0.189

由表 16 可以看出，均有 $P>0.1$，故各组车流量均服从正态分布。对两组堵车量数据进行独立样本 T 检验，检验结果见表 17。

表 17 车流量独立样本 T 检验结果

类别	每分钟	红灯相位时间	绿灯相位时间
F	0.219	0.038	0.036
P 值	0.005	0.082	0.004

由表 17 知，每分钟和红灯相位车流量双尾检验的 $P<0.05$，说明视频 1、视频 2 的每分钟和红灯相位车流量有显著差异，但路灯相位时间车流量双尾检验的 $P>0.05$，说明视频 1、视频 2 的路灯相位时间车流量不存在显著差异。进一步作图分析每分钟车流量的变化趋势以及波动情况的差异。

由图 8 可得，视频 1 中的每分钟车流量低于视频 2 中每分钟车流量，且视频 2 的车流量的波动较大，这是由于视频 1 中快车道（即车道三）被占，且左车道车流量比例较高，而视频 2 中是慢车道（即车道一）被占，且车流量较低，因此视频 1 中的车流量应低于视频 2 的车流量，且视频 2 中车流量的波动较大。

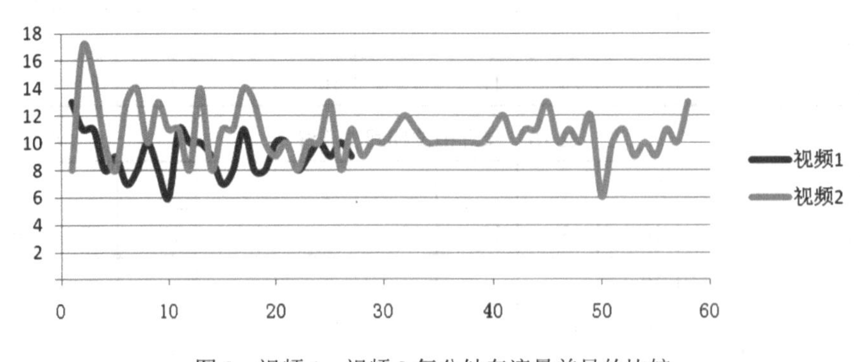

图 8 视频 1、视频 2 每分钟车流量差异的比较

5.3 建立交通流模型分析车辆排队长度

5.3.1 交通波理论

视频 1 中由于发生交通事故将车道二、车道三堵塞，出现了交通瓶颈，在这里本文应用类似于流体波的交通波理论。如图 9 所示，由于交通事故发生，道路上形成了两个相邻的不同交通流密度区域（k_1 和 k_1），用垂直线 S 分割这两种密度，称 S 为波阵面，设 S 的速度为 ω，并规定交通流按照图中箭头 x 正反向运行。

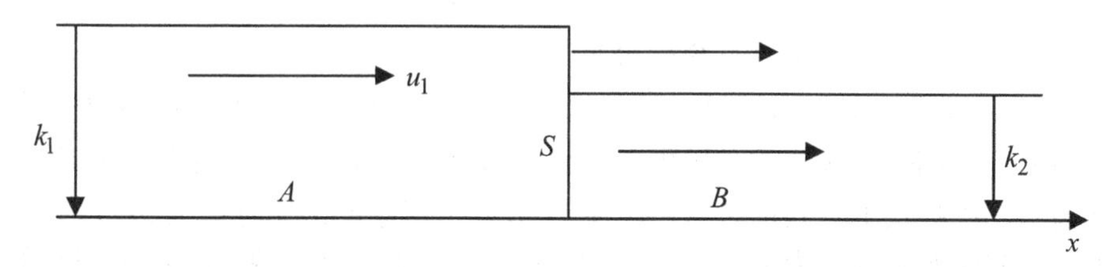

图 9　交通波示意图

由交通流量守恒可知，在时间 t 内通过界面的车辆数可表示为

$$N = u_{r1} k_1 t = u_{r2} k_2 t \tag{3}$$

即

$$(u_1 - \omega) k_1 = (u_2 - \omega) k_2 \tag{4}$$

式中，u_1 为在 A 区的车辆的平均速度；u_2 为在 B 区的车辆的平均速度；$u_{r1} = u_1 - \omega$ 为在 A 区相对于垂直分界线 S 的车辆速度；$u_{r2} = u_2 - \omega$ 为在 B 区相对于垂直分界线 S 的车辆速度。

整理可得

$$u_2 k_2 - u_1 k_1 = \omega (k_2 - k_1) \tag{5}$$

由车流基本模型 $q = ku$ 可知

$$q_1 = k_1 u_1, q_2 = k_2 u_2 \tag{6}$$

代入式（5），可得

$$\omega = \frac{q_2 - q_1}{k_2 - k_1} \tag{7}$$

当道路发生交通事故产生瓶颈时，$q_2 - q_1 < 0$ 且 $k_2 - k_1 > 0$，则此时 $\omega < 0$，意味着交通波向后传播，交通流从高流量、低密度、较高速度状态进入低流量、高密度、较低速度状态，所以上游交通流状态受到影响而变差，即较差的交通流状态向上游扩展。

根据格林希尔茨的车流速度-密度线形关系，即

$$u = u_f(1 - k / k_j) \tag{8}$$

式中：u 为车速，km/h；u_f 为自由流车速，km/h；k 为密度，veh/km；k_j 为堵塞密度，veh/km。

$$q = u_f k(1 - k / k_j) \tag{9}$$

将式（8）和式（9）代入式（7）中可得到交通波的另一种表达式：

$$\omega = u_f \left(1 - \frac{k_1 + k_2}{k_j}\right) \tag{10}$$

5.3.2 建立车辆排队长度分析的交通流模型

如图 10 所示，设某公路基本路段长度为 L，单方向车道数为 n，单方向车道宽度为 D，在道路上 $t=0$ 时刻发生了一起交通事故，事故车辆占用道路宽度为 b，长度为 a，事故点上游路段长度为 L'。事故发生后断面的通行能力为 LC，事故发生前单方向的通行能力为 LC_S，$L_m(t)$ 为 t 时刻事故点上游路段 L' 内车流的排队长度，且 $\omega(T_i)$ 为 T_i 时间内新产生的交通波的速度。

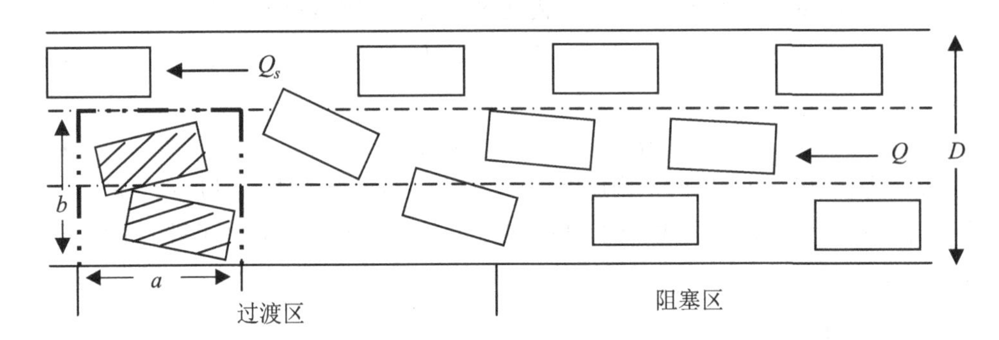

图 10 车流阻塞示意图

$$\omega(T_i) = u_f \left(1 - \frac{k_{i1} + k_{i2}}{k_j}\right) \tag{11}$$

式中：u_f 为该事故路段的自由流速度，即该路段的设计车速；k_{i1}、k_{i2} 分别为 T_i 内事故点上游、事故点瓶颈段的交通密度；k_j 为该路段的交通堵塞密度。

由于从交通事故发生到检测到事故、接警、事故现场勘测、处理、清理事故现场、恢复交通，以及恢复交通后车辆排队不再增加都需要一定的时间。这部分时间主要由三部分构成：第一部分是事故发生到警察到达现场的时间 T_1；第二部分是交通事故现场处理时间 T_2，从现场勘测、处理到事故清除、恢复交通；第三部分是交通事故持续影响时间 T_3，这部分时间从恢复事故现场交通开始，到事故

上游车辆排队不再增加，即排队开始减弱。

车流阻塞-消散过程的波形时-距图如图 11 所示。

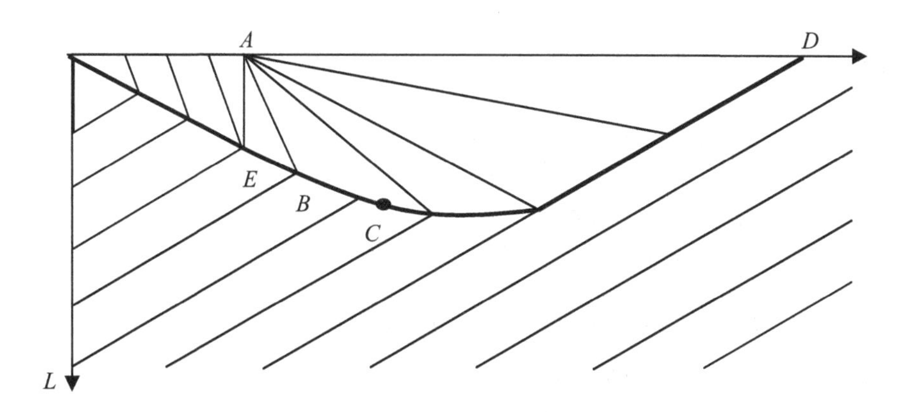

图 11 车流阻塞-消散过程的波形时-距图

5.3.2.1 当 $0<t\leqslant T_1$ 时

（1）若 $\dfrac{L'}{|\omega(T_1)|}<T_1$，则 $t<\dfrac{L'}{|\omega(T_1)|}$ 时，$L_{m(T_1)}(t)=|\omega(T_1)|t<L'$；$t\geqslant\dfrac{L'}{|\omega(T_1)|}$ 时，$L_{m(T_1)}(t)=L'$，$L_{m(T_2)-m(T_1)}(t)=0$。

（2）若 $T_1\leqslant\dfrac{L'}{|\omega(T_1)|}$，则 $L_{m(T_1)}(t)=|\omega(T_1)|t$，$L_{m(T_2)-m(T_1)}(t)=0$。

5.3.2.2 当 $T_1<t\leqslant T_1+T_2$ 时

在 T_2 时间内，事发点断面通行能力一般会变化，设变为 Q_S'，则 $m(T_i)$ 也会相应发生变化。这里，还需要考虑一个时间，就是交通波 $\omega(T_2)$ 赶上 $\omega(T_1)$ 的时间（设为 T_2'），赶上之后车流以 $\omega(T_2)$ 的速度、$m(T_i)$ 的宽度继续排队。本文由于只考虑 L' 内的排队长度，因此考虑在 T_2 时间内且在 L' 段内交通波 $\omega(T_2)$ 是否赶上 $\omega(T_1)$，即 T_2' 同时满足以下两个条件才被考虑。

（1）$L_{m(T_1)}(T_1)<L'$。

1）若 $L_{m(T_1)}(T_1)+|\omega(T_1)|T_2'\leqslant L'$ 且 $T_2'\leqslant T_2$，则

当 $T_2<\dfrac{(L'-L_{m(T_1)}(T_1)-|\omega(T_1)|T_2')}{|\omega(T_2)|+T_2'}$ 时，

$$\begin{cases} L_{m(T_1)}(t) = L_{m(T_1)}(T_1) + |\omega(T_1)|(t - T_1), \ \text{当}\ t - T_1 \leqslant T_2' \text{时} \\ L_{m(T_1)}(t) = L_{m(T_1)}(T_1) + |\omega(T_1)|T_2' + |\omega(T_2)|(t - T_1 - T_2'), \ \text{当}\ t - T_1 > T_2' \text{时} \end{cases}$$

$$\begin{cases} L_{m(T_2)-m(T_1)}(t) = |\omega(T_2)|(t - T_1), \ \text{当}\ t - T_1 \leqslant \dfrac{L'}{|\omega(T_2)|} \text{时} \\ L_{m(T_2)-m(T_1)}(t) = L', \ \text{当}\ t - T_1 > \dfrac{L'}{|\omega(T_2)|} \text{时} \end{cases}$$

当 $T_2 \geqslant \dfrac{(L' - L_{m(T_1)}(T_1) - |\omega(T_1)|T_2')}{|\omega(T_2)| + T_2'}$ 时，

$$\begin{cases} L_{m(T_1)}(t) = L_{m(T_1)}(T_1) + |\omega(T_1)|(t - T_1), \ \text{当}\ t - T_1 \leqslant T_2' \text{时} \\ L_{m(T_1)}(t) = L_{m(T_1)}(T_1) + |\omega(T_1)|T_2' + |\omega(T_2)|(t - T_1 - T_2'), \\ \qquad\qquad \text{当}\ \dfrac{(L' - L_{m(T_1)}(T_1) + |\omega(T_1)|T_2')}{|\omega(T_2)| + T_2'} \geqslant t - T_1 > t_2' \text{时} \\ L_{m(T_1)}(t) = L', \ \text{当}\ \dfrac{(L' - L_{m(T_1)}(T_1) + |\omega(T_1)|T_2')}{|\omega(T_2)| + T_2'} < t - T_1 \leqslant t_2' \text{时} \end{cases}$$

$$\begin{cases} L_{m(T_2)-m(T_1)}(t) = |\omega(T_2)|(t - T_1), \ \text{当}\ t - T_1 \leqslant \dfrac{L'}{|\omega(T_2)|} \text{时} \\ L_{m(T_2)-m(T_1)}(t) = L', \ \text{当}\ t - T_1 > \dfrac{L'}{|\omega(T_2)|} \text{时} \end{cases}$$

2）若 $L_{m(T_1)}(T_1) + |\omega(T_1)|T_2' > L'$，则

$$\begin{cases} L_{m(T_1)}(t) = L_{m(T_1)}(T_1) + |\omega(T_1)|(t - T_1), \ \text{当}\ t - T_1 \leqslant \dfrac{(L' - L_{m(T_1)}(T_1))}{|\omega(T_1)|} \text{时} \\ L_{m(T_1)}(t) = L', \ \text{当}\ t - T_1 > \dfrac{(L' - L_{m(T_1)}(T_1))}{|\omega(T_1)|} \text{时} \end{cases}$$

$$\begin{cases} L_{m(T_2)-m(T_1)}(t) = |\omega(T_2)|(t - T_1), \ \text{当}\ t - T_1 \leqslant \dfrac{L'}{\omega(T_2)} \text{时} \\ L_{m(T_2)-m(T_1)}(t) = L', \ \text{当}\ t - T_1 > \dfrac{L'}{\omega(T_2)} \text{时} \end{cases}$$

3）若 $T_2' > T_2$，则

$$\begin{cases} L_{m(T_1)}(t) = L_{m(T_1)}(T_1) + \left|\omega(T_1)\right|(t - T_1), \text{当} t - T_1 \leqslant \dfrac{(L' - L_{m(T_1)}(T_1))}{\left|\omega(T_1)\right|} \text{时} \\ L_{m(T_1)}(t) = L', \text{当} t - T_1 > \dfrac{(L' - L_{m(T_1)}(T_1))}{\left|\omega(T_1)\right|} \text{时} \end{cases}$$

$$\begin{cases} L_{m(T_2)-m(T_1)}(t) = \left|\omega(T_2)\right|(t - T_1), \text{当} t - T_1 \leqslant \dfrac{L'}{\left|\omega(T_2)\right|} \text{时} \\ L_{m(T_2)-m(T_1)}(t) = L', \text{当} t - T_1 > \dfrac{L'}{\left|\omega(T_2)\right|} \text{时} \end{cases}$$

（2） $L_{m(T_1)}(T_1) = L'$， $L_{m(T_1)}(t) = L'$

$$\begin{cases} L_{m(T_2)-m(T_1)}(t) = \left|\omega(T_2)\right|(t - T_1), \text{当} t - T_1 \leqslant \dfrac{L'}{\left|\omega(T_2)\right|} \text{时} \\ L_{m(T_2)-m(T_1)}(t) = L', \text{当} t - T_1 > \dfrac{L'}{\left|\omega(T_2)\right|} \text{时} \end{cases}$$

5.3.2.3 当 $T_1 + T_2 < t \leqslant T_1 + T_2 + T_3$ 时

这里同样要考虑交通波 $\omega(T_3)$ 赶上 $\omega(T_2)$、$\omega(T_1)$ 的时间 T_3'、T_1'。$\omega(T_2)$ 追赶 $\omega(T_1)$，赶上之后以 $\omega(T_2)$ 的速度向上延伸排队，$\omega(T_3)$ 追赶前面两者，先赶上 $\omega(T_2)$ 后赶上 $\omega(T_1)$（假如 $\omega(T_2)$ 还没赶上 $\omega(T_1)$），赶上之后排队不再增加，考虑在 T_3 内 L' 段内 $\omega(T_3)$ 是否赶上 $\omega(T_2)$、$\omega(T_1)$，而 $\omega(T_2)$ 是消散波，t 时刻排队长度为 $\omega(T_1)$、$\omega(T_2)$ 到 t 时刻为止产生的排队长度减去消散波 $\omega(T_3)$ 向上游传播延伸的长度 $L(t)$，相关分析及计算式按照上述推导类似分析，此处不再赘述。

5.3.3 模型求解

视频 1 中，事故发生现场如图 10 所示，公路基本路段长度 L=480m，单方向车道数 n=3，单方向车道宽度 D=3.25m，事故发生后，两辆车占用的车道宽度为两个车道，即图中的 b=6.5m，占用的车道长度近似为标准小轿车的长度，即 a=4.5m，事故点上游路段长度 L'=240m。

视频 1 中发生事故之后只是堵塞了道路，然后在交通堵塞了一段时间之后车又开走了，并未出现上述交通流模型中警察到达现场的情况，因此可以不考虑警察到来以后的交通处理时间 T_2 和车辆开走之后的交通恢复时间 T_3，而交通事故发生至撤离期间的情形与上述模型中警察到来之前的情形相似，因此本文仅考虑 T_1 时间内车辆排队长度的变化。

$\omega(T_1)$ 为 T_1 时间内新产生的交通波的速度：

$$\omega(T_1)=u_f\left(1-\frac{k_{11}+k_{12}}{k_j}\right) \tag{12}$$

式中：u_f 为该事故路段的自由流速度，即该路段的设计车速；k_{11}、k_{12} 分别为 T_1 内事故点上游、事故点瓶颈段的交通密度；k_j 为该路段的交通堵塞密度。

5.3.3.1 计算该路段的自由流速度 u_f

在视频1中事故发生前的时间段内随机选取7辆车，统计其通过120m的长度时所需的时间，计算其车速之后取平均值即可得到该事故路段的自由流速度，结果见表18。

表18 计算自由流速度 u_f

指标	汽车1	汽车2	汽车3	汽车4	汽车5	汽车6	汽车7	平均
时间/s	8	11	12	14	13	12	13	-
车速/（km/h）	54.00	39.24	43.20	30.90	33.20	43.20	33.20	39.6

由表18可得，自由流速度 u_f=39.6km/h。

5.3.3.2 计算事故点上游、事故点瓶颈段的交通密度 k_{11}、k_{12}

交通密度是指某一瞬间某一车道单位长度内通过的车辆数，因此从事故发生时开始，每隔30s分别统计一次由事故发生横断面起至上游30m内道路上的车辆数 n_1 和上游距事故点横断面为120～150m之间路段内的车辆数 n_2。然后按照

$$k_{11}=\frac{n_1\times 1000}{30\times 3} \tag{13}$$

$$k_{12}=\frac{n_2\times 1000}{30\times 3} \tag{14}$$

分别计算便可得到事故点上游、事故点瓶颈段的交通密度 k_{11}、k_{12}。

每隔30s统计得到的车辆数 n_1 和 n_2 的结果以及交通密度 k_{11} 和 k_{12} 的结果见表19。

表19 计算事故点上游、事故点瓶颈段的交通密度 k_{11}、k_{12}

时间	事故点瓶颈段标准小汽车当量数/pcu	k_{11} /（pcu/km）	事故点上游标准小汽车当量数/pcu	k_{12} /（pcu/km）
16:43:02	3	40.00	4	44.44
16:43:32	5	66.67	1	11.11
16:44:02	6	80.00	3	33.33
16:44:32	4	53.33	0	0.00
16:45:02	5	66.67	1	11.11

续表

时间	事故点瓶颈段标准小汽车当量数/pcu	k_{11} /（pcu/km）	事故点上游标准小汽车当量数/pcu	k_{12} /（pcu/km）
16:45:32	1	13.33	1	11.11
16:46:02	1	13.33	3	33.33
16:46:32	5	66.67	2	22.22
16:47:02	3	40.00	1	11.11
16:47:32	2	26.67	1	11.11
16:48:02	5	66.67	0	0.00
16:48:32	3	40.00	2	22.22
16:49:02	3	40.00	0	0.00
16:49:32	4	53.33	1	11.11
16:50:02	5	66.67	1	11.11
16:50:32	6	80.00	2	22.22
16:51:02	6	80.00	0	0.00
16:51:32	7	93.33	2	22.22
16:52:02	6	80.00	1	11.11
平均	4	56.14	1	15.20

由表 19 可得，事故点上游的交通密度 k_{11} =15.20pcu/km；事故点瓶颈段的交通密度 k_{12} = 56.14pcu/km。

5.3.3.3 计算交通堵塞密度 k_j

选取 4 个堵塞时间点，统计由事故发生横断面起至上游 60m 道路上的车辆数 n_3，然后按照下式计算便可得到交通堵塞密度

$$k_j = \frac{n_3 \cdot 1000}{60 \cdot 3} \tag{15}$$

统计得到的 4 个时间点的车辆数 n_3 及交通堵塞密度 k_j 见表 20。

表 20 计算交通堵塞密度 k_j

时间	16:47:55	16:50:04	16:50:42	16:51:44	平均
车辆数	7	8	7	9	7.8
k_j/（pcu/km）	77.8	88.9	77.8	100	88.9

由表 20 可得，该路段的交通堵塞密度 k_j =88.9pcu/km。

将上述所得各数值代入式（7）中，得到T_1时间内新产生的交通波的速度：

$$\omega(T_1)=39.6\times\left(1-\frac{56.14+15.20}{88.89}\right)=7.49\text{pcu/km}$$

在$0<t\leqslant T_1$的堵塞时间内（由视频1可以得到$T_1=0.225\text{h}$），有

$$\frac{L'}{\omega(T_1)}=\frac{240\times10^{-3}}{7.49}\times60=12\min<0.225\text{h}$$

即

$$\frac{L'}{|\omega(T_1)|}<T_1$$

当$t<12\min$时，$L_{m(T_1)}(t)=7.49t<L'$

当$t\geqslant12\min$时，$L_{m(T_1)}(t)=240\text{m}$

根据上述计算结果可以得到：当$t<12\min$时，堵车长度$L_{m(T_1)}(t)=7.49t<L'$；当$t\geqslant12\min$时，堵车长度$L_{m(T_1)}(t)=240\text{m}$。

上述函数表达式因变量为堵车长度$L_{m(T_1)}(t)$，自变量为事故持续时间t，但是在构造函数表达式时，$\omega(T_1)$的确定过程中考虑了事故点上游交通密度k_{11}，而上游交通密度与上游车流量是呈正相关的，因此可以认为函数表达式的系数确定与上游车流量相关；$\omega(T_1)$的确定过程中考虑了事故点瓶颈段交通密度k_{12}和交通堵塞密度k_j，而事故点瓶颈段交通密度k_{12}与横断面实际通行能力是呈正相关的，因此也可以认为函数表达式系数的确定与横断面实际通行能力相关，即在三个影响因素的相互作用下，最终得到了堵车长度与时间的函数表达式。

5.4 利用仿真分析计算堵车时间

根据问题三中所得函数表达式，可知堵车长度为因变量，堵车时间为自变量，因而问题四中求解堵车时间，可以将其简化为一道数学解方程题，即在因变量$L_{m(T_1)}(t)$确定的情况下求解自变量t的取值。要解出方程，就要确定出$L_{m(T_1)}(t)$与t的函数关系式。本来问题三中已经确定了函数关系式，但是由于车流量的改变使得方程的参数发生了改变，因此本文通过分析车流量引起参数改变的方式确定改变后的参数，参数确定之后解方程的问题自然迎刃而解。

车流量的改变导致参数的改变主要是由于车流量改变之后事故点上游的交通密度k_{11}也随之改变，而其他几个参数基本不发生变化。因此，只要能够确定上游车流量与上游交通密度k_{11}之间的关系，就可确定出变化以后的参数。

5.4.1 堵车长度与时间函数关系式的重新确定

查阅文献[11]得到上游车流量与上游交通密度的关系：

$$P = k_{11}v \tag{16}$$

式中：P 为上游车流量；k_{11} 为上游交通密度；v 为上游车速。

统计视频 1 中事故发生后每分钟上游车流量 P 的结果，见表 21。

表 21 视频 1 中每分钟上游车流量 P 的统计结果

时间段	上流车流量/（pcu/min）
16:42:32－16:43:32	25
16:43:32－16:44:32	9
16:44:32－16:45:32	20
16:45:32－16:46:32	16
16:46:32－16:47:32	13
16:47:32－16:48:32	24
16:48:32－16:49:32	16
16:49:32－16:50:32	24
16:50:32－16:51:32	23
16:51:32－16:52:32	23
16:52:32－16:53:32	18
16:53:32－16:54:32	28
16:54:32－16:55:32	10

将表 21 中每分钟上游车流量同乘以 60 换算得到每小时的上游车流量，同时由表 19 可得到每间隔一分钟上游交通密度 k_{11}，P/k_{11} 即上游车速。结果见表 22。

表 22 上游车流量、车流量密度、车速变化

上游车流量密度/（pcu/km）	上游车流量/（pcu/h）	上游车速/（km/h）
106.67	1500	14
80.00	1200	15
80.00	960	12
66.67	780	12
106.67	1440	14
93.33	960	10
146.67	1440	10
173.33	1380	8
136.14	1380	10

作散点图分析上游车速的变化趋势，并进行多项式拟合，结果如图12所示。

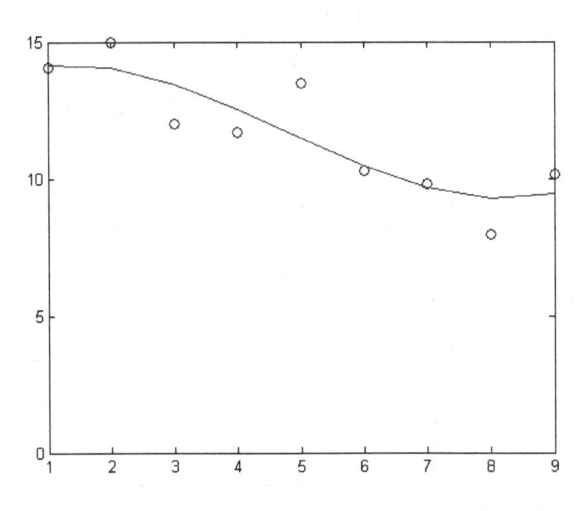

图12　上游车速的多项式拟合结果

上游车速 v 随时间 t 变化的函数关系式：

$$v = 0.03t^3 - 0.44t^2 + t + 13.54 \tag{17}$$

在车流量已知的情况下，可以利用 P 与 t 将上游交通密度 k_{11} 表达如下：

$$k_{11} = \frac{P}{v} = \frac{P}{0.03t^3 - 0.44t^2 + t + 13.54} \tag{18}$$

将 k_{11} 的函数表达式代入式（12）中，得到 T_1 时间内新产生的交通波速度：

$$\omega(T_1) = u_f\left(1 - \frac{\dfrac{P}{0.03t^3 - 0.44t^2 + t + 13.54} + k_{12}}{k_j}\right) \tag{19}$$

将问题三中得到的该事故路段的自由流速度 $u_f = 39.6\text{km/h}$、事故点瓶颈段的交通密度 $k_{12} = 15.2\text{pcu/km}$、该路段的交通堵塞密度 $k_j = 88.9\text{pcu/km}$ 代入式（10）中，得

$$\omega(T_1) = 39.6\left(1 - \frac{\dfrac{P}{0.03t^3 - 0.44t^2 + t + 13.54} + 15.2}{88.9}\right) \tag{20}$$

此时，堵车长度 $L_{m(T_1)}(t)$ 的表达关系式为

$$L_{m(T_1)}(t) = \omega(T_1)t = 39.6 \times \left(1 - \frac{\dfrac{P}{0.03t^3 - 0.44t^2 + t + 13.54} + 15.2}{88.9}\right)t \tag{21}$$

5.4.2 利用仿真分析计算堵车时间

为利用仿真分析计算堵车时间，首先须随机生成上游车流量的数据流，之后方可利用生成的数据流计算堵车时间。

为确定生成服从何种分布的数据流，首先分析视频 1 中上游车流量服从何种分布。上游车流量为单位时间内到来的车辆，理论情况下应该服从泊松分布，对表 21 中的每分钟上游车流量利用 SPSS 13.0 进行泊松分布检验，检验得到 P 值为 0.421>0.1，接受原假设，认为每分钟上游车流量服从泊松分布。

利用 MATLAB 7.0 生成参数为 1500 的 50 个泊松分布随机数，将其代入式（11）中，便可得到对应的堵车长度达到 140m 所需的时间，见表 23。

表 23 仿真分析堵车长度达到 140m 所需的时间

上游车流量/（pcu/h）	持续时间/min
1457	14.63
1481	14.68
1459	14.63
1464	14.63
1514	14.76
1511	14.75
1509	14.75
1487	14.70
1466	14.65
1538	14.80
1456	14.62
1518	14.77
1526	14.78
1492	14.71
1482	14.68
1517	14.76
1574	14.89
1520	14.77
1497	14.72
1496	14.72
1457	14.63

续表

上游车流量/（pcu/h）	持续时间/min
1496	14.72
1511	14.75
1504	14.73
1531	14.80
1463	14.64
1496	14.72
1518	17.77
1561	14.86
1476	14.67
1401	14.49
1480	14.68
1529	14.79
1487	14.70
1567	14.88
1481	14.68
1564	14.87
1486	14.69
1435	14.57
1447	14.60
1568	14.88
1485	14.69
1494	14.71
1503	14.73
1572	14.89
1517	14.76
1487	14.70
1482	14.68
1504	14.73
1510	14.75

表 23 中堵车长度达到 140m 所需的时间的平均值为 14.78min，故最终结论为

从事故发生开始，经过 14.78min 左右，车辆排队长度将到达上游路口。

六、模型的评价与推广

6.1 模型评价

6.1.1 优点

（1）本文采用插值拟合、配对样本 T 检验、交通流等多种方法分析问题，在问题三中合理阐述了各因素与排队长度的关系并用模型进行了验证，提高了模型的准确性。

（2）问题一、问题二中充分挖掘信息，分别从正反两个方面对比交通能力的变化过程，考虑多种因素对交通能力的影响；问题三将车道被占用情况分为三个时间段加以考虑，增大了模型的适用范围；问题四运用前一问的模型得到一组稳定解。

（3）采用 MATLAB 7.0、SPSS 13.0 等软件对模型进行求解，使得运算更为简便快捷，提高效率。

6.1.2 缺点

（1）问题一、问题二的说明缺乏一定的理论依据，文字描述较多。

（2）问题三模型验证的数据较少，可能影响准确性。

6.2 模型的改进和推广

问题三中可用大量数据对模型加以修正，提高它的精确度，还可以寻找其他影响因素，优化运行环境，扩大使用范围。

本文建立了基于插值拟合、交通流、配对样本 T 检验的交通模型，同样可以用在类似的加油站排队、银行服务台营业、飞机航道占用等排队问题中，适用范围很广且结果可靠。

参考文献

[1] 周永正，詹唐森，方成鸿，等. 数学建模[M]. 上海：同济大学出版社，2010.

[2] 姜启源，谢金星，叶俊. 数学建模[M]. 北京：高等教育出版社，2003.

[3] 飞思科技产品研发中心. 小波分析理论与 MATLAB 7 实现[M]. 北京：电子工业出版社，2005.

[4] 司守奎，孙玺菁．数学建模算法与应用[M]．北京：国防工业出版社，2012.
[5] 薛薇．SPSS统计分析方法及应用[M]．2版．北京：电子工业出版社，2009.
[6] 左建昌，吕国栋，王桂生，等．中国军事后勤百科全书——军事交通卷[M]．北京：金盾出版社，2002.
[7] 李爱增，宋向红，李文权．城市道路信号交叉口车辆换算系数[J]．河南城建学院交通工程系，2010（4）：43-50.
[8] 余斌．道路交通事故的影响范围与处理资源调动研究[D]．南京：东南大学，2006.
[9] 高志刚，刘海洲，周涛．交通波理论在交通瓶颈处的应用分析[J]．交通标准化，2009（6）：77-80.
[10] 臧华，彭国雄．城市快速道路异常事件下路段行程时间的研究[J]．同济大学交通运输学院，2003，3（2）：57-59.

【论文评述】

本论文获得2013年全国一等奖，该题难点在于通过视频资料获得车流数据，并以此为基础建立数学模型，分析部分车道被占用后，道路拥塞程度与上游来车量的关系。

本论文的主要亮点：一是计量标准的统一，将所有车辆统一成小型车，方便计算；二是将相关度较低（不易分析）数据转换为与题目相关并且有相应计算理论的数据，合理运用了插值拟合、独立样本T检验、交通流模型等方法，所得结果较为切合实际。

问题一：将所有车型折算为小汽车数进行插值拟合，得到了通行能力随时间变化的曲线；同时从正反面得到了堵车量随时间变化的结论。

问题二：通过直接分析与间接分析两种分析法分析所占车道不同对通行能力影响的差异。通过K-S检验分析各组数据是否服从正态分布，然后利用独立样本T检验比较相关差异。

问题三：建立了车辆排队长度分析的交通流模型，将横断面通行能力、上游车流量分别转化为事故点瓶颈段、事故点上游的交通密度，密度数据从题中获取。这是问题三解答的亮点之一。将两个关系不大的数据转换成方便理解、计算并且与题目有关的数据。而且将车道被占用情况分为三个时间段加以考虑，增大了模型的适用范围。

问题四：将问题三的上游交通流密度对车辆排队长度随时间变化的函数关系

式进行修正，再利用随机泊松流进行仿真，增加结果的可信度。

此外，对于问题三的分析，可以增加一些实际因素（例如路口车辆汇入、交叉十字等）的影响分析。

综上，文章分析条理清晰，推导过程详细，模型假设合理，参数设定准确，程序编写规范，计算结果表述及文中图示清楚，是一篇值得借鉴的优秀论文。

姜翠翠

2013 年 A 题　全国一等奖

车道被占用对城市交通道路通行能力的影响评价模型

参赛队员：刘　昶　张开元　廖盛涛
指导教师：雷玉洁

摘　要

高发的交通事故的车道占用降低了事故路段的实际通行能力，成为道路通行能力的瓶颈，加剧城市交通拥堵的状况，因此分析评价交通事故路段的交通特点及实际通行能力变得越发迫切。本问题主要解决车道被占用对城市交通道路通行能力的影响评价问题。

首先分析事故区交通情况特点及实际通行能力的影响因素，并据此对附件信息进行细致观察和有效提取。

针对问题 1 与问题 2：首先，本文运用基于实测数据校正的基本通行能力修正模型对此问题进行理论分析以及基于人工及 MATLAB 算法数据采集方法进行实测分析，从理论与实际两个方面对实际交通能力及其变化过程进行分析描述。实测分析中先以 60s 间隔，较为整体地描述其变化趋势，随后以 10s 间隔进一步描述其更为微观的变化趋势。其次，运用附件 1 与附件 2 事故路段横断面实际通行能力的分析数据，使用非参数秩和检验发现事故所占车道不同对横断面实际通行能力的影响差异显著（$P<0.05$）。随后对其影响的原因进行分析。

针对问题 3 与问题 4：首先，本文建立了基于 VISSIM 仿真校正的交通流模型。分析交通事故段道路堵塞时交通流特性以及交通特点，结合现有的排队论、停车波、交通流等模型[1]，尝试推导出事故区路段的车辆排队长度与事故横断面实际通行能力、事故持续时间以及路段上游车流量间的定性、定量关系。利用视频 1 采集得到的实际交通情况参数，运用实测估算、回归拟合方法建立描述这四项交通参数变量定量关系的基于 VISSIM 仿真校正的交通流模型。其次，基于此定量关系模型，运用问题 4 的实际情况修正此模型，计算得到经过时间 10.96min，车辆排队长度到达上游路口，同时利用 VISSIM 仿真得到相似结果 11.67min。

关键词：交通事故占道　实际道路通行能力　交通流　VISSIM 仿真

一、问题重述

当道路上发生交通事故时，一些车道会被占用，导致道路拥挤、车辆通行缓慢，道路横断面通行能力降低，使不堪重负的城市交通雪上加霜。在题设所给的视频中，由于发生交通事故，两个车道被占，所有上游道路和干道旁边小区流入的车辆只能经过剩下的一个车道缓慢通过事故地点而进入下游道路，公路的车辆实际通行能力明显降低。实际通行能力定义为在实际的道路和交通条件下，单位时间内通过道路上某一点的最大可能交通量。

根据题意，我们需要解决的问题有：

（1）针对附件 1 中所出现的情况，在交通事故发生至撤离期间，分析事故所处横断面实际通行能力的变化情况。

（2）由于所占车道（超车道、缓行车道）不同，城市道路的实际交通能力也可能不同。需要对不同车道被占用的情况进行具体分析，以找出在这些情况下，道路实际交通能力的差异。

（3）交通事故影响路段车辆排队长度受很多因素的影响，需要建立数学模型找出事故发生路段的车辆排队长度与事故横断面实际通行能力、事故持续时间、路段上游车辆间的关系。

（4）给出具体的事故横断面与上游路口距离、上游车流量，限定下游需求方向不变，初始排队长度为零，事故持续不撤离，估算车辆排队的长度到达上游路口的时间。

二、基本假设

（1）只考虑四轮及以上机动车、电瓶车的交通流量，且可以换算成标准车当量数。

（2）此路段为城市主干且长度<1km，可认为此路段地形为平原，故忽略平曲线半径和纵坡坡度（%）对道路通行能力的影响。

（3）对同一视频的时间段内，上游车流量作为一个随机变量。

三、符号说明

（1）C_B：基本通行能力。

（2）t_B：饱和连续车流平均车头时距。

（3）v_B：行车速度。
（4）l_B：饱和连续车流平均车头间隔。
（5）f_i：各影响因素的折减系数。
（6）w_0：一条机动车道宽度。
（7）$v(q)$：流量为q时路段的行程速度。
（8）v_f：路段的畅行速度。
（9）S：车流波。
（10）v_w：车流波向右传播的速度。
（11）c_q：路段的实际通行能力。
（12）k_1,k_2：A、B两路段的车流密度。
（13）v_1,v_2：A、B段区间平均速度。
（14）q_1,q_2：A、B两路段的车流量。
（15）t：排队持续时间。
（16）$l(t)$：t时刻排队长度。
（17）l_0：初始排队长度。
（18）l_{m}：实测状态跟驰状态车头间距。
（19）$l_{\min}$：最小安全距离。

四、问题分析

4.1 基本分析

如前所述，实际道路通行能力被定义为，在实际的道路和交通条件下，单位时间内通过道路上某一点的最大可能交通量。交通事故引起的车道占用，降低路段的实际通行能力，使占道路段成为道路的瓶颈路段，加剧交通拥堵情况。

道路交通状态的定性、定量特征，称为道路交通情况特点。本问题是研究单向三车道中完全阻断两车道条件下，实际交通情况特点对事故路段横断面实际通行能力的影响。这一问题的解决，需要在总结目前研究成果的基础上，应用道路与交通工程原理、统计方法、仿真方法以及系统工程的理论和方法，将实际调查与理论分析、微观与宏观分析、定性与定量分析有机地结合起来，对占道交通事故对路段交通的影响进行有效研究。

首先，在对附件信息进行细致观察的基础上，有效提取相关数据，分析事故区交通特点以及实际通行能力的影响因素，为问题的求解提供理论基础。

其次，根据路段实际交通能力的影响因素，对附件 1 与附件 2 两起事故路段横断面实际通行能力进行分析描述。运用分析描述结果比较事故所占车道不同对横断面实际通行能力影响的差异。

再次，根据事故实际交通情况特点、交通流特点分析，结合实测与仿真方法，尝试发现并确定占道交通事故区路段的车辆排队长度与事故横断面实际通行能力、事故持续时间以及路段上游车流量间的定性、定量关系。

最后，根据具体事故的相关交通参数，确定定性、定量关系模型，尝试模拟、仿真解决实际问题，同时尝试用仿真方法得出结果并进行比较。

4.2 具体分析

4.2.1 对问题 1 的分析

要解决此问题，则需要在对附件 1 信息数据进行有效提取、分析事故区交通特点以及实际通行能力的影响因素的基础上，对附件 1 事故路段横断面实际通行能力及其变化进行分析描述。

据此，本文采取实测数据分析与理论模型分析相结合的方法，从微观与宏观两个层面分析事故所处横截面实际通行能力，其中以理论模型得出的实际通行能力大小做宏观层面评价，以 60s 及 10s 时间间隔分析实际交通能力的变化趋势，进行微观层面的变化过程分析。对于实测实际通行能力数据的采取，本文尝试采用人工实测与 MATLAB 算法数据采集两种方法，并相互比较。

4.2.2 对问题 2 的分析

首先运用问题 1 的方法，对附件 2 中事故路段横断面实际通行能力进行分析描述。

其次，运用视频 1 与视频 2 得出的实际交通能力的数据，确定比较或评价指标，并对两种占道情况下评价指标的差异进行比较，分析阐明具体情况及原因。

4.2.3 对问题 3 的分析

在先前分析事故道路路段堵塞时交通流特性以及有效交通特点的基础上，结合现有的停车波与启动波模型[1]，尝试发现并推导占道交通事故区路段的车辆排队长度与事故横断面实际通行能力、事故持续时间（即发生交通事故到事故撤离的时间）以及路段上游车流量间（前方路段到车辆排队长度位置时的车流量）的定性、定量关系。

然后，根据视频 1 具体事故的相关交通参数数据，尝试利用实测估算、回归拟合及仿真模拟等方法建立描述其定量关系的数学模型。

4.2.4 对问题4的分析

基于问题3得到的定量关系模型，根据问题4的实际情况对问题3的模型进行修正，尝试模拟解决实际问题，同时尝试用VISSIM仿真方法的结果进行比较。

五、模型的建立和求解

5.1 模型的准备

5.1.1 事故区道路交通情况分析

道路交通状态的定性、定量特征，称为道路交通情况，是分析评价道路交通状况的科学可靠指标，有利于对模型的建立和求解。

5.1.1.1 定义的明确

（1）通行能力。通行能力有三个层次的含义，即基本通行能力、实际通行能力、设计通行能力，如图1所示。

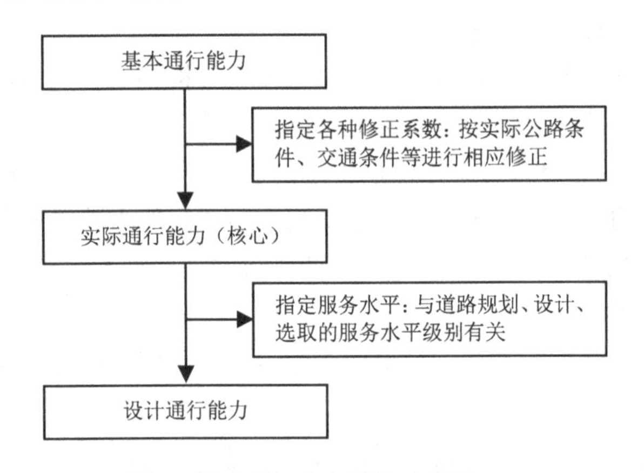

图1 道路通行能力层次示意图

（2）实际通行能力与交通量。交通量反映了道路实际车流量大小，是现实条件道路上的最大交通量。实际通行能力反映了道路的容量，是道路容纳性能的一种量度。

通常，道路通行饱和连续车流时（即事故区上游出现排队时）单位时间段内最大交通量（最大车流量数）的观测值为此时间段实际道路通行能力理论值。

5.1.1.2 城市交通事故占道区道路特征分析

城市主干道发生交通事故，其占道情况对事故段的道路条件、交通条件、驾驶员的驾驶行为及事故路段的交通流特性等因素都将产生显著的影响，这些因素的改变也将对事故段道路的实际通行能力产生显著的影响，因此有必要对事故段道路的交通特性进行系统分析。

占用一侧部分道路的交通事故路段一般划分为事故上游段、事故影响区、事故后段。如图 2 所示，事故影响区段包含拥塞段、过渡段、事故占位段，行驶于该路段的车辆不能超车，只能以跟驰状态行驶。事故影响区长度随实际道路交通情况变化。

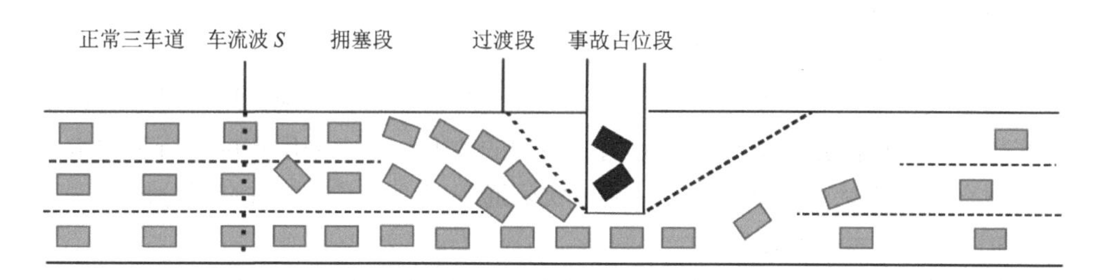

图 2　交通事故路段道路特征示意图

城市交通事故路段车道局部封闭，会造成道路环境的改变，事故路段与正常情况下路况相比，事故路段道路特性发生了较大的变化，如道路周围环境、道路线形、行车道数量和宽度、侧向净空、交通标志标线等。

5.1.1.3　城市交通事故路段交通流特征

此问题中，交通事故使单向 3 车道的 2 车道被完全封闭，占道交通事故区车道数目的突然改变（道路宽度）对交通产生干扰，导致事故区车速、密度的变化。此时，交通流具有流体特征，这种特征可用流体动力学理论来解释[2]。由于车辆在事故瓶颈段密度的变化，在车流拥塞段与正常段的连接面产生车流波 S 的传播，如图 2 所示。

通过大量的现场观测，可获得事故区交通流运行的实际数据，从而分析事故路段不同区域的交通运行状态和交通流特性，为从微观层面描述交通事故占道对路段交通的影响提供基础数据支持[3]。

5.1.1.4　城市交通事故路段驾驶员的交通特征

在事故路段，由于道路通行状况的改变，驾驶员要根据前方交通事故所传递的信息采取必要的驾驶行为反应过程。驾驶员的反应差异必然导致交通事故路段的其他交通特征。

5.1.1.5　城市交通事故路段车辆的运行特征

对于占用一侧部分车道的情况，交通事故上游车道数超过事故占位区车道实际可通行车道数，因此行驶在交通事故区上游封闭车道上的车辆会在到达占位区之前，实施车辆换道汇入可通行车道上。由于交通堵塞，呈跟驰行驶，直至通过交通事故占道区。因此，在交通事故段车辆会表现出明显的换道行为与跟驰行驶特征[4]。

车辆换道行为对交通流的影响主要体现在车辆由封闭车道向开放车道转移，引起交通量在不同车道上的重新分布。封闭车道越接近事故占位区，行驶的车辆越少；与此同时，由于车辆的不断汇入，开放车道上交通量明显增大，车速降低，车流出现紊乱现象。

5.1.2 城市交通事故路段实际通行能力及其影响因素分析

当事故占道区上游交通量增大到一定程度时，上游会出现拥堵，导致这种现象产生的根本原因是事故路段实际通行能力的改变。本文采用定性分析和定量分析相结合的方法对交通事故占位区路段实际通行能力及其影响进行了分析。

5.1.2.1 基本通行能力

基本通行能力是指道路与交通条件处于理想条件下，每一条车道（或每一条道路）公路设施在四级服务水平时所能通行的最大小时交通量，即理论上所能通行的最大小时交通量。理想道路条件是车道宽度应不小于3.65m，路旁的侧向余宽不小于1.75m，纵坡平缓并有开阔的视野、良好的平面线形和路面状况；理想交通条件主要是车辆组成单一的标准车型汽车，在一条车道上以相同的速度连续不断地行驶，各车辆之间保持与车速相适应的最小车头间隔，且流向分配均衡。

在这样的情况下建立的车流计算模式所得出的一条车道的基本通行能力C_B（辆/h），即基本通行能力，其公式如下：

$$C_B = \frac{60\times 60}{t_B} \tag{1.1}$$

$$t_B = l_B \tag{1.2}$$

$$C_B = \frac{1000\times v}{l_B} \tag{1.3}$$

式中：C_B为基本通行能力；t_B为饱和连续车流平均车头时距，s；v_B为行车速度，km/h；l_B为饱和连续车流平均车头间隔，m。

$$l_B = l_{反} + l_{制} + l_{安} + l_{车} \tag{1.4}$$

$$l_{反} = \frac{V}{3.6} t_{反} \tag{1.5}$$

$$l_{制} = \frac{V^2}{254\varphi} \tag{1.6}$$

式中：$l_{车}$为车辆平均长度，m，一般标准小型车长度为6m、大型车长度为12m；$l_{安}$为车辆间的安全间距，m，一般取 2m；$l_{制}$为车辆的制动距离，m；$l_{反}$为司机在反应时间内车辆行驶的距离，m；$t_{反}$为司机反应时间，s，为 1.2s 左右；φ为附着系数，与轮胎花纹、路面粗糙度、平整度、表面湿度、行车速度等因素有关。

根据《城市道路设计规范》（CJJ 37－2012）[5]，一条车道的理论通行能力可按表取值，其参考值见表 1。

表 1　单车道的理论通行能力

设计速度/（km/h）	100	80	60
基本通行能力/（pcu/h）	2200	2100	1800

由于基本通行能力计算时不考虑道路和交通条件的影响，因此多车道的基本通行能力可按下式计算：

$$C_N = C_B \times N \tag{1.7}$$

式中：N为车道数；C_N为N条车道的路段基本通行能力，本文N=1；C_B为一条机动车道的路段基本通行能力。

5.1.2.2　实际通行能力

实际通行能力是指根据该设施具体的公路几何构造、交通条件以及交通管理水平，对基本通行能力按实际公路条件、交通条件等进行相应修正后的小时交通量，即现实条件下道路上某一横截面的最大交通量数。

计算实际通行能力C_p，是以基本通行能力为基础考虑到实际的道路和交通状况，确定其修正系数，再以此修正系数乘以前述的基本通行能力，即得实际道路、交通与一定环境条件下的可能通行能力。影响通行能力不同因素的修正系数为

$$C_p = C_B \times \prod f_i \tag{1.8}$$

式中：C_p为一条道路的实际通行能力；f_i为各影响因素的折减系数。

5.1.2.3　事故路段通行能力影响因素分析

路段的实际通行能力受到各种影响因素的干扰，交通事故路段通行能力的影响因素包括正常路段通行能力影响因素、交通事故占道特殊影响因素。根据对本次事故路段实际通行能力影响的分析，得到较为准确的折减系数（单一此因素处理下，实际通行能力/理论通行能力）。

（1）正常路段通行能力的影响因素。

1）道路等级对路段通行能力的影响（表 2）。

表2 《城市道路工程设计规范》（CJJ 37－2012）道路设计速度

道路等级	高速路	主干路	次干路	支路
设计速度（km/h）	100	60	50	40

2）多车道对路段通行能力的影响。在多车道的情况下，同向行驶的车辆由于超车、停车等原因影响另一条车道的通行能力，根据文献[6]计算自路中心线起各条道路的折减系数。

3）车道宽度对路段通行能力的影响。车道宽度对车辆的行车速度有很大的影响，从而影响路段的通行能力。车道宽度对通行能力的折减系数：

$$f_{车道}=C_B\begin{cases}50\times(w_0-1.5) & (\%)w_0\leqslant 3.5\text{m}\\ -54+188\times w_0-16w_0^2/3 & (\%)w_0>3.5\text{m}\end{cases} \tag{1.9}$$

式中：w_0为一条机动车道宽度，m。

4）非四轮机动车、电瓶车对路段通行能力的影响。本文中，非四轮机动车、电瓶车道与机动车道之间无分隔带，且非机动车道负荷不饱和，可以参考非机动车道路段通行能力的影响分析，确定折减系数为0.8。

5）交叉口对路段通行能力的影响。

城市道路的纵横交叉形成了许多交叉口，交叉口对道路通行能力的影响较大，尤其是在交叉口间距较小的情况下。车辆在通过交叉口时，由于交叉口的交通管制车辆需减速通行，因此在通过交叉口时车辆的实际行程时间比没有交叉口路段的行程时间多，车辆平均速度降低，导致路段的通行能力下降。交叉口对路段通行能力的折减系数可按下式表示：

$$f_{交}=\frac{交叉口之间无阻的行程时间}{交叉口之间实际的行程时间} \tag{1.10}$$

除了以上的影响因素以外，路段通行能力还受到交通条件、自行车交通、行人过街、侧向净空、视距条件、道路的线形等各种因素的影响。

（2）事故路段通行能力的特殊影响因素。

1）车道封闭形式对路段通行能力的影响。不同的事故对事故路段车道的封闭形式需求不同，不同的车道封闭形式造成车辆行驶和变换车道的行为不同，引起不同的车流紊乱程度，对通行能力产生不同影响。

首先，封闭车道数对事故路段通行能力的影响最为明显，由表1可知，在行车速度为60km/h的条件下，一条车道的理论通行能力为1800pcu/h，占道事故作业通常需要封闭一条或者更多的车道，封闭车道数越多，路段通行能力折减得越厉害。

其次，离封闭车道的侧向距离也会对通行能力产生影响，研究结果表明，离封闭车道越远，车道通行能力值越大。

2）车辆组成比例等客观因素对事故路段通行能力的影响。

车辆进入事故路段上游区域后会发生换道行为，由于大型车占用道路面积大，速度慢，另外，由于大型车加速和减速比较慢，在进行换道时会影响车流的速度，因此大型车在事故路段对道路通行能力的影响比在正常路段更为明显。

祝付玲等[7]人的研究结果表明，当到达流量达到通行能力时，车流中的大型车比例对通行能力的影响随大型车比例的增大而越明显，其关系的回归方程为

$$y=-0.0049x+0.9683 \tag{1.11}$$

式中：y 为事故路段通行能力折减系数；x 为大型车比例，%；$R^2=0.9304$。

在本路段中大车型比例 $x=7.2\%$。

另外，事故路段的通行能力还受到事故强度、事故区路段长度、事故区交通管制、驾驶员对事故路段环境的熟悉程度等因素的影响。事故强度主要包括事故的种类、事故现场人数、事故车辆与开放车道的距离等，该因素不能用简单的指标量化，道路条件、交通条件、交通控制条件的变化降低了驾驶人对道路环境的熟悉程度，在判断、操作上都比正常情况下要谨慎、注意力要更加集中，行车速度受到影响，对事故路段通行能力也将产生影响。还有一些重要的修正系数，如车道宽度修正系数、侧向净空受限修正系数、车道硬路肩宽度修正系数、方向分布修正系数、路侧干扰修正系数、平面交叉修正系数、驾驶员条件对通行能力的修正系数。

5.1.3 数据的采集与处理

5.1.3.1 采集内容

交通状态的定性、定量特征称为道路交通情况特征，用于描述交通情况特征的物理量称为交通参数，交通参数的变化规律则反映出了道路交通情况的相关特性[8]。通过大量的现场观测，可获得事故区交通流运行的实际数据，从而分析事故路段不同区域的交通运行状态和交通流特性，从微观层面描述占道事故对路段交通流的影响，为改善事故区的交通拥挤提供基础数据支持。

为从微观与宏观层面研究占道事故路段的实际通行能力，确定三个基本参数：交通量、速度和密集度。

（1）获取交通事故发生时不同区域的短时交通流数据，从微观层面分析该路段交通运行状态和交通流特性、车头时距、地点车速。

（2）从宏观层面获取交通事故发生路段的流量/速度参数：交通量、平均速度和密度。

车头时距是指相邻车辆的车头经过同一地点的时间差[3]。车头时距的分布情况决定了车辆合流、超车和穿行的机会，保持一定的车头时距能够确保行车安全；道路实际通行能力取决于最小车头时距和车头时距的分布。

5.1.3.2 调查样本量

以实测速度为例，理想条件下的最小观测样本量可以按照下式计算：

$$N \geqslant \left(\frac{SK}{E}\right)^2 \tag{1.12}$$

式中：N 为样本量；S 为样本标准差，速度标准差可假设为 5～10km/h；K 为常数，当置信度为 95%（90%）时，K=1.96（1.645）；E 为容许误差，速度容许误差可假设为 2～5km/h。

假设车速的精度要求为置信度为 95%，标准差为 10km/h，若误差为±2km/h，按最佳样本量表进行采集；若误差为±5km/h，则可按最小样本量进行采集。

为了减少数据样本量覆盖面不广或者较坏样本对统计结果的影响，获取的样本量应尽量多于最佳样本量。

5.1.3.3 统计间隔的确定

在进行交通流特性分析或者研究流量、速度关系时，首先需要确定统计时间，统计间隔对参数曲线的形状有重要影响。若统计间隔取得较大，则得到的数据有可能是畅通状态和拥挤状态数据平均以后的结果，不能直观地反映微观交通流参数的变化；若统计间隔较小，将极大地增加工作负荷，同时可能反映不出一些参数的分布特征。国外学者在进行相关研究时，时间间隔取值大部分为 5min、30s、20s、10s[8]。

（1）微观参数间隔。对微观参数的调查以 10s 为统计间隔。以 10s 为单位可方便地找出某一时刻红绿灯的变化情况，推测出在哪一个 30s 为绿灯或红灯以确定车流量高峰。

（2）宏观参数间隔。对宏观参数的参数观察，以 60s 为统计间隔，可以忽略掉红绿灯的变化情况。

5.1.3.4 数据采集方法

现场实测采集数据通常有两种方法，即人工采集和机械（自动）采集方法，由于数据条件限制，本文采用“录像-人工采集”的方法，通过后期人工对视频资料的整理可获得流量、车速、车头时距等交通参数。

通过录像观测得到的是断面交通流的连续运行状况数据，需要后期提取各个断面的交通流参数。本次调查数据的采集通过后期视频处理软件对摄像视频资料的处理得到。整理数据时，通过视频处理软件可将采集的连续录像按帧显示，便于观测和记录（依据时间顺序、车型和车辆颜色来判断出同一辆车）。该方法能够获得较好的精确度，但数据只由人工采集，后期工作量十分巨大。

根据实际道路通行能力的定义，道路通行饱和连续车流时，即事故区上游出现排队时，可将单位时间段通过事故区的最大交通量（最大车流量数）观测值作为大致的道路实际通行能力。根据预调查将车型分为大客车（主要是公交车）、中型客车（旅行车）、小汽车（包括面包车）。统计间隔为 10s，车辆换算系数参考《城市道路交通规划设计规范》（CJJ 37－2012）。

（1）“标准流程-人工采集视频信息方法”。采集时间以视频中摄像头自带的时间为标准，每隔 10s 进行一次计数。在规定时间段内车头通过交通事故处旁边的路灯为有效，车辆排队超过交通事故处后方第一个路灯（根据视频标尺可知两路灯间距为 30m，此时可以反映实际通行能力，由于标准一定，这并不影响车流量趋势）为堵车，此时为事故所处横断面实际通行能力。

具体的数据采集过程：打开 Excel 表格，假设计算路段起点为 A，终点为 B，分车型记录车辆先后到达 A 和 B 的时刻（同一辆车要对应），可得行驶时间，计算出车速；按车辆到达的先后顺序，计算车辆到达 A（B）的时刻差值，可得同一（不同）车型的车头时距；以 10s 为间隔，统计各种车型经过两断面的总数，求出流量。

在附件 1、附件 2 中，通过观看视频（每间隔 10s 为一个单位），数出每个 10s 通行的小型车、中型车和大型车的数量，即 10s 内交通量。由于通行能力 C 等于交通量 V/h，此时可以记录出 10s 内通行能力 C。同时在采集视频数据时，视频中原先存在的剪切部分、视频中的暂停部分不纳入统计中。

在得到的数据中提取车辆排队大于 30m（由于在给定 120m 的标尺中有 4 个路灯，我们定义交通事故发生旁边路灯到下一个路灯距离为 30m 叫车辆排队）的部分，将得到的这部分数据按照时间发生先后顺序连接起来，这部分可反映实际通行能力的变化。

（2）“计算机辅助-算法采集视频信息方法”。建立从视频中提取图像的模型，利用 MATLAB 编程，以 0.2s 为间隔取帧，以时间顺序将图片编号并转化为灰度图形，取事故处横断面在可通行车道上三分位点的两个统计点，以 0.2s 取灰度值。对于视频 1，当两点同时有灰度值变化的时候表明有车通过，以时间为顺序拼接帧图像，取出统计点灰度值，得出两统计点时间-灰度曲线，根据波峰、波谷对车进行计数，根据谷峰时相分类判断大车或小车。对于视频 2，因为有视角变化，但是每帧图片间的差别也不是很大，对每一帧可以找到一组角点，在切换的时候通过两幅图片的角点可以解出一个变换矩阵，做到视频对齐，也就是把有视角变化的两张图片对齐，这时就可以按照之前的方法对某一个点进行颜色变化的统计，算法流程图如图3所示。由此采集视频中车辆数和车辆大小。

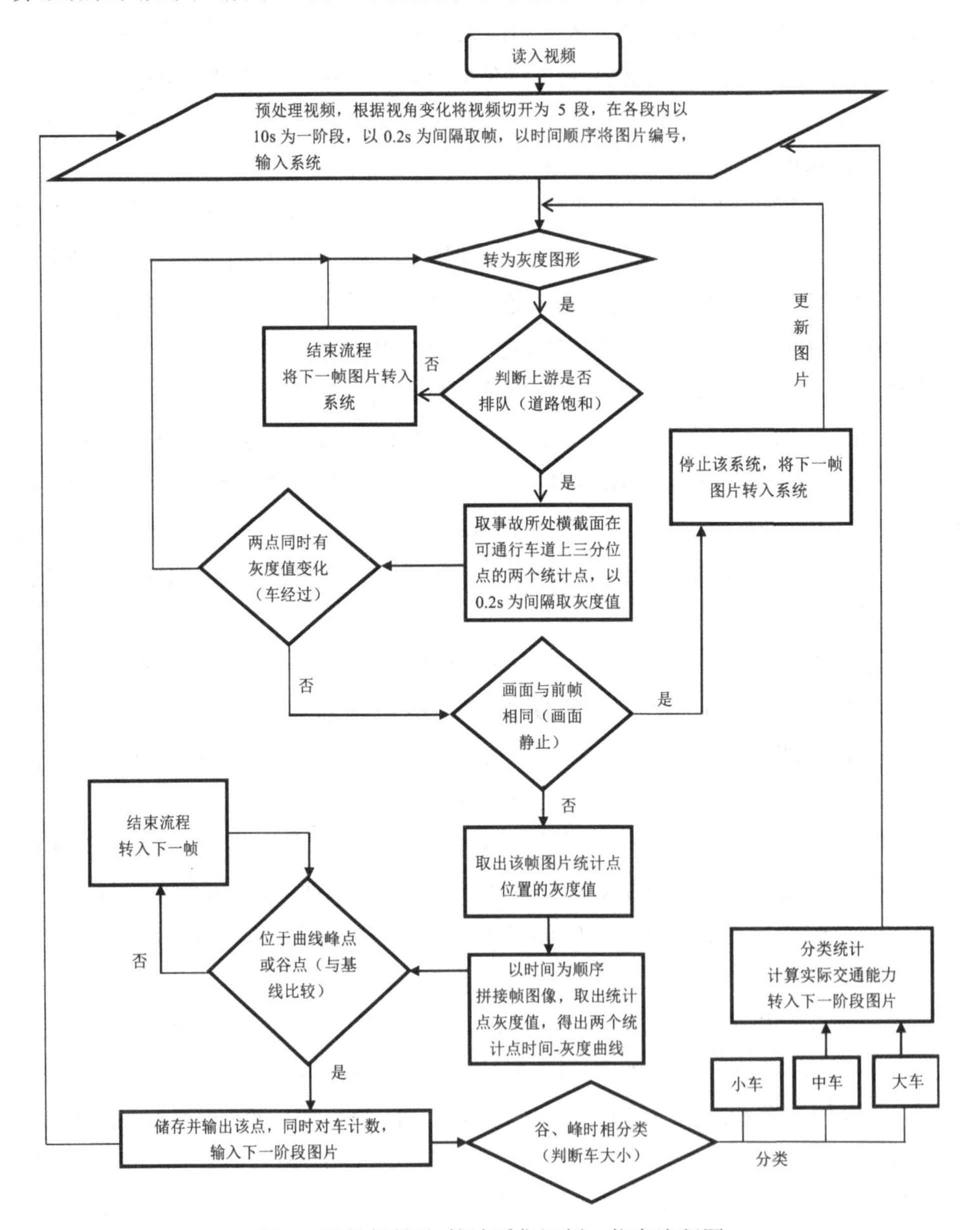

图3 计算机辅助-算法采集视频2信息流程图

5.1.3.5　数据插值

由于是在堵车时取得的数据，因此数据存在不连续性，需要在离散数据的基础上补插连续函数，使得这条连续曲线通过全部给定的离散数据点。于是采用数据插值使离散函数逼近，利用它可通过函数在有限个点处的取值的特性，估算出函数在其他点处的近似值，用此反映连续时间段内的车流量情况。

5.1.3.6　分布检验

根据视频 1 得到的图形，分析其变化规律，用此变化规律反映发生交通事故时实际通行量的变化情况，以此确定实际通行量和时间的变化规律。将得到的数据输入 MATLAB 进行二项分布、卡方分布、非中心卡方分布、指数分布、*F* 分布、*T* 分布、泊松分布、威布尔分布检验，以确定其分布形式。

5.2　问题 1　城市占道交通事故路段实际通行能力变化过程描述

5.2.1　城市道路路段实际通行能力计算

5.2.1.1　现场实测的计算方法的结果描述及分析

（1）标准流程-人工采集视频信息结果。将标准流程-人工采集视频信息结果数据间隔 60s 进行处理，并绘制成图，如图 4 所示。

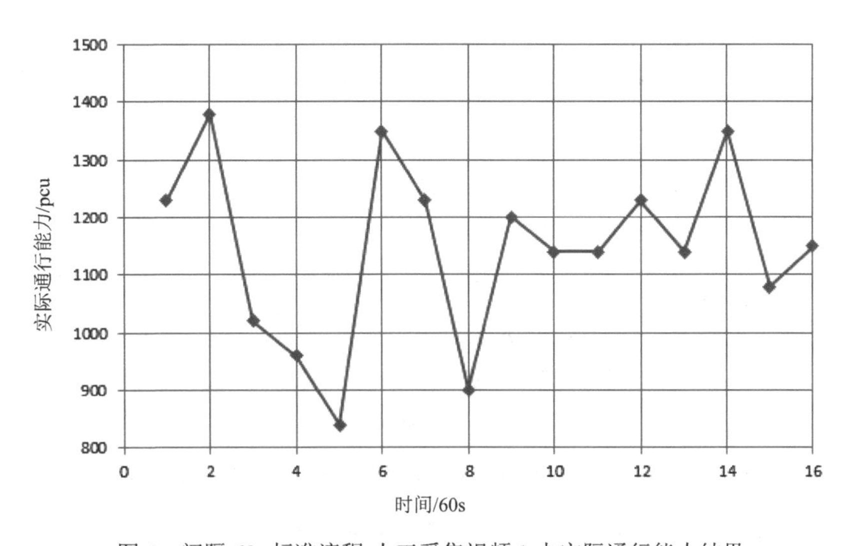

图 4　间隔 60s 标准流程-人工采集视频 1 中实际通行能力结果

由图 4 可见，人工采集视频 1 信息在 60s 内存在显著周期性，这可能和红绿灯的周期性变化有着密切的关系。为进一步明晰视频 1 数据的变化规律，对 10s

内的数据进行了采集。

将标准流程-人工采集视频信息结果数据每隔 10s 进行一次处理，如图 5 所示。

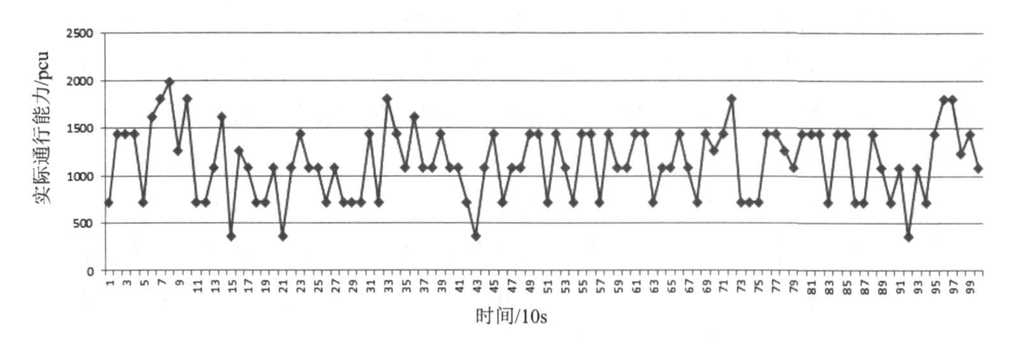

图 5 间隔 10s 标准流程-人工采集视频 1 中实际通行能力结果

（2）计算机辅助-算法采集视频信息结果。除上述人工采集数据外，我们也可采用计算机来计数，通过 MATLAB 的算法流程，实现数据采集的自动化，并分别以 60s 和 10s 为间隔采集数据，如图 6 和图 7 所示。

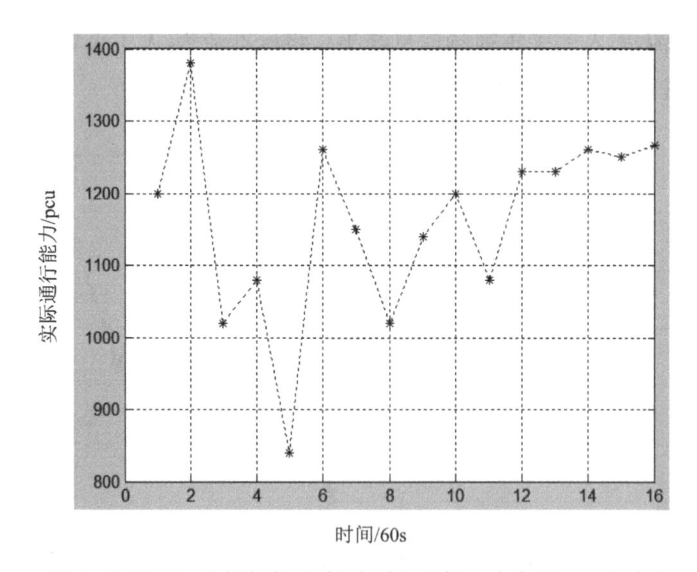

图 6 间隔 60s 计算机辅助-算法采集视频 1 中实际通行能力结果

由图 6 看出，算法采集视频 1 信息在 60s 内存在显著周期性，这可能和红绿灯的周期性变化有着密切的关系。

（3）标准流程-人工采集视频信息和计算机辅助-算法采集视频信息对比。两种方法所采集到的通行过的车的情况见表 3，并分别对以 10s 和 60s 为间隔的数据采集方式得到的视频 1 的反映实际通行能力的各值进行非参检验，见表 4 和表 5。可见，P 值均大于 0.05，两种方法均适用于统计一定时间内一定路况下的反映实际通行能力的各值，而计算机辅助-算法采集视频信息更加方便快捷，实用性更强，可较好地适用于相似问题或数据量更大的问题。

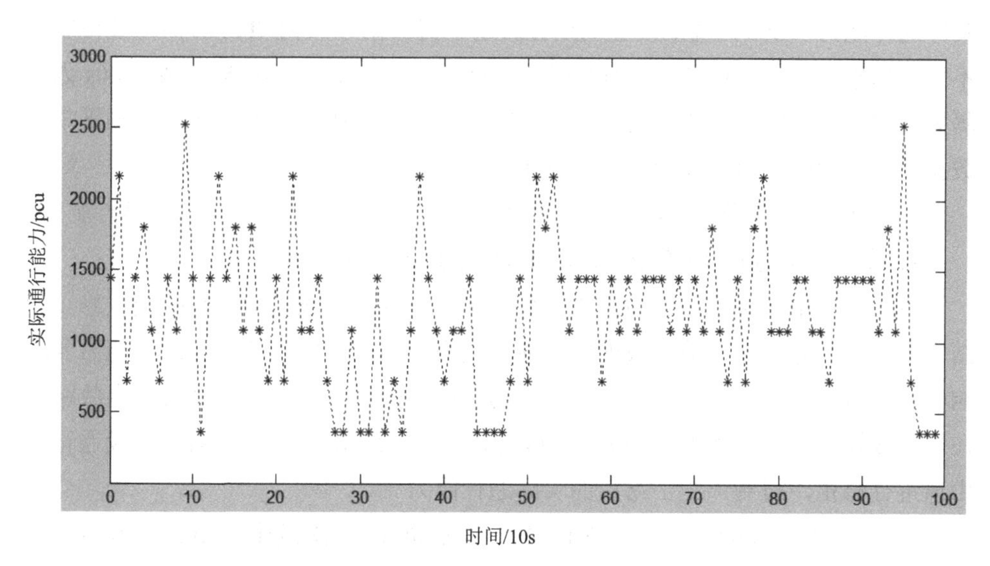

图 7　间隔 10s 计算机辅助-算法采集视频 1 实际通行能力

表 3　采集车数的比较

数据采集方式	视频 1		视频 2	
	大车	小车	大车	小车
人工采集	16	233	53	527
算法采集	18	240	55	601

表 4　间隔 10s 不同数据采集方式得到视频 1 实际通行能力的比较

数据采集方式	均值	标准差	P 值
人工采集	1139.2	356.4	0.60
算法采集	1110.3	401.0	

表 5　间隔 60s 不同数据采集方式得到视频 1 实际通行能力的比较

数据采集方式	均值	标准差	P 值
人工采集	1146.3	157.3	0.38
算法采集	1200.1	201.0	

（4）对视频1中交通事故发生至撤离期间的描述。由图1可以看出，实际通行能力以60s为周期发生变化。将数据导入MATLAB中进行插值后，比较标准泊松分布曲线后发现该组数据，即反映视频1在以60s为间隔采集数据时实际通行能力的数据，符合泊松分布（$P<0.05$）。在以10s为间隔采集的数据中（图5），实际通行能力以30s为周期发生周期性波动。将数据导入MATLAB后，经检验，不符合泊松分布（$P>0.05$），但在周期内符合正态分布（$P<0.05$）。故以60s为间隔采集的数据可用于较长时间间隔下实际通行力的预测，而以10s为间隔采集的数据适用于预测较短时间间隔内的变化。

5.2.1.2 基于实测速度-流量修正的基本通行能力修正模型计算实际通行能力

1. 基于实测速度-流量修正的基本通行能力修正模型

本方法采用基本通行能力修正计算与实测数据速度-流量的BPR模型修正相结合的方法计算占道事故路段的实际通行能力，即先考虑事故路段通行能力各影响因素的折减系数，进行事故路段基本通行能力的修正计算，再结合该事故路段在饱和度较低的情况下测得的流量、畅行速度值，采用BPR模型对该路段通行能力值进行修正，得到该施工路段的实际通行能力。

（1）基本通行能力。基于5.1.2.1节基本通行能力的分析，此道路基本通行能力由式（2.1）或式（2.2）确定。

$$C_B = \frac{1000 \times v}{l_B} \tag{2.1}$$

$$l_B = l_{反} + l_{制} + l_{安} + l_{车} \tag{2.2}$$

进一步，根据表2，此主干路车速可取v=60 km/h，参考表1中不同车速时单车道基本通行能力，可知此道路单车道基本通行能力$C_B = 1800\text{pcu/h}$。

（2）基本通行能力修正模型的实际通行能力计算模型。通过实测速度-流量的BPR模型，得出各影响因素对事故路段通行能力的折减系数，进而得到交通事故路段实际通行能力的计算模型：

$$\prod f_i = f_N \times f_W \times f_{CW} \times f_F \times f_C \times f_B \tag{2.3}$$

$$C_p = C_B \prod f_i = C_B \times f_N \times f_W \times f_{CW} \times f_F \times f_C \times f_B \tag{2.4}$$

式中：f_N为视距不足折减系数；f_W为车道宽度折减系数；f_{CW}为侧向净空受限折减系数；f_F为沿途条件折减系数；f_B为车道封闭形式折减系数；f_C为车辆的组成修正系数。

（3）基于实测速度-流量的BPR模型的路段实际通行能力修正。基于基本通行能力修正模型计算交通事故路段通行能力时，折减系数的取值均为经验值，由于交通事故路段的实际情况比较复杂，难以获得真实取值的折减系数，因此考虑通过实测速度-流量的 BPR 模型标定来确定交通事故路段的实际通行能力和畅行速度（自由速度）。BPR 模型是美国公路局针对公路的交通流特性以实际调查数据为基础开发出来的，是目前比较流行且使用广泛的路段阻抗函数。该模型的基本形式为

$$v(q)=\frac{v_f}{1+\alpha\times(q/c_q)^{\beta}} \tag{2.5}$$

式中：$v(q)$ 为流量为 q 时路段的行程速度；v_f 为路段的畅行速度（道路非饱和情况下）；c_q 为路段的实际通行能力；α 、β 为回归系数。

由于 BPR 模型是基于交通流观测数据标定的，观测期间的交通负荷水平大体在 0.8～0.9 以内，因此考虑用模型对该施工路段非饱和状态下的交通流参数进行拟合，进行施工路段道路通行能力和自由流速度的标定校正。

2．基于此模型计算视频 1 交通事故段实际通行能力

（1）基本通行能力修正模型计算实际通行能力。针对此问题 1，经分析可以得到修正系数的参考值：

道路条件：① $f_N=1$；② $f_W=0.84$；③ $f_{CW}=1$；④ $f_F=0.94$ 。

交通条件：$f_C=0.97$ 。

对于车道封闭形式折减系数 f_B：问题 1 是单向 3 车道封闭内侧 2 车道条件下事故路段实际通行能力，可以借鉴李喜华[10]等人的研究，结果见表 6。

表 6　单向 3 车道封闭内侧 2 车道事故路段交通流量表

到达流量/（veh/h）	2000	1800	1600
事故区流量/（veh/h）	1505	1361	1158

此道路单车道基本通行能力 $C_B=1800\text{pcu/h}$，故事故区流量为 1361pcu/h；因此，在单向 3 车道封闭内侧 2 车道的条件下，车道封闭形式折减系数 $f_B=1361/1800$ 。

（2）基于实测速度-流量的 BPR 模型的路段实际通行能力修正。本次拟合选用视频中的数据。以基本通行能力修正模型计算的实际通行能力值，以 $C_p=1080\text{pcu/h}$ 作为计算的初始值，畅行速度取观测时间内的最大速度 60km/h，回归系数 α 、β 取典型值为 1.6、0.6。利用实测速度-流量数据，对 BPR 模型进行

标定，标定结果如图 8 所示。

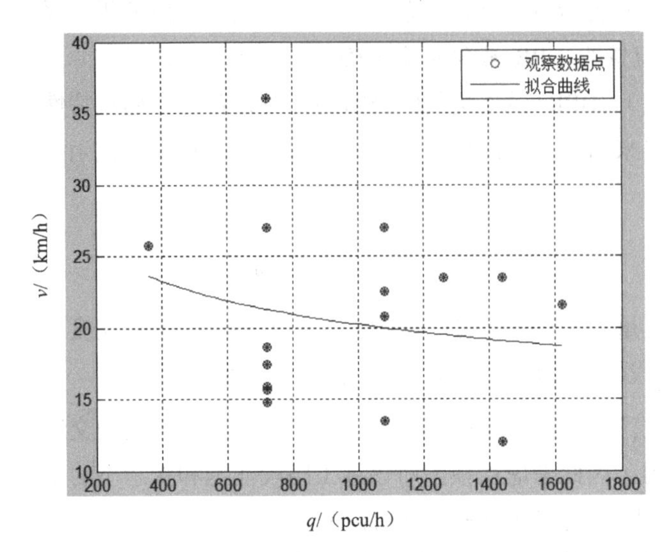

图 8　实测速度-流量 BPR 模型标定拟合函数

实测速度-流量 BPR 模型标定结果为

$$c = 960\text{pcu/h}，\ \alpha = 1.6，\ \beta = 0.6，\ v_f = 23.08\text{km/h}$$

由实测数据修正后的该交通事故路段通行能力值为 960pcu/h，为基本通行能力修正计算值的 88.89%。实际上，对于城市道路占道施工区来说，车辆的运行状况更为复杂，因此交通事故路段通行能力的折减系数还需要进行进一步的研究。

5.3 问题2　城市占道交通事故路段同一横断面交通事故所占车道不同对该横断面实际通行能力影响的差异

5.3.1　城市道路路段实际通行能力计算

同 5.2.1.1 节所述的方法，对视频信息进行采集。

（1）标准流程-人工采集视频信息结果。将标准流程-人工采集视频信息结果数据间隔 10s 进行处理，并绘制成图，如图 9 和图 10 所示。

（2）计算机辅助-算法采集视频信息结果（由 MATLAB 得到结果）。将计算机辅助-算法采集视频信息结果数据每隔 10s 进行处理，并绘制成图，如图 11 和图 12 所示。

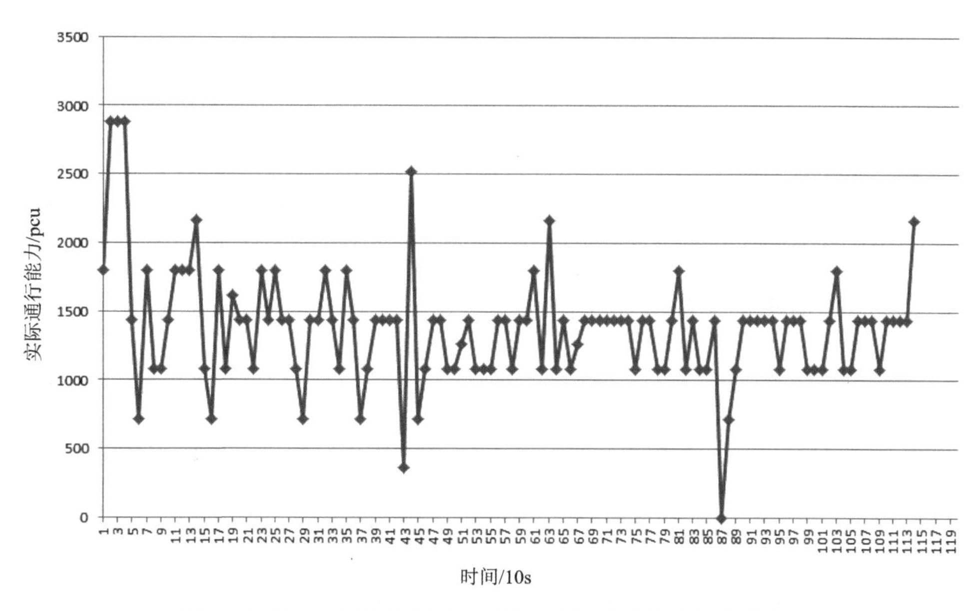

图 9　间隔 10s 标准流程-人工采集视频 2 中实际通行能力结果

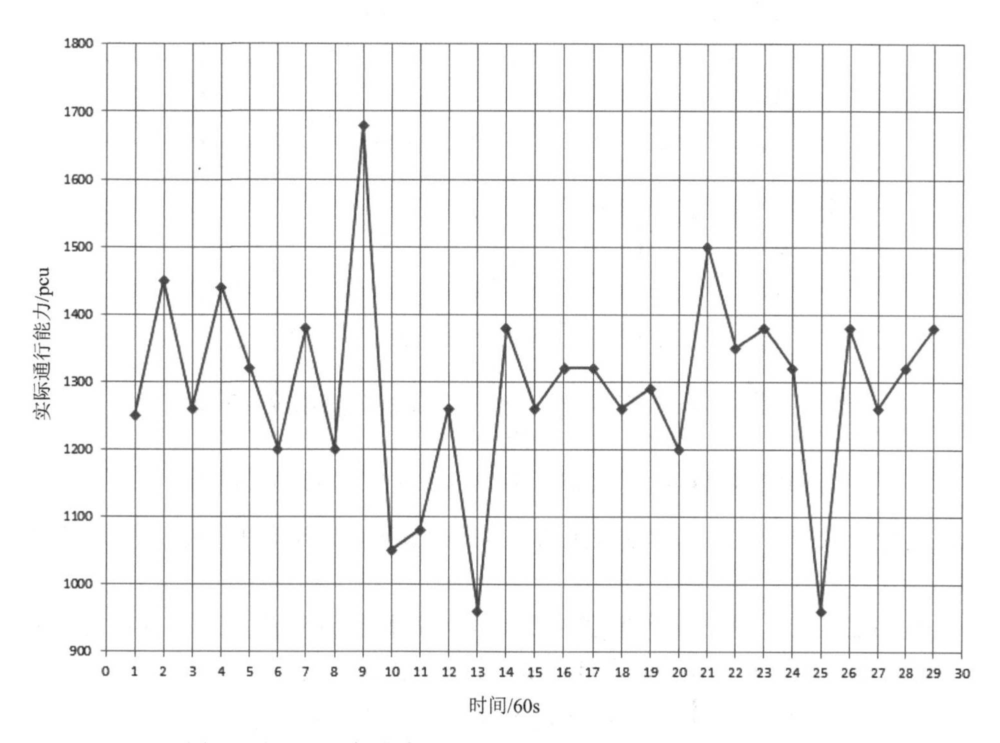

图 10　间隔 60s 标准流程-人工采集视频 2 中实际通行能力结果

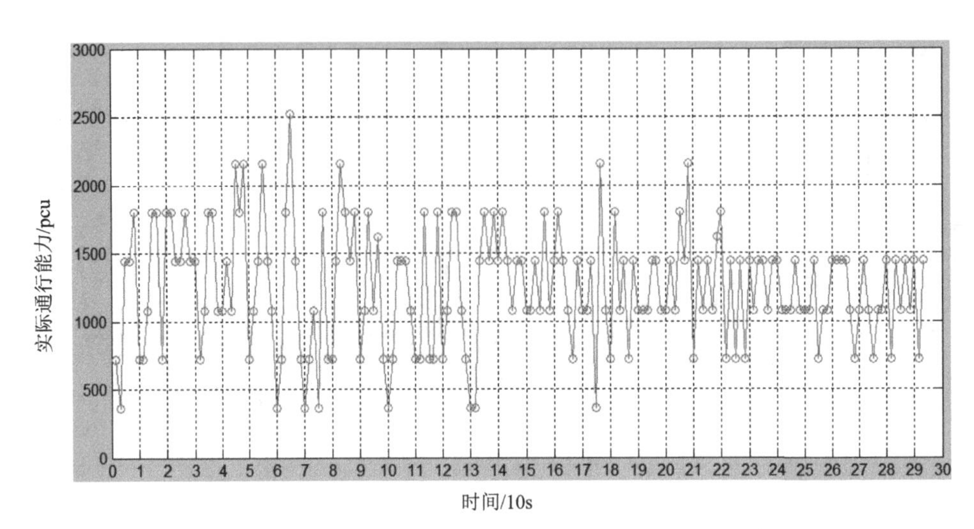

图 11 间隔 10s 计算机辅助-算法采集视频 2 实际通行能力结果

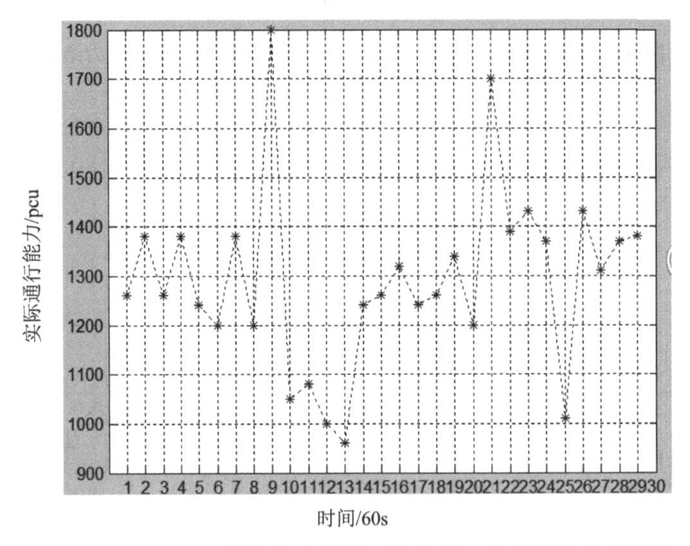

图 12 间隔 60s 计算机辅助-算法采集视频 2 实际通行能力结果

5.3.2 基于实测速度-流量修正的基本通行能力修正模型计算视频 2 事故路段实际通行能力

同 5.2.1.2 节，基于实测速度-流量修正的基本通行能力修正模型计算实际通行能力，首先确定基本通行能力修正模型的各项折减系数：

$$C_p = C_B \prod f_i = C_B \times f_N \times f_W \times f_{CW} \times f_F \times f_C \times f_B \tag{3.1}$$

针对问题 2，即视频 2 所得数据各项折减系数分析同 5.2.1.2 节。

（1）车道封闭形式折减系数的确定。视频2与视频1的最大区别在于对单向3车道封闭外侧2车道条件的变换，故存在较大车道封闭形式折减系数变化，需要对其进行VISSIM仿真分析。

不同的路段车道的封闭形式不同，不同的车道封闭形式造成车辆行驶和变换车道的行为不同，引起不同的车流紊乱程度，对通行能力产生不同影响。首先建立单向3车道封闭外侧2车道施工区仿真模型，如图13所示。利用车速调查数据将设定试验的车速设为30～60km/h，并将其调整为正态分布。在作业区后方车道上设置监测器获取拥挤状态下通过作业区的交通量，并以此作为作业区的通行能力。

图13　单向3车道封闭外侧2车道仿真

根据仿真结果，以一定间隔调整上流到达流量，所对应的下游事故车段流量见表7。

表7　单向3车道封闭外侧2车道施工路段交通流量表

输入量 /（veh/h）	3600	3000	2500	2000	1500	1200	1000	800
事故区流量 /（veh/h）	1704	1713	1660	1497	1452	1163	971	777

由表7可知，该路段疏散性强，在输入量为800～3600veh/h时，事故区流量基本与输入量成正相关，若输入量大于3600veh/h，会造成下游拥堵，事故区流量降低，故认为在单向3车道封闭外侧2车道后，通行能力为1478pcu/h，

此道路单车道基本通行能力$C_B=1800$pcu/h，故事故区流量为1478pcu/h；因此，在单向3车道封闭外侧2车道的条件下，车道封闭形式折减系数$f_B=1478/1800$。

（2）其他折减系数的确定。

道路条件：① $f_N=1$；② $f_W=0.84$；③ $f_{CW}=1$；④ $f_F=0.94$。

交通条件：$f_C=0.97$。

（3）基于实测速度-流量的BPR模型的路段实际通行能力修正。通过各影响因素对事故路段通行能力的折减系数，计算交通事故路段通行能力。同5.2.1.2所述方法，结果如图14所示。

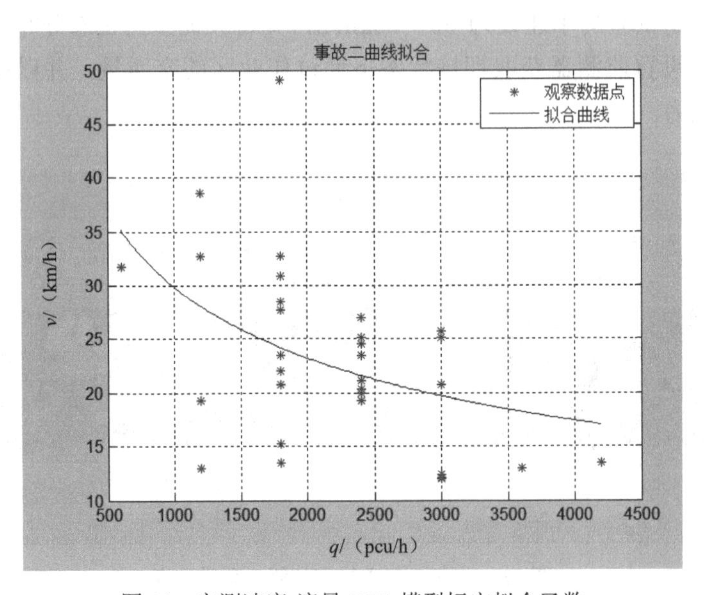

图14 实测速度-流量BPR模型标定拟合函数

模型标定结果如下：

实测速度-流量BPR模型标定结果为

$$c=1286\text{pcu/h}，\ \alpha=1.6，\ \beta=0.6，\ v_f=23.08\text{km/h}$$

由实测数据修正后的该交通事故路段通行能力为1286pcu/h。

与视频1中用这种方法求得的通行能力值进行比较，960pcu/h<1286pcu/h，说明交通事故发生在内侧2车道对实际通行能力影响更大。

5.3.3 同一横断面交通事故所占车道不同对该横断面实际通行能力影响的差异比较及分析

5.3.3.1 结合视频2，得到同一横断面交通事故所占车道不同对该横断面实际通行能力影响的差异

对视频2采用标准流程-人工采集视频信息和计算机辅助-算法采集视频信息结果数据进行两独立样本的非参数检验，结果见表8和表9。

表 8 间隔 10s 标准流程-人工采集视频 1 和视频 2 实际通行能力的比较

实际通行能力	均值	标准差	P 值
视频 1 实际通行能力	1139.2	373.4	0.03
视频 2 实际通行能力	1291.8	401.0	

表 9 间隔 10s 计算机辅助-算法采集视频 1 和视频 2 实际通行能力的比较

实际通行能力	均值	标准差	P 值
视频 1 实际通行能力	1110.3	356.4	0.03
视频 2 实际通行能力	1235.2	385.1	

对前后两次交通事故用 SPSS 进行两独立样本的非参数检验，两种方式采集数据均得到 $P<0.05$，有统计学意义。这表明交通事故发生在内侧 2 车道对实际通行能力影响更大。

由图 15 可见视频 2 平均实际通行能力大于视频 1。

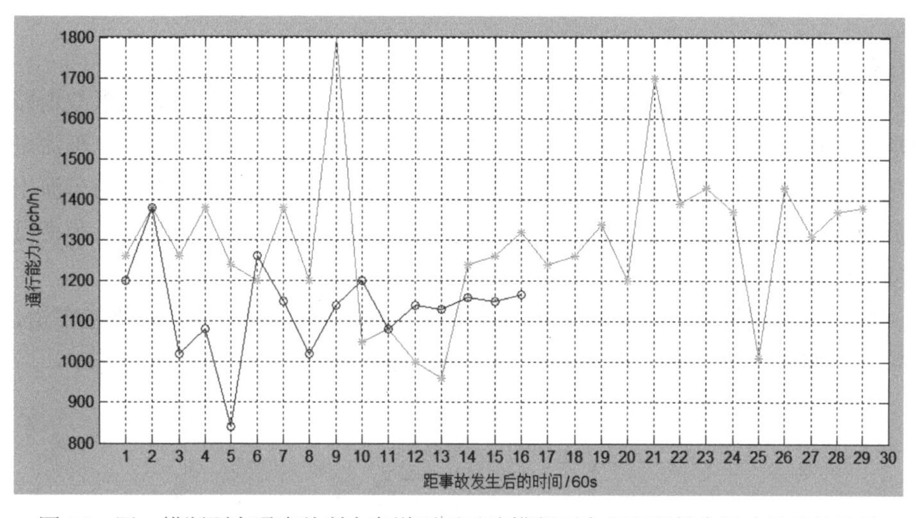

图 15 同一横断面交通事故所占车道不同对该横断面实际通行能力影响的差异比较

5.3.3.2 同一横断面交通事故所占车道不同对该横断面实际通行能力影响的差异分析

（1）车速对横断面实际通行能力影响。通过对平均车速进行计算，得知内侧道的车速大于外侧道，并有

$$N_{最大}=\frac{3600}{h_t}=\frac{3600}{l_{\min}/\dfrac{V}{3.6}}=\frac{1000V}{l_{\min}} \tag{3.2}$$

式中：N为最大交通量（辆/h）；$l_{\min}$为最小安全距离；V为车辆行驶速度。

由此可知内侧道的最大交通量大于外侧道，即内侧道的实际通行能力大于外侧道。

（2）超车方式对横断面实际通行能力的影响。超车一般从外侧道向内侧道进行超车，当外侧道因交通事故被堵时，超车则从外侧道向内侧道进行正常超车；当内侧道因交通事故被堵时，超车则需要从内侧道向外侧道进行超车，这增加了司机的反应和制动时间等，会使交通能力降低。

（3）其他因素对横断面实际通行能力的影响。例如外侧道有较多摩托车等小型机动车辆，外侧道路面的平整度、外侧道分叉路口等因素影响着外侧道行车司机的反应时间等，使修正系数减小，从而降低实际通行能力。

综上所述，内侧道被堵时，实际交通能力下降量明显大于外侧道被堵时的实际通行能力。

5.4 问题3 基于占道交通事故区交通流模型对4个交通参数关系的求解

5.4.1 定性关系

基于5.1.1.3节城市交通事故路段交通流特征的分析[9]，可知交通事故道路路段形成交通瓶颈，道路通行能力降低，易造成交通拥挤。如图16所示，车流进入瓶颈段时会产生一个相反方向的车流波 S，导致在瓶颈段上游路段上的车流出现紊流现象。因此通过分析车流波的传播速度能够探寻施工区交通流流量和密度、速度之间的关系，分析施工瓶颈段产生的拥堵问题。

假设一条直线路段被垂直横断面S分为A、B两部分，A表示正常三车道，B表示包含拥塞段及过渡区的事故区，S称为车流波的波面，如图16所示。

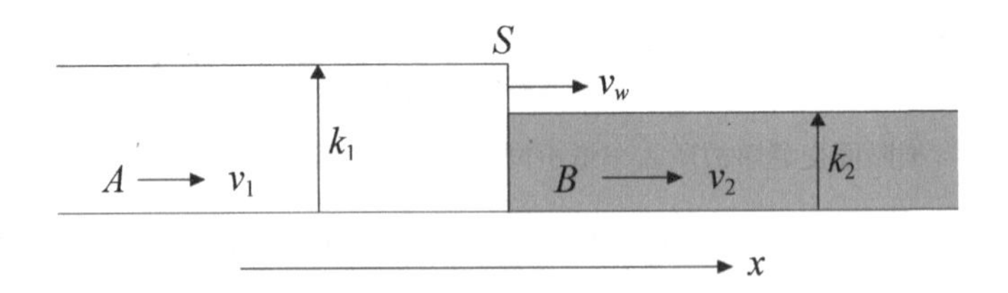

图16 两种密度的车辆运行状况

设S的速度为v_w（沿行车道向右传播），A段的车流密度为k_1、区间平均速度为v_1，B段的车流密度为k_2、区间平均速度为v_2，则由交通流量守恒定律可计算出在时间t内通过界面S的车数：

$$N=(v_1-v_w)k_1t=(v_2-v_w)k_2t \tag{4.1}$$

即

$$(v_1-v_w)k_1=(v_2-v_w)k_2$$

整理后：

$$v_w(k_2-k_1)=(v_2k_2-v_1k_1) \tag{4.2}$$

设 A、B 两路段的车流量分别为 q_1 、q_2 ，由 $s=1$，故 $q=v\ \times k$ ，代入式(4.2)，可以得到车流波的传播速度：

$$v_w=\frac{q_2-q_1}{k_2-k_1} \tag{4.3}$$

当 $q_2>q_1$， $k_1<k_2$ 时，由式（4.3）可知 $v_w<0$ ，表明车流波的方向与原车流方向相反，此时瓶颈内通行能力达到饱和，B 路段的车辆车流波被迫后涌，形成拥塞，车辆排队延长。

由于车流波的波面即 B 路段上排队（拥堵）车流的截面，那么排队长度的增加速度为 v_w，因此，排队长度

$$l(t)=v_wt+l_0 \tag{4.4}$$

式中：t 为排队持续时间；$l(t)$ 为 t 时刻排队长度；l_0 为初始排队长度。

将式（4.3）代入式（4.4）中，可以得到

$$l(t)=\frac{q_2-q_1}{(k_2-k_1)}\times t+l_0 \tag{4.5}$$

当 B 路段车流拥堵时，由于事故横断面实际通行能力为排队路段车流量的瓶颈，其最大交通量被事故区实际通行能力限制，故 $q_2=C_q$， $k_2=\frac{1}{l_{\mathrm{m}}}=\frac{q_2}{v_2}$。因此将 $k_1=\frac{q_1}{v_1}$、 $q_2=C_q$、 $k_2=\frac{1}{l_{\mathrm{m}}}$ 代入式（4.5），可以得到

$$l(t)=\frac{C_q-q_1}{\frac{q_1}{v_1}-\frac{1}{l_m}}\times t+l_0 \tag{4.6}$$

或者

$$l(t)=\frac{C_q-q_1}{\left(\frac{C_q}{v_2}-\frac{q_1}{v_1}\right)}\times t+l_0 \tag{4.7}$$

当车流量大且接近实际通行能力时，所有的车辆处于跟驰行驶的状态，由跟驰行驶模型理论可知，跟驰状态车头间距 l_{m} 以及速度 v_2 服从正态分布，此时的车

头时距值基本上可认为是恒定的，因此可以认为式（4.6）和式（4.7）是交通事故影响路段车辆排队长度与事故横断面实际通行能力、事故持续时间、路段上游车辆间的定性关系的表达式。

5.4.2 定量关系

5.4.2.1 实测方法

针对附件1给出的数据，以60s为周期，根据问题1的结论，可知事故发生后占道交通事故区路段一直处于排队状态，即从宏观整体考虑，那么针对视频1提供的数据，整体上$q_2 > q_1$，$k_1 < k_2$，故我们可以假设从事故发生后占道交通事故区路段一直处于排队状态。

那么，由问题1的结论可知：v_1为畅行速度，根据《城市道路工程设计规范（CJJ 37－2012）》可知此道路条件下v_1=60km/h，提取实测状态跟驰状态车头间距l_m以及速度v_2，得到v_2=20，那么将v_1=60km/h、l_m、v_2代入式（4.6）或式（4.7）可以得到

$$l(t)=\frac{c_q-q_1}{\left(\frac{c_q}{20}-\frac{q_1}{60}\right)}\times t+l_0 \tag{4.8}$$

5.4.2.2 基于速度-流量的BPR模型的理论计算方法

问题1中建立的实测速度-流量的BPR模型可以用来求解在跟驰行驶状态下的v_2。

$$v(q)=\frac{v_f}{1+\alpha(q/c_q)^{\beta}} \tag{4.9}$$

式中：$v(q)$为流量为q时路段的行程速度；v_f为路段的畅行速度（道路非饱和情况下）；c_q为路段的实际通行能力；α、β为回归系数。

利用问题1结论中的拟合结果，得到函数

$$v(q)=\frac{60}{1+2.4\times(q/c_q)^{0.2}} \tag{4.10}$$

当$q=C_q$时，$v(q)=v_2$。

因此，得到模型

$$l(t)=\frac{c_q-q_1}{\left(\frac{c_q}{\frac{v_f}{1+\alpha\times(q/c_q)^{\beta}}}-\frac{q_1}{v_1}\right)}\times t+l_0 \tag{4.11}$$

那么v_1=60km/h，当刚开始发生交通事故，即t=0时，l_0=0，同时c_q为B段

实际通行能力，将其代入模型中通过已有数据可以求得 c_q 为 1080pcu/h，这个值正好接近问题 1 中实际通行能力的平均值。

5.4.2.3　基于 VISSIM 软件仿真方法模型的评价检验与修正

方法同上，根据视频 1 所提供的数据，路段上游车流量为 1500pcu/h，实际横截面通行能力为 1100pcu/h，建立仿真，改变事故持续时间，得到表 10，将仿真与模型比较绘图，如图 17 所示，经非参检验，两者无显著差异（$P>0.05$）。

表 10　仿真与模型比较

事故持续时间 /min	10	13	16	19	22	25	28	31
事故区流量 /（veh/h）	61.5	79.95	98.4	116.85	135.3	153.75	172.2	190.65
事故持续时间 /（min）	10	13	16	19	22	25	28	31
事故区流量 /（veh/h）	65.2	72.7	97.4	115.95	147.5	159.2	179.6	192.7

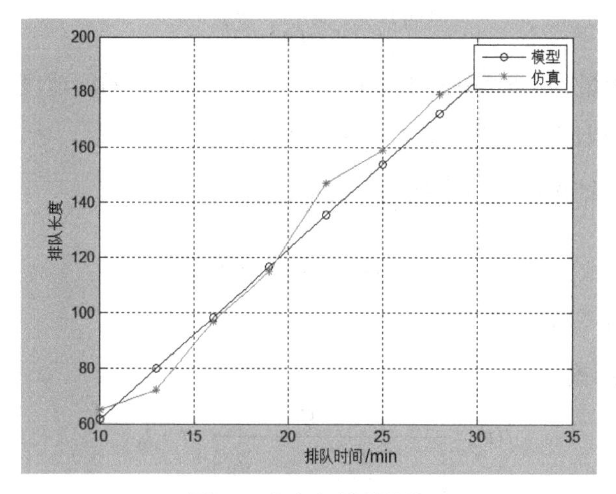

图 17　仿真与模型比较

5.5　估算车辆排队的长度到达上游路口的时间

5.5.1　基于占道交通事故区交通流模型估算车辆排队的长度到达上游路口的时间

5.5.1.1　根据实测方法问题 3 得到的公式

针对附件 1 给出的数据，以 60s 为周期，根据问题 1 的结论，可知事故发生后占道交通事故区路段一直处于排队状态，即从宏观整体考虑，那么针对视频 1 提供的数据，整体上$q_2 > q_1$，$k_1 < k_2$，故我们可以假设从事故发生后占道交通事故区路段一直处于排队状态。

那么，由问题 1 的结论可知：v_1为畅行速度，根据《城市道路工程设计规范（CJJ 37－2012）》可知此道路条件下v_1=60km/h，提取实测状态跟驰状态车头间距l_m以及速度v_2，得到v_2=20，那么将v_1=60km/h、l_m、v_2代入式（4.6）或（4.7）可以得到

$$l(t) = \frac{c_q - q_1}{\left(\frac{c_q}{20} - \frac{q_1}{60}\right)} \times t + l_0 \tag{5.1}$$

横断面距离上游路口 140 米即$l(t) = 140\text{m}$，路段上游车流量为 1500pcu/h 即$q_1 = 150\text{pcu/h}$，代入式（5.1）可以求得$t = 10.25\,\text{min}$。

5.5.1.2　根据 BPR 模型问题 3 得到的公式

问题 1 中建立的实测速度-流量的 BPR 模型可以用来求解跟驰状态下的v_2。

$$v(q) = \frac{v_f}{1 + \alpha(q / c_q)^{\beta}} \tag{5.2}$$

式中：$v(q)$为流量为q时路段的行程速度；v_f为路段的畅行速度（道路非饱和情况下）；c_q为路段的实际通行能力；α、β为回归系数。

利用问题 1 结论中的拟合结果，得到函数

$$v(q) = \frac{60}{1 + 1.6 \times (q / c_q)^{0.6}} \tag{5.3}$$

当$q = c_q$时，$v(q) = v_2$。

因此，得到模型

$$l(t) = \frac{c_q - q_1}{\left(\frac{c_q}{\frac{v_f}{1 + \alpha(q / c_q)^{\beta}}} - \frac{q_1}{v_1}\right)} \times t + l_0 \tag{5.4}$$

那么v_1=60km/h，当刚开始发生交通事故，即t=0 时，l_0=0，同时c_q为B段实际通行能力，将其带入模型中，通过已有数据可以求得c_q为 1080pcu/h，这个值正好接近问题 1 中实际通行能力的平均值。

$$l(t)=\frac{c_q-q_1}{\left(\frac{c_q}{v_2}-\frac{q_1}{v_1}\right)}\times t+l_0 \tag{5.5}$$

$$v_2=v(q)=\frac{v_f}{1+\alpha(q/c_q)^{\beta}} \tag{5.6}$$

当 $v(q)\to c_q$ 时，那么 $v_1=60\text{km/h}$，当刚开始发生交通事故，即 $t=0$ 时，$l_0=0$，同时 c_q 为 B 段实际通行能力，将其代入模型中，通过已有数据可以求得 c_q 为 1080pcu/h，这个值正好接近问题 1 中实际通行能力的平均值。

横断面距离上游路口 140 米即 $l(t)=140\text{m}$，路段上游车流量为 1500pcu/h 即 $q_1=150\text{pcu/h}$，代入式（5.5）和式（5.6）可以求得 $t=11.67\min$。

两种方法所得到的时间平均值为 $10.96\min$，由此可以得知从事故发生开始，经过 $10.96\min$，车辆排队长度将到达上游路口。

5.5.2 基于 VISSIM 软件仿真方法模型估算车辆排队的长度到达上游路口的时间

VISSIM 是一种微观、基于时间间隔和驾驶行为的仿真建模工具，由交通仿真器和信号状态产生器两部分组成，通过接口交换检测器数据和信号状态信息。VISSIM 既可以在线生成可视化的交通运行状况，也可以离线输出各种统计数据，如行程时间、排队长度等。VISSIM 可以用以建模和分析各种交通条件下（车道设置、交通构成、交通信号、公交站点等），城市交通和公共交通的运行状况，是评价交通工程设计和城市规划方案的有效工具。

微观交通流特性参数包括各种车辆的期望车速分布曲线、车辆的加减速特性、车辆的几何尺寸、驾驶员行为参数设置等。对微观交通流特性参数标定的方法是将交通仿真系统输出的数据与实际调查的数据进行对比，发现其中不符合实际情况的地方，然后不断调整输入的交通参数，将误差缩小到可接受的范围内。

根据视频 1 所提供的数值，建立仿真系统，封闭内侧 2 车道，保持外车道通畅。事故持续时间为 10.96min。

（1）车辆特性参数标定。本次仿真中采用的车辆特性参数见表 11。

表 11 仿真与模型比较

参数名称		参数值
期望车速	Car	20～35km/h
	HGV	15～25km/h

续表

参数名称	参数值
车辆的加、减特性	默认
车辆的几何尺寸	默认
交通事故段限速	30km/h

（2）驾驶行为参数标定。交通流理论中对驾驶员的跟车行为和车道变换行为都建立了相关的模型，这些交通微观仿真模型运用大量的独立参数来描述交通系统运行、交通流特性以及驶员行为等，参数的取值对仿真结果有很大的影响。通过对不同微观交通流特性参数下交通仿真系统输出的数据与实际调查的数据进行对比，最终确定驾驶行为参数，见表12。

表12 驾驶行为参数标定

参数	紧急停车距离/m	车道变换距离/m	换道消失时间/s	最小车头时距/s	观察测量数/veh	平均静止距离/m	安全距离增量参数
数值	3	175	60	0.5	3	1.5	1.5

（3）宏观交通流特性参数标定。宏观交通流特性参数包括车型分类、交通量组成、流量输入、路径选择。VISSIM中宏观交通流参数包括交通流、车辆的组成，此处输入高峰时的实际调查数据，交通量为1500veh/h，大型车比例为6.5%。

（4）行驶规则设置。由于发生事故路段上游车辆合流会产生冲突，因此需要对上游过渡区设置优先规则，优先规则设置为外侧车道优先于中间车道，中间车道优先于内侧车道，设置加减速区域和限速区域。

（5）进行仿真并输出结果，如图18所示。

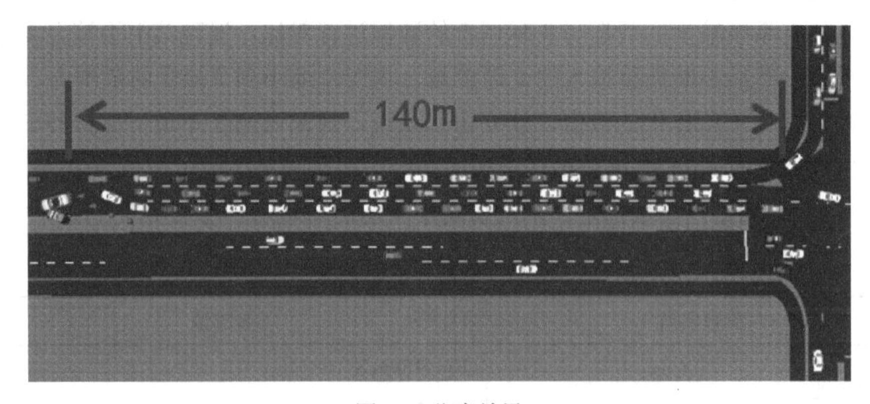

图18 仿真效果

输出结果：堵车队伍到达路口处需 11.67min。

六、模型的评价

6.1 优点

（1）本文在建立模型输入图像时，创新性地以 0.2s 为间隔取帧，以固定两点的像素值变化作图，通过峰值和谷值的个数确定车数，并通过峰间距或谷间距对车进行分类，计算实际通行能力。此方法计数较为准确、简洁，可推广性强，适用于大多数交通事故中车辆的计数与计量实际交通量的变化。

（2）本文在问题 1 和问题 2 中，从计算机辅助计数、人工采集数据和基于实测速度-流量的 BPR 模型三种不同的角度，分别以 10s、60s 为周期统计事故一和事故二实际交通量的变化，阐明事故一和事故二在 1min 内的实际通行能力符合泊松分布，数据充分，论证详细有力。本文通过基于实测速度-流量的 BPR 模型计算出发生事故后的实际波动值，将定性描述波动变化转为定量描述，描述更加准确、详细。

（3）本文采用人工采集视频信息方法和计算机辅助-算法采集视频信息统计每个 10s 的大车和小车数，并将两者的数据用非参数检验，以此来检验人工采集视频信息方法的可行性，并将其推广。

（4）从微观与宏观两个层面分析事故所处横截面实际通行能力，同时从其微观层面分析其变化过程。其中，对于实际通行能力的计算，采用人工实测与理论计算两种方法，并相互校正与修订。

（5）对于问题 3，模型立足于交通流模型，综合考虑车辆排队长度与事故横断面实际通行能力、事故持续时间、路段上游车流量等多种影响因素，建立以横断面实际通行能力为因变量的方程，方法可推广性强，适用于大多数交通事故判断实际通行能力的情况。

（6）运用仿真进行数据检验，得到真实可行的答案。

6.2 缺点

（1）由于视频时间短，数据不够多，因此得到的结果还不够精确。

（2）计算机辅助-算法采集视频信息方法不太适合视角发生变化的视频。

参考文献

[1] 关伟，何蜀燕，马继辉．交通流现象与模型评述[J]．交通运输系统工程与信息，2012，12（3）：90-97．
[2] 刘慕仁，薛郁，孔令江．城市道路交通问题与交通流模型[J]．力学与实践，2005，27（1）：1-6．
[3] 傅裕寿．交通流理论[J]．力学与实践．1989（4）：5-25．
[4] 柏伟，李存军．基于不同限速条件下的超车模型研究[J]．交通运输系统工程与信息，2013，13（2）：63-68．
[5] 北京市市政工程设计研究总院．城市道路工程设计规范（CJJ 37－2012）[M]．北京：中国建筑工业出版社，2012．
[6] 李志平．城市信号控制交叉口通行能力研究[D]．西安：长安大学，2010．
[7] 祝付玲．城市道路交通拥堵评价指标体系研究[D]．南京：东南大学，2006．
[8] 杨中良，林瑜，高霄．恶劣天气条件下城市快速路通行能力研究[J]．交通信息与安全，2010，28（1）：75-78．
[9] 纪英，高超．道路堵塞时排队长度和排队持续时间计算方法[J]．交通信息与安全，2009，27（增刊1）：41-42．
[10] 李喜华．城市占道施工对路段交通影响的研究[D]．北京：北京交通大学，2011．

【论文评述】

本论文主要解决当道路发生交通事故，车道被占用时对城市交通道路通行能力的影响评价问题。

在论文写作上，摘要是竞赛论文的重中之重，应是整篇论文内容的高度浓缩和全面概述，本论文摘要文字精练，表达准确，充分体现论文的特色和创新点。摘要先对问题进行整体描述，而后针对所研究的每一个问题，都清晰地说明了使用的方法、建立的模型、求解的过程、主要的结果、解决的问题、反映的效果以及特色和创新点，除了解决了基本问题外还做了什么有意义的工作等。

正文的写作分6个部分，各部分条理清楚、突出模型、凸显重要结果，结果采取图示和数据表格的描述方式增强了说服力。尤其值得提出的是，本文运用基于实测数据校正的基本通行能力修正模型和基于VISSIM仿真校正的交通流模型对问题进行理论分析，以及基于人工及MATLAB算法数据采集方法进行实测分析，从理论与实际两个方面对实际交通能力及其变化过程进行分析描述。此外，对于优化模型的写法按照分-总的方式进行，先写目标函数，再分别逐步分析约束条件，最后再把所有模型综合起来，这种写法逻辑清晰，容易看懂，是优化模型写法的一种较好的范式。

模型的建立与求解也是竞赛论文的核心内容。本文针对题目将所有的有效工作和创造性成果都在这里充分、清晰、准确地展现出来。在建立模型输入图像时，创新性地以 0.2s 为间隔取帧，以固定两点的像素值变化作图，通过峰值和谷值的个数确定车数，并通过峰间距或谷间距对车进行分类，计算实际通行能力。此方法计数较为准确、简洁，可推广性强，适用于大多数交通事故中车辆的计数与计量实际交通量。

不足之处在于数据获取不足，结果的精确度稍有欠缺。

综上所述，该论文思路清晰、层次分明、结构完整、数据可靠、论证有力、格式规范、文字准确、语义完整、表述清晰，具有较好的逻辑性、系统性和连贯性，是一篇上乘的全国一等奖论文。

雷玉洁　张开元

2014年A题

嫦娥三号软着陆轨道设计与控制策略

嫦娥三号于2013年12月2日1时30分成功发射，12月6日抵达月球轨道。嫦娥三号在着陆准备轨道上的运行质量为2.4t，其安装在下部的主减速发动机能够产生1500～7500N的可调节推力，其比冲（即单位质量的推进剂产生的推力）为2940m/s，可以满足调整速度的控制要求。嫦娥三号在四周安装有姿态调整发动机，在给定主减速发动机的推力方向后，能够自动通过多个发动机的脉冲组合实现各种姿态的调整控制。嫦娥三号的预定着陆点为19.51°W，44.12°N，海拔为–2641m（附件1）。

嫦娥三号在高速飞行的情况下，要保证准确地在月球预定区域内实现软着陆，关键问题是着陆轨道与控制策略的设计。其着陆轨道设计的基本要求：着陆准备轨道为近月点15km、远月点100km的椭圆形轨道；着陆轨道为从近月点至着陆点，其软着陆过程共分为6个阶段（附件2），要求满足每个阶段在关键点所处的状态；尽量减少软着陆过程的燃料消耗。根据上述基本要求，请你们建立数学模型解决下面的问题：

（1）确定着陆准备轨道近月点和远月点的位置，以及嫦娥三号相应速度的大小与方向。

（2）确定嫦娥三号的着陆轨道和在6个阶段的最优控制策略。

（3）对于你们设计的着陆轨道和控制策略做相应的误差分析和敏感性分析。

注：因篇幅原因，文中提及并未列出的“附件”均为题目自带，有需要的读者可在全国大学生数学建模竞赛官方网站（http://www.mcm.edu.cn/index_cn.html）上下载。

2014 年 A 题　全国一等奖

基于轨道优化算法和 Simulink 仿真的软着陆轨道设计和控制策略

参赛队员：晋旭锐　张文刚　郭福仁
指导教师：宋丽娟

摘　要

本文综合考虑了软着陆的 6 个不同阶段，以燃料最优为指标，使用仿真实现了最优轨道的确定。在避障阶段使用了一种基于平面拟合的障碍检测算法，实现了路程的最优化，最后提出了切合实际且具有创新意义的敏感度定义，实现了敏感度分析和误差分析。具体创新点和结果如下：

问题一：针对嫦娥三号在近月点和远月点处的速度大小和方向的确定，本文结合天体运动知识，如万有引力定律、开普勒定律等，以及借鉴行星在近日点和远日点的速度的求解方法，获得嫦娥三号在远月点和近月点的速度分别为 $v_1 = 1.6139\text{km/s}$ 和 $v_2 = 1.6922\text{km/s}$，方向朝向其轨道切线方向。

对于着陆准备轨道的近月点和远月点的确定位置，本文考虑近月点的选取影响着主减速阶段轨道的选取，而其轨道的选取又影响着最优控制策略，所以我们建立了主减速阶段的动力学模型，以耗燃最优为目标函数，并使用 Simulink 进行了仿真，最终得出近月点与着陆点的上方 3000m 的直线距离为 482km（与真实值相对误差为 5.24%），燃料消耗为 1.49t（与真实值相对误差为 6.43%），发动机推力为 7500N（与真实值相对误差为 0.31%），主减速时间为 534s（与真实值相对误差为 6.16%）。近月点、主减速阶段的末位置、月心三点构成三角形，结合三角形角和边的关系（已经获得近月点与着陆点的上方 3000m 之间的直线距离为 482km），本文最终获得近月点的坐标为 19.51°W，28.2113°N。这与真实近月点 19.0464°W，28.9989°N 非常接近，可见优化效果很好。相应的远月点位置为 19.51°W，28.211319°N。

问题二：嫦娥三号卫星的着陆过程共分为 6 个阶段，每个阶段都有着不同的目的及要求，要统一建立模型显然不合理，我们将 6 个阶段分开讨论。着陆准备轨道阶段：我们使用了问题一确定的最优近月点作为第一阶段轨道的近月点，然后以探测器在最优近月点的运动方向为其轨道方向，从而确定了第一阶段的轨道。关于主减速段和快速调整段的轨道选取，我们使用了问题一中燃料最优化条件下的最优轨道。在第四和第五避障阶段，我们使用了一种基于平面拟合的障碍检测算法，实现了路程的最优化，最后使用 MATLAB 2014a 编程实现了该算法，并在两幅高程图上分别标出了最优粗避障点为以100m×100m 为规格所划分的区域的坐标(12,10)和最优精避障点以 20cm×20cm 为规格所划分的区域的坐标(25,24)。

问题三：对于误差分析和敏感度分析，我们定义了敏感度的概念：当一些飞行器参数（如比冲、发动机推力）发生变化时，对燃料消耗量的影响程度。在这里着重分析了发动机推力和比冲的改变对燃料消耗量的影响，将两个指标的值上下浮动 10%，看哪个指标的变化对结果的影响更大，结果发现发动机推力发生改变对燃料的消耗量影响较为明显，即发动机的推力敏感度较大。在误差分析时，我们考虑了四方面的误差：一是假设所导致的误差；二是模型处理方法导致的误差；三是飞行器本身参数不稳定导致的误差；四是宇航测算中本身存在的测量误差。

本文以耗燃最优为目标函数求得最优轨道来确定近月点，具有实用性，同时使用 Simulink 进行仿真，仿真结果较为真实。在对敏感度的讨论中，结合实际定义了新的敏感度概念，并进行了讨论，有很强的创新意义。

关键词：Simulink；敏感度；软着陆；最优轨道

1 问题重述

嫦娥三号于2013 年12 月 2 日1 时 30 分成功发射，12 月 6 日抵达月球轨道。嫦娥三号在着陆准备轨道上的运行质量为 2.4t，其安装在下部的主减速发动机能够产生 1500～7500N 的可调节推力，其比冲（即单位质量的推进剂产生的推力）为 2940m/s，可以满足调整速度的控制要求。嫦娥三号在四周安装有姿态调整发动机，在给定主减速发动机的推力方向后，能够自动通过多个发动机的脉冲组合实现各种姿态的调整控制。嫦娥三号的预定着陆点为 19.51°W，44.12°N，海拔为 –2641m（附件 1）。

嫦娥三号在高速飞行的情况下，要保证准确地在月球预定区域内实现软着陆，关键问题是着陆轨道与控制策略的设计。其着陆轨道设计的基本要求：着陆准备轨道为近月点 15km、远月点 100km 的椭圆形轨道；着陆轨道为从近月点至着陆点，其软着陆过程共分为 6 个阶段（附件 2），要求满足每个阶段在关键点所处的状态；尽量减少软着陆过程的燃料消耗。根据上述基本要求，建立数学模型解决下面的问题：

（1）确定着陆准备轨道近月点和远月点的位置，以及嫦娥三号相应速度的大小与方向。

（2）确定嫦娥三号的着陆轨道和在 6 个阶段的最优控制策略。

（3）对于设计的着陆轨道和控制策略做相应的误差分析和敏感性分析。

2 模型假设

（1）假设月球引力场均匀，忽略月球自转。

（2）嫦娥三号在整个着陆过程不会发生机器故障。

（3）假设月球为近似球体。

（4）忽略地球引力等非月球引力及日月引力摄动对嫦娥三号轨道的影响。

（5）嫦娥三号飞行过程中受到的阻力是零。

（6）嫦娥三号着陆准备轨道为椭圆，月心为椭圆的其中一个焦点。

3 符号说明

（1）μ：月球引力常数。

（2）F：发动机推力。

（3）Q：发动机燃料的秒消耗量。

（4）M：探测器（嫦娥三号）的质量。

（5）φ：推力方向角，推力方向和当地水平线夹角。

4 问题分析

本文实际上是一个月球探测器（嫦娥三号）精确定点软着陆轨道设计及初始点选取问题。

针对问题一，要求确定着陆准备轨道的近月点和远月点的位置，因为近月点的位置和着陆轨道的确定密切相关，并且飞行器着陆轨道的优化意味着飞行器能消耗更少的燃料，从而携带更多科研器材，这对于飞行器十分重要。为此，本文拟先考虑主减速阶段，在耗燃最优的条件下确定该阶段的轨道，进而算出近月点到主减速阶段的末位置的直线距离。考虑把近月点、主减速阶段的末位置、月心三点构成三角形，结合三角形角和边的关系（已经算得与近月点之间的直线距离），本文拟最终获得近月点的坐标和相应的远月点的坐标。

关于探测器（嫦娥三号）在近月点和远月点处速度的确定，可以参考文献[1]提出的近日点和远日点速度的解法，进而给出嫦娥三号在近月点和远月点的速度（拟用轨道方程法）。本问的思路流程图如图 1 所示。

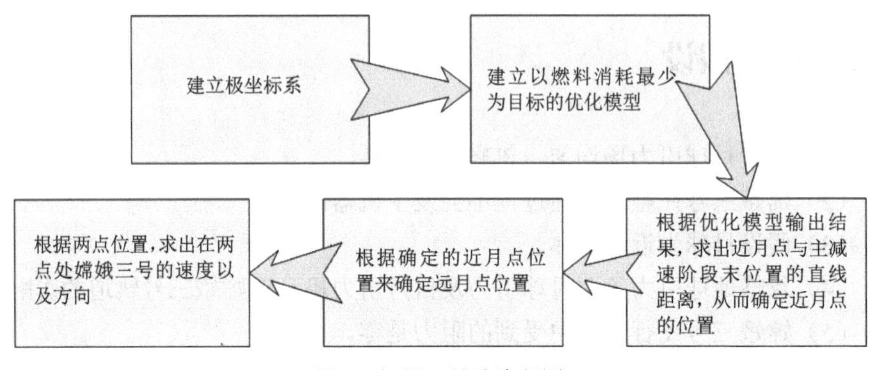

图 1　问题一思路流程图

针对问题二，要确定嫦娥三号着陆轨道和六个阶段的最优控制策略，我们将每个阶段分开考虑，对于第一阶段着陆准备轨道的最优控制策略，因为这个轨道的近月点和远月点都是确定的，相当于在这个轨道上的飞行器的速度是可知的，即它的能量是一个定值。所以在确定这条轨道的时候，为了使整个过程的燃料消耗最少，将第一阶段的近月点确定在第二阶段所求出的最优近月点处，第二阶段和第三阶段的最优控制策略我们沿用问题一的仿真结果，针对第四阶段和第五阶段的粗避障和精避障，我们考虑使用一种基于平面拟合的障碍检测算法，可使用 MATLAB 2014a 编程实现，进而在两幅高程图上找到最优避障点。

针对问题三要求的误差分析和敏感度分析，我们定义了敏感度的概念：当一些飞行器参数发生变化时，对燃料消耗量的影响程度。在这里我们着重分析发动机推力和比冲的改变对燃料消耗量的影响，将两个指标的值上下浮动 10%，看哪个指标的变化对结果的影响更大，哪项指标影响程度大，哪项指标的敏感度就大，在误差分析的时候，初步考虑四方面的误差：一是假设所导致的误差；二是模型处理方法导致的误差；三是飞行器本身参数不稳定导致的误差；四是宇航测算中本身存在的测量误差。

5 模型建立与求解

5.1 问题一：着陆准备轨道近月点和远月点位置的确定及嫦娥三号相应速度的大小和方向

为了确定近月点和远月点的位置，除了进行合理假设、建立相应坐标系外，我们还需要首先确定嫦娥三号在初始点（近月点）的速度和方向。当嫦娥三号从环月轨道开始软着陆时，首先进行霍曼变轨，进入着陆准备轨道，当到达近月点时，制动发动机点火，嫦娥三号进入主减速阶段；距月面大约 2.4km 时，水平速度减为 0，调整姿态后，嫦娥三号垂直降落至月面。本文仅研究从近月点开始至月面的着陆轨道及控制。因此，我们需要先确定其在初始位置（近月点）的速度和方向。

结合物理知识并查阅大量文献，本文参考文献[2]给出嫦娥三号在近月点和远月点的速度（轨道方程法）。

5.1.1 远近地点速度的计算

探测器（嫦娥三号）绕月的准备轨道如图 2 所示，月心位于其中一个焦点 F 上，$|AF|$ = 近月点高度与月半径之和，$|BF|$ = 远月点高度与月半径之和。

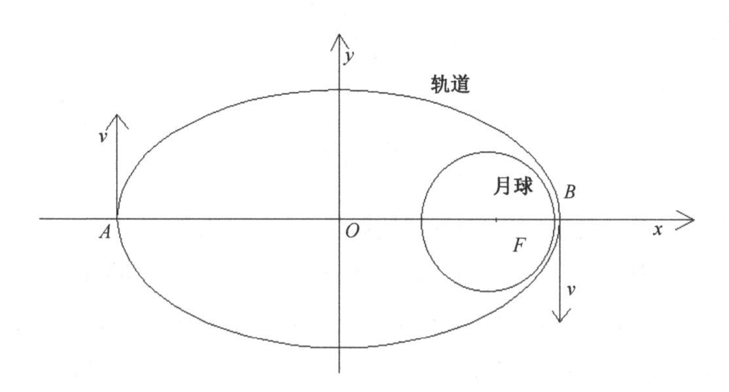

图 2　嫦娥三号绕月准备轨道示意图

椭圆轨道方程为

$$\frac{x^2}{a^2}+\frac{y^2}{b^2}=1$$

根据隐函数的求导法则，可获得 y 关于 x 的一阶和二阶导数：

$$y'=-\frac{b^2x}{a^2y},\quad y''=-\frac{a^2b^2y^2+b^4x^2}{a^4y^3}$$

根据曲率半径公式有

$$r=\left|\frac{(1+y'^2)^{\frac{3}{2}}}{y''}\right|$$

将 A 点坐标 $(-a,0)$ 代入可得 A 点的曲率半径：

$$R_A=\frac{a^2}{b}$$

类似地，远月点 B 的曲率半径为

$$R_B=R_A=\frac{b^2}{a}$$

根据万有引力提供向心力得

$$\frac{GM}{(a-c)^2}=\frac{mv_A^2}{R_A}$$

$$\frac{GM}{(a+c)^2}=\frac{mv_B^2}{R_B}$$

近月点速度：

$$v_A=\frac{b}{a-c}\sqrt{\frac{GM}{a}}$$

远月点速度：

$$v_B=\frac{b}{a+c}\sqrt{\frac{GM}{a}}$$

式中：G 为万有引力常量；M 为月球的质量；m 为嫦娥三号的质量。由题意可知 $|AF|=a-c$，$|BF|=a+c$。查阅数据可得 $R_{月}=1737.031\text{km}$，$G=6.67\times10^{-11}\text{N}\cdot\text{m}^2/\text{kg}^2$，$M=7.3477\times10^{22}\text{kg}$，$h_1=100\text{km}=1\times10^5\text{m}$，$h_2=15\text{km}=1.5\times10^4\text{m}$。$h_1$ 为嫦娥三号在远月点高度，h_2 为嫦娥三号在近月点高度。

远地点速度 $v_1=1.6139\text{km/s}$，方向与着陆轨道相切，指向前进方向。近地点速度 $v_2=1.6922\text{km/s}$，方向与着陆轨道相切，指向前进方向。

5.1.2 着陆准备轨道近远月点的确定——基于耗燃最优的主减速阶段动力学模型

不能将该问题看作一个简单的纯物理问题，因为近月点的确定关乎整条轨道的确定，然而轨道路径的确定又影响着航天器的燃料消耗和飞行器飞行时间。

对于一个航天器而言，越少的燃料消耗就代表着能携带更多的设备器材，从而完成更多的任务。因此，近月点位置的选取问题其实是一个以耗燃最优为目标的问题。

5.1.2.1 着陆过程中坐标系的建立

由于软着陆段的下降时间很短，一般仅为 200～400s，而月球自转一周所需时间一般为 27d 左右，因此此处不考虑月球自转所带来的影响，即建立坐标系时假设月球为一静止的圆球，而为了研究的方便，假设探测器沿平面轨道运行，建立如图 3 所示的坐标系。

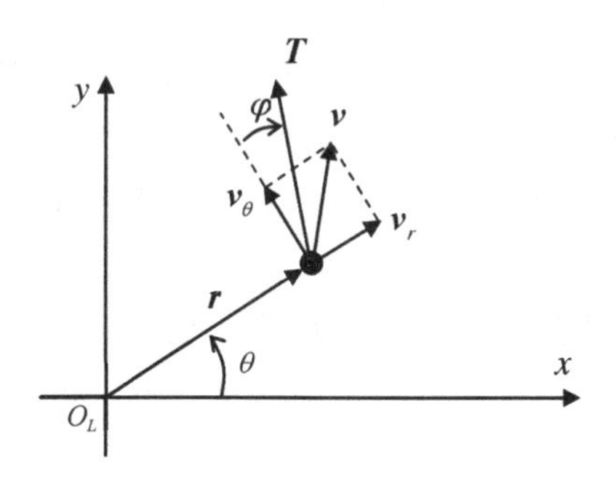

图 3　坐标系示意图

软着陆坐标系 O_Lxy 的坐标原点为月球的月心 O_L，O_Lx 轴由月心指向近月点，O_Ly 轴与 x 轴垂直，平面 O_Lxy 在无动力下降段的椭圆轨道平面内。建立其动力学方程：

$$\begin{cases} \dot{v}_r = -\dfrac{\mu}{r^2} + \dfrac{v_\theta^2}{r} + \dfrac{F}{m}\sin\varphi \\ \dot{v}_\theta = -\dfrac{v_r v_\theta}{r} + \dfrac{F}{m}\cos\varphi \\ \dot{r} = v_r \\ \dot{\theta} = \dfrac{v_\theta}{r} \end{cases}$$

式中：μ 为月球引力常数；F 为发动机推力；Q 为发动机燃料的秒消耗量；M 为探测器的质量；φ 为推力方向角，即推力方向和当地水平线的夹角。

5.1.2.2 模型的建立

为了求解近月点的位置，首先假设月球为不旋转圆球，且探测器在椭圆轨道所覆盖的平面内运动。因此，要优化的指标是燃料消耗，最优控制就是要确定软着陆推力方向角 φ 的变化规律，从而使性能指标最优，性能指标可以表示为

$$J=\int_0^t \dot{m}\mathrm{d}t \to \min$$

解得

$$J=\int_0^{t_f}\frac{T}{I_{sp}g_0}\mathrm{d}t=\frac{T}{I_{sp}g_0}t_f \to \min$$

式中：T 为发动机的推力；I_{sp} 为发动机的比冲；g_0 为月球的重力加速度。

当发动机的类型已经确定时，发动机的比冲和推力幅值都已确定，即发动机的燃料消耗率已经确定。此时性能指标变为飞行时间极小，即

$$J=t_f \to \min$$

5.1.2.3　模型的求解——优化算法（Pontryagin 极大/极小值原理）

为了解决这个问题，可使用一种优化算法中的间接算法，它是利用 Pontryagin 最大值原理求解最优化问题的必要条件，由此将问题归结为一个求解两点边值的问题。

Pontryagin 有一个显著特点，易于确定优化控制系统的普遍结构形式，因而应用甚广，成为求解最优控制问题的一种强有力的工具。最大值原理被许多著作沿用。

最优控制问题的一般提法如下：

（1）动态系统的微分方程，即状态方程为

$$\dot{x}_i=f_i(t,x_i,\ldots,x_n,u_1,\ldots,u_m),i=1,2,\ldots,n$$

写成向量形式为

$$\dot{X}=f\ (t,X,U)$$

其中 $X=(x_1,\ldots,x_n)^{\mathrm{T}}$，$U=(u_1,\ldots,u_m)^{\mathrm{T}}$

（2）方程组的初始状态已知，记为 $X(t_0)=X_0\in R^n$，而终值状态 $X_l(t_l)=X_l\in R^n(t_l>t_0)$ 称为目标点，终值受约束，即 $N\big(t_l,X(t_l)\big)=0$，这些均称为目标集 M。

（3）向量 $U(t)$ 称为控制向量，它满足一定的限制条件（如 $\alpha_i\leqslant u_i\leqslant\beta_i,i=1,2,\ldots,m$）；$U(t)$ 的值域 $U\subset R^m$，U 可以是 R^m 内的闭子集；而 $U(t)$ 的每个分量作为 t 的函数 $u_i(t)$，可以是分段连续的，总之，控制向量取自一个允许控制集 U_{ad}，即 $J(U(t))$。

（4）用 $J(U(t))$ 表示性能指标，一般为既含有积分项，又含有依赖终值状态的项，即

$$J(U(t))=\varphi(t_1,X(t_1))+\int_{t_0}^{t_f} f_0(t,X(t),U(t))\mathrm{d}t$$

设 $f_i(t,X,U)$、$\dfrac{\partial f_i}{\partial x_j}$、$f_0(t,X,U)$、$\dfrac{\partial f_0}{\partial x_i}$、$N$、$\varphi$、$\dfrac{\partial \varphi}{\partial x_i}$、$\dfrac{\partial N}{\partial x_j}$ 都在其定义的区域上连续，注意不要求对 u_i 的导数存在。

最优控制问题的提法：求 $U(t)\in U_{ad}$，使得系统从初始状态 $X(t_0)=X_0$ 出发，在某一大于 t_0 的时刻（有的问题 t_1 给定，有的问题 t_1 可动）达到目标集 M，并使性能指标泛函 $J(U(t))$ 达到极值。若问题有解 $U^*(t),t\in[t_0,t_1]$，则 $U^*(t)$ 称为最优控制，相应的状态方程的解 $X^*(t)$ 称为最优轨道。

总之，最优控制问题实质上是一种具有特定区域限制和微分方程约束及其他约束条件的泛函极值问题。

5.1.2.4　月球探测器软着陆轨道优化设计

（1）状态方程 $\dot{x}=(f_{1,}f_{2,}f_{3,}f_{4,}f_5)^{\mathrm{T}}$，即

$$\dot{v}_r=-\frac{u}{r^2}+\frac{v_\theta^2}{r^2}+\frac{F}{m}\sin\varphi$$

$$\dot{v}_\theta=\frac{v_\theta v_r}{r}+\frac{F}{m}\cos\varphi$$

$$\dot{r}=v_r$$

$$\dot{\theta}=\frac{v_\theta}{r}$$

式中，$m=m_0-Qt,0\leqslant t\leqslant t_f$。

（2）初始条件。由于初始时刻是在椭圆轨道的近月点，则初始条件为

$$\begin{cases} v_{r0}=0 \\ v_{\theta 0}=\sqrt{\dfrac{2\mu}{a}-\dfrac{\mu}{r_p}} \\ r_0=r_p \end{cases}$$

式中：r_p 为近月点月心距；a 为椭圆轨道半长轴。

（3）终端约束条件。由于采用 Pontryagin 极大值原理进行优化，约束多时共轭变量的初值很难选择，只约束月心距与切向速度，即优化目标是切向速度到 0，距月面 2.4km。由于径向速度很小，且在约束月心距与切向速度时，径向速度的增加量也很小，所以当优化结束时，探测器进行垂直软着陆，满足最终的约束：

$$\begin{bmatrix} v_r(t_f)-0 \\ v_\theta(t_f)-0 \\ r(t_f)-R_L \end{bmatrix}=0$$

（4）性能指标：

$$J=t_f \to \min$$

（5）哈密顿（Hamilton）函数。引入共轭变量 $\lambda=(\lambda_{vr},\lambda_{v\theta},\lambda_r,\lambda_\theta)$，其实这里的共轭变量也可以理解为为了消除状态方程微分约束而引进的拉格朗日乘子：

$$H=\lambda\left(-\frac{\mu}{r^2}+\frac{v_\theta^2}{r}+\frac{F}{m}\sin\varphi\right)+\lambda_{v\theta}\left(-\frac{v_r v_\theta}{r}+\frac{F}{m}\cos\varphi\right)+\lambda_r v_r+\lambda_\theta\frac{v_\theta}{r}$$

（6）极值条件（控制方程）：

$$H=[X^*(t),U^*(t),\lambda(t),t]=\min_{u(t)\in U}[X^*(t),u(t),\lambda(t),t]$$

由于控制量对所有的容许控制而言是无闭集约束，因此极值条件将和经典变分法的极值条件相同，即最优控制应满足的必要条件是哈密顿函数 H 对控制向量 $u(t)$ 的一阶导数为 0，这里控制量 $u(t)=\varphi(t)$，下文均满足此条件。

$$\frac{\partial H}{\partial u}[X^*(t),U^*(t),\lambda(t),t]=0$$

可以得到最优推力控制角为

$$\varphi^*=\arctan\left(\frac{-\lambda_{vr}}{-\lambda_{v\theta}}\right)$$

式中，负号表示 $\sin\varphi$ 和 $\cos\varphi$ 应取的符号。

（7）共轭方程（协态方程）。

$$\dot{\lambda}=-\frac{\partial H}{\partial x}$$

展开为

$$\dot{\lambda}_{vr}=-\frac{\partial H}{\partial v_r}=\frac{\lambda_{v\theta}}{r}-\lambda_r$$

$$\dot{\lambda}_{r\theta}=-\frac{\partial H}{\partial v_\theta}=\frac{-2\lambda_{vr}v_\theta+\lambda_{v\theta}v_r-\lambda_\theta}{r}$$

$$\dot{\lambda}_r=-\frac{\partial H}{\partial v_r}=-\lambda_{vr}\left(\frac{2u}{r^3}-\frac{v_\theta^2}{r^2}\right)-\lambda_{v\theta}\frac{v_r v_\theta}{r^2}+\lambda_\theta\frac{v_\theta}{r^2}$$

$$\dot{\lambda}_{vr}=-\frac{\partial H}{\partial\theta}=0$$

（8）横截条件：

$$\lambda(t_f)=\left(\frac{\partial\psi}{\partial X}\right)^{\mathrm{T}}\xi$$

写成分量形式：

$$\begin{cases}\lambda_{v\theta}(t_f)=\dfrac{\partial\psi}{\partial v_\theta(t_f)}\xi=\xi_1\\ \lambda_r(t_f)=\dfrac{\partial\psi}{\partial r(t_f)}\xi=\xi_2\\ \lambda_{vr}(t_f)=\dfrac{\partial\psi}{\partial v_r(t_f)}\xi=0\\ \lambda_\theta(t_f)=\dfrac{\partial\psi}{\partial\theta(t_f)}\xi=0\end{cases}$$

由极大值原理的横截条件式 $\lambda(t_f)=\left(\dfrac{\partial\psi}{\partial X}\right)^{\mathrm{T}}\xi$，$\lambda_\theta(t_f)=0$，得 $\lambda_\theta(t)=0$。

5.1.2.5　软着陆段优化模型的求解

采用极大值原理来选择最佳轨道的关键是选择合适的共轭变量的初值，使终端条件得以满足。动力学方程式中不显含时间 $H=0$，且终端时刻自由，故系统为一自治系统。可以采用改进的临近极值法来选择初值。

算法求解过程如下：

（1）任意选择一个共轭变量的初值。

（2）由于 $v_{\theta0}=0$，因此，给定 $\lambda_{v_{\theta0}}=-1$，再给定 λ_{r0}，利用式 $H=0$ 可求出另一初值：

$$\lambda_{v_r0}=-\frac{\lambda_{v_\theta0}f_{20}+\lambda_{r0}f_{30}}{f_{10}}$$

（3）把 $(\lambda_{v_r0},\lambda_{v_\theta0},\lambda_{r0},\lambda_{\theta0})$ 作为一组初值，将最优控制的表达式 $\varphi^*=\arctan\left(\dfrac{-\lambda_{vr}}{-\lambda_{v\theta}}\right)$ 代入动力学方程和伴随方程积分轨道，以 $r(t_f)=r_f$ 作为一条轨道计算的结束条件。

（4）如果由步骤（3）得到的轨道满足终端对速度的约束条件，则该轨道就是最佳轨道；如果不满足对速度的约束条件，则要调整 λ_{r0}，转到步骤（2）。

（5）以满足终端速度约束条件作为计算的结束。

为了使算法过程具体清晰，绘制流程图，如图4所示。

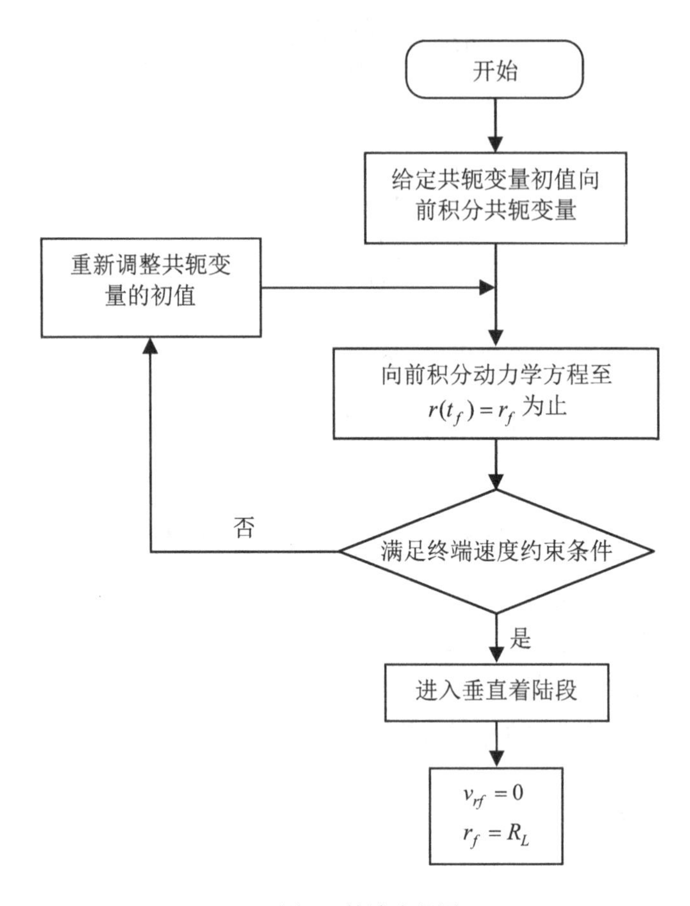

图4 算法流程图

5.1.2.6 系统仿真确定近月点位置

题目要求满足每个阶段在关键点所处的状态，根据附件2中“嫦娥三号软着陆过程示意图”可知，要求3000m时嫦娥三号基本位于目标上方，此时速度为57m/s，进入快速调整阶段，但出于着陆的精度考虑，在存在水平速度的时候认为它基本位于目标点上方是不科学的，且会造成极大误差，所以我们在仿真的时候考虑当2400m时水平速度为0，发动机方向与水平面竖直，以此减小实际误差。

在这里我们为了实现系统仿真，通过Simulink搭建模型，如图5所示。

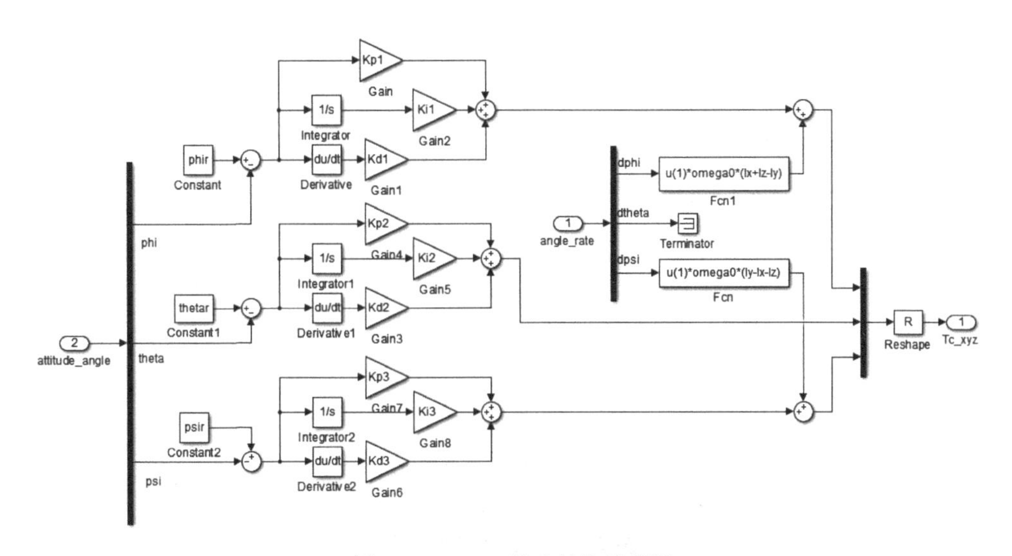

图 5 Simulink 搭建结构示意图

输入表 1 中的参数，得到仿真结果如图 6 和图 7 所示。

表 1 Simulink 输入参数表

名称	数值	名称	数值
发动机参数	$F=7500\text{N}$	月球半径	$R_L=1738\text{km}$
比冲	$I_{sp}=2940\text{s}$	初速度	$v_0=1692.2\text{m/s}$
月球常数	$\mu=4.88775\times10^{12}\text{m}^3/\text{s}^2$	初始质量	$m_0=2400\text{kg}$
初始点月心距	$r_0=1747\text{km}$	着陆点月心距	$r_f=1735\text{km}$

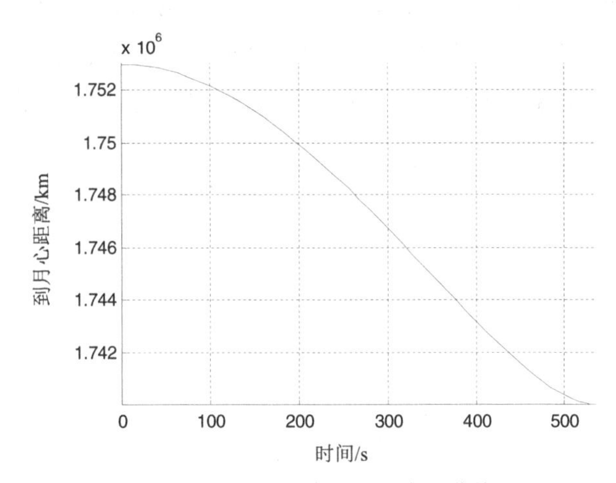

图 6 到月心距离随时间变化曲线

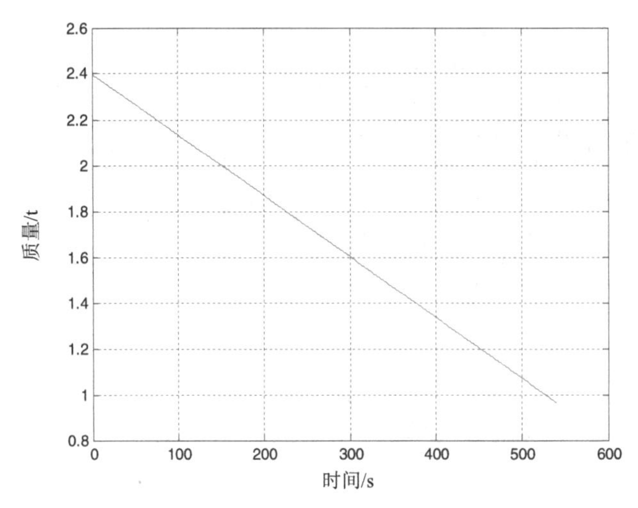

图7 质量随时间变化图

由系统仿真输出图像结果可知，该过程共用时534s。由图7可知，燃料的消耗速率始终恒定，说明在软着陆过程中发动机一直以最大推力工作。

同时，根据仿真结果可以求得近月点与主减速阶段末位置的直线距离以及俯仰姿态角（表2）。

表2 仿真关键输出结果表

近月点与主减速阶段末位置的直线距离	俯仰姿态角
482km	87.3°

同时查阅嫦娥三号相关资料可知，嫦娥三号近月点经度为19.0464°W，纬度为28.9989°N，高度为14.8km，可知其软着陆过程中经度几乎不变（着陆点经度为19.51°W），所以我们在计算距离的时候将其近似地看作沿经线软着陆。

把近月点、主减速段末位置、月心三点连线构成三角形，如图8所示。

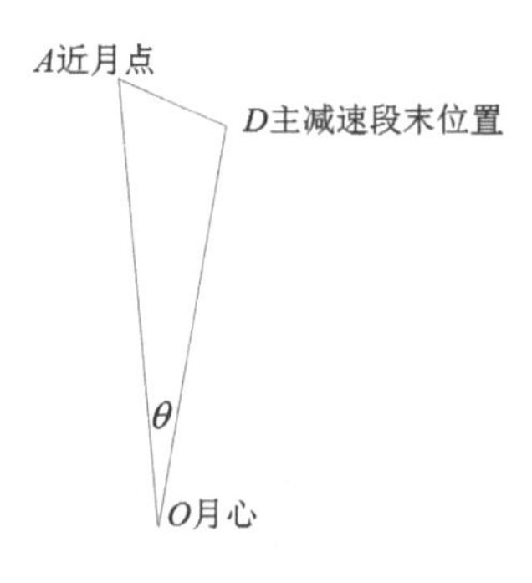

图8 三角关系示意图

通过仿真结果，我们获得近月点与主减速阶段末位置直线距离$|AD|=482\text{km}$，且$|AO|=1737.013+15=1752.013$，$|DO|=1737.03+3=1740.03$（主减速阶段末位置距离地面 3000m，且垂直于地面，故必与月心重合）。

利用余弦定理

$$a^2=b^2+c^2-2ab\cos\theta$$

可得

$$\theta=15.12°$$

又已知着陆点经纬度，根据经纬度的关系、余弦定理，结合仿真得到的近月点和主减速阶段末位置之间的直线距离，进而可以获得近月点和远月点的位置的经纬度。由于嫦娥三号轨道必定是经过优化的，因此为了证明优化仿真的可靠性，我们进行了减速阶段仿真结果和实际数据的比较，见表 3。

表 3　主减速阶段仿真结果和实际数据的比较

指标	嫦娥三号实际数据	仿真模拟数据	相对误差/%
近月点与主减速阶段末位置直线距离	458km	482km	5.24
燃料消耗	约 1.4t	1.49t	6.43
发动机推力	7523N	7500N	0.31
所用时间	（487+16）s	534s	6.16

由表 3 仿真结果可知，仿真结果与实际数据的误差在 5%左右，其中发动机推力一项几乎没有误差，仿真结果是十分可靠的。为了更为具体地描述这个点，我们具体计算了一个点的坐标，该点和着陆点同一经度，使用了余弦定理，算出了该点的经纬度，见表 4。

表 4　最优远近月点位置对比

位置	经度	纬度
最优近月点	19.51°W	28.211319°N
最优远月点	19.51°E	28.211319°S
实际近月点	19.0464°W	28.9989°S

由表 4 可知，通过仿真求出的一个最优近月点和实际近月点非常接近，这说明优化效果很好，仿真可信度高。

5.2　问题二的模型建立以及求解

问题二要求求解嫦娥三号着陆轨道，以及 6 个阶段的最优控制策略，所以在这里我们分6个阶段进行讨论，如图9所示（其中第二、第三阶段的最优控制策略在前文已做讨论，此处不再赘述）。

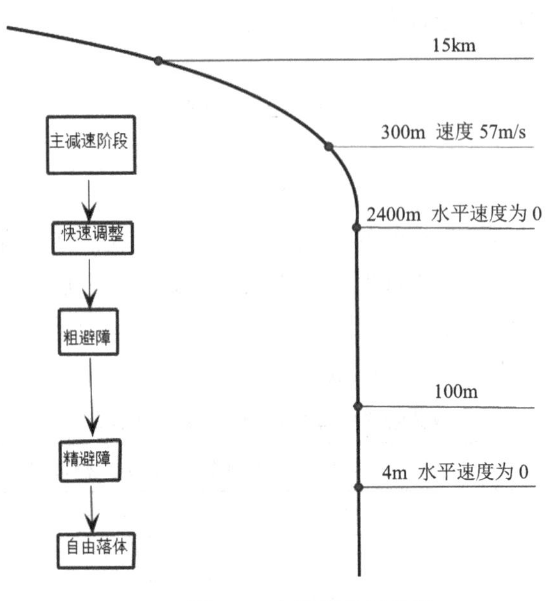

图9 6个阶段的示意图

5.2.1 对于第一、第二阶段——着陆准备轨道的讨论

由于着陆准备轨道的近月点和远月点的高度是确定的，因此此轨道上难以寻求最优控制策略。但由于下面的过程中我们可以找到近月点的最佳位置，因此在对这条轨道的讨论上我们仅仅举以问题一求出的最优近月点为近月点的最优着陆准备轨道例子。

该最优近月点经度为19.51°W，纬度为28.211319°N，由于该点沿经线运动，因此该着陆准备轨道的方向也沿经线。最优着陆准备轨道如图10所示，其中近月点、远月点坐标已标出。

5.2.2 对于第四、第五阶段——避障阶段的讨论

5.2.2.1 2400m到100m和100m到30m的避障最优控制策略

由附件中所述“月球地形的不确定性，最终‘落月’地点的选择仍存在一定难度”可以知道登月器在距离月球表面2400m处的位置是很难预测的。由于这种位置的未知性，因此我们认为这两个过程中的最优控制策略即解决“寻找避开陨石坑的最短距离”问题，且寻找到最适合探月器着陆的地点。

根据文献资料，嫦娥三号与月球地表相接触时，凸坑、凹坑小于20cm，坡度小于8°。

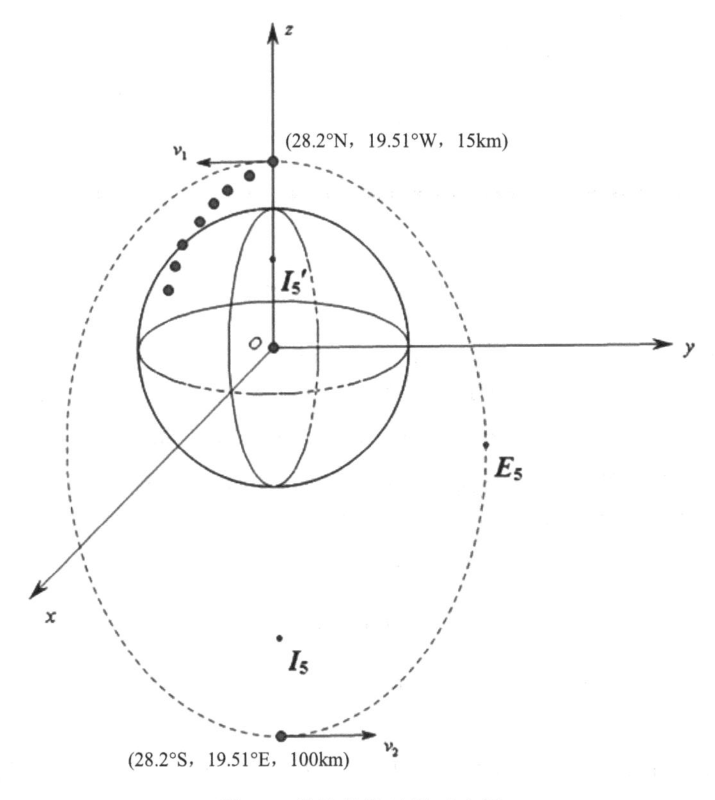

图 10　最优着陆轨道示意图

在对数字高程图进行分析时，因为预定着陆区的大小为100m×100m 的范围，所以我们在粗避障阶段选择用100m×100m 的矩阵对 2400m 数字高程图进行扫描（选择一块较为平坦的矩阵，实际对应预定着陆区）。通过查阅嫦娥三号的参数文献可知，嫦娥三号的底面积约为 $3m^2$ 左右，所以我们在精确避障阶段选择用 20cm×20cm 的矩阵对 300m 数字高程图进行扫描（选择一块平坦的矩阵，实际对应着陆区）。

在已知高程图的条件下，我们采用了一种基于平面拟合的障碍检测算法。

5.2.2.2　障碍检测算法

基于当地地形平面拟合的障碍检测方法的基本思想是利用地表数字高程图，拟合出一个最佳平面来近似地描述真实着陆区所在的平面，高程图中绝大部分的样本点都能够拟合在这个最佳平面上。因为着陆区分布的障碍物相对于适合安全着陆的平坦区域来说是很小的一片区域，所以我们可以认为该平面能很好地代表当前地形所在的平面。在拟合出这个平面后，用局部区域的样本点的高程均值与所拟合的最小中值平面的高程值进行比较，当差值超出嫦娥三号所能容忍的阈值时，即认为该处地形不符合降落条件，基本原理如图11所示。

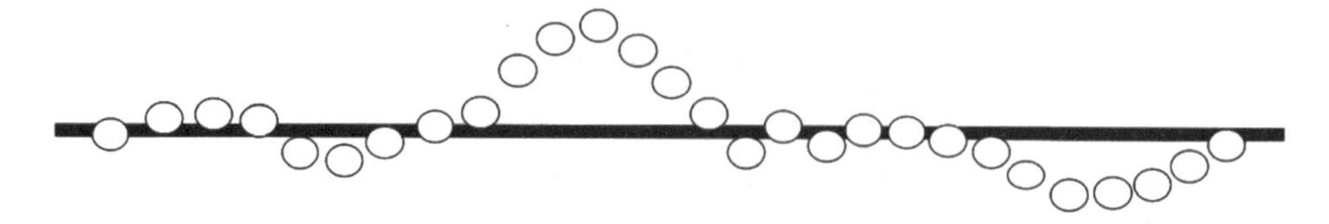

图11 障碍检验算法阈值原理示意图

下面对当地地形平面的拟合方法进行详细的介绍。

第一步：随机选取地表数字高程图中三个不共线的采样点a_1，a_2，a_3，坐标为(x_1,y_1,z_1)，(x_2,y_2,z_2)，(x_3,y_3,z_3)，由此确定一个平面。

第二步：利用第一步中得到的平面，根据空间直角坐标系中两点间的距离公式计算每个采样点a_i坐标(x_0,y_0,z_0)到该平面的距离d_i。

由

$$\begin{cases}\overrightarrow{a_1a_2}\cdot\vec{n}=0\\\overrightarrow{a_1a_2}\cdot\vec{n}=0\end{cases}$$

可得

$$d_i=\frac{\vec{a_i}\cdot\vec{n}}{|\vec{n}|}$$

然后对所有采样点到该平面的距离值按大小进行排序，选取其中的中值。

第三步：按上面所介绍的方法反复运算m次，运算次数m用如下公式确定：

$$m=\ln(1-E)/\ln[1-(1-p)^3]$$

式中：E为期望能够正确得到当地地形平面的概率；P为真实地平面外的采样点占采样点总数的比例，该参数近似地表现了着陆场地型的复杂程度。可以得到$E=0.9$，$P=0.2$。

第四步：通过上述运算，我们得到m个中值，排序并选取m个中值的最小值$d_{\min}$，其对应的平面记为最小中值平面。

第五步：计算每个样本点相对最小平方中值平面的距离，若满足

$$d_i>2.5a$$

其中

$$a^2=1.4826(1+5/(n-3))^2\times d_{\min}$$

则称该样本点为局外点，否则，该样本点属于局内点。

第六步：对所有的局内点，利用最小二乘法确定一个局内点平面，该平面即为当地地表平面。我们近似地认为当地地表平面为一个水平面，所以将三维简化为二维平面考虑，建立关于x、y的散点图并利用Origin完成地表平面的拟合，如图12和图13所示。

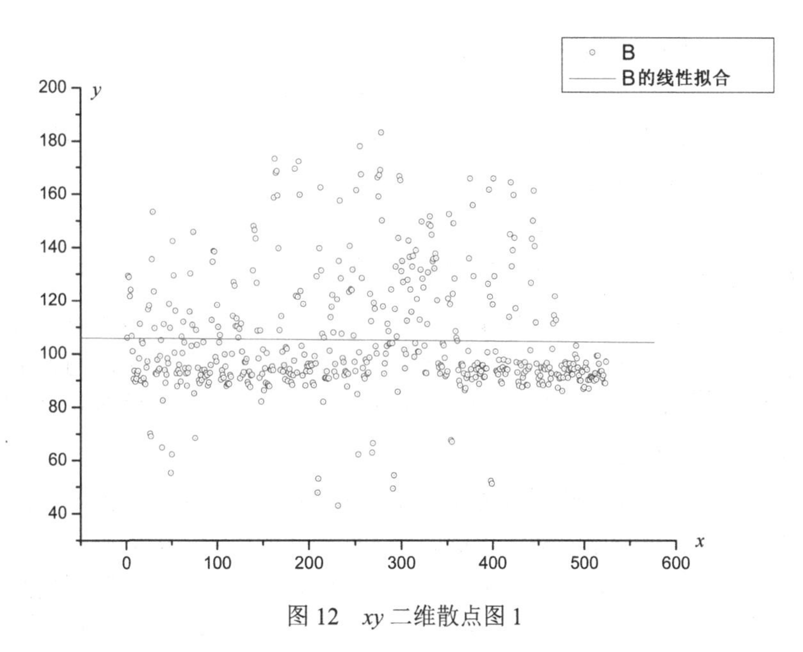

图 12　*xy* 二维散点图 1

图 12 中经过拟合得到的方程为

$$Y = 105.87548 - 0.00279X$$

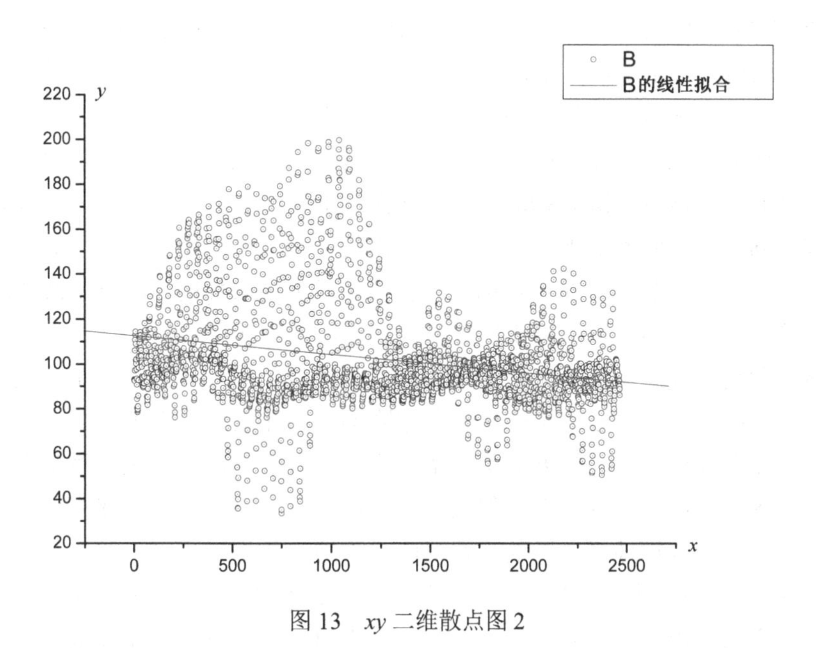

图 13　*xy* 二维散点图 2

图13中经过拟合得到的方程为

$$Y = 112.57812 - 0.00831X$$

通过前面的方法能够很好地求得着陆区域的当地地形平面，利用这个地形平面即可实现对障碍物的提取。

某个采样点高程差可以用 $h=$采样点到拟合平面的距离来近似计算。

当 $h \geqslant h_{\max}$ 时，认为该采样点障碍物存在。

对每个降落区域的坡度进行如下处理：取第 i 个小单位区域顶点位置的四个点，任取三个点可以组成一个平面，计算这个平面与月球的水平面的夹角，可以得到四个坡度值 α_{i_1}，α_{i_2}，α_{i_3}，α_{i_4}，取这四个坡度值的均值作为该扫描区域的坡度值 α，建立坡度矩阵。

另外，在选择预定着陆区时考虑到飞船在飞行过程中会不断消耗燃料，为了减少燃料消耗应该使预定着陆区尽量靠近飞船现在的位置。因为避障只涉及飞船周身的姿态发动机的运转，而向下的主发动机的推力不受影响，所以我们需要计算飞船在月球表面的投影位置，即图像拍摄的中心位置 (X_0, Y_0) 与预定着陆区坐标 (i, j) 的水平距离，即

$$R = \sqrt{(i - X_0)^2 + (j - Y_0)^2}$$

在2400m的数字高程图中，以 100×100 大小的矩阵进行扫描。以逐行扫描的方式，每次移动一个单位，计算高程差矩阵、坡度矩阵、粗糙度矩阵和距离矩阵，直到完成对整个区域的扫描，将数据归一化处理。

首先建立安全着陆区域的选取标准：①备选着陆区域内的地形情况必须能够满足安全着陆的需要，障碍物的尺寸都在探测器所能容忍的范围之内；②备选着陆区域必须满足探测器实现安全着陆所必需的面积大小，所选定的区域能够容忍探测器控制误差引起的着陆位置偏差；③在满足上述条件的情况下最终着陆区域应尽量接近预定着陆区域，减少实现障碍规避所消耗的燃料。

然后确定着陆区域。为了确定飞船的着陆区域，需要排除一些不可能的着陆区域。将粗糙度矩阵中这些不能作为预定降落区的元素值设为1。

飞船在着陆过程中，既要避免降落在粗糙度较大的区域，也要避免在降落过程中撞击到障碍物。因为随着飞船的降落，其高度在不断降低，就有可能撞击到山上，所以一些崎岖地区周围的平坦地区也不适合作为降落区。如果某区域内有超过300m的高山，那么其周围200m范围内所有地区都不适合作为着陆区，将这些地区在粗糙度矩阵中所对应元素的值都设为1。由此就可以排除很多不适合作为降落区的地方，剩下的可能区域还要再进一步优化寻找。根据对预定着陆区域

地形的初步分析筛选，可由实际情况设定采样点到拟合平面的距离 h、图像拍摄的中心位置与预定着陆区的水平距离 R 以及扫描区域的坡度值 α 分别对应的权值 a、b、c。由公式

$$Q = ah + bR + c\alpha$$

得到每一个可能着陆区的着陆成本，着陆成本最低的地方即为预定着陆区。

经尝试，将 a,b,c 的值确定为 $0.4,0.1,0.5$，此时的效果最好。

经 MATLAB 2014a 求得最优点为 $(12,10)$、$(25,24)$，并在高程图中标示该两点位置，如图 14 和图 15 所示。

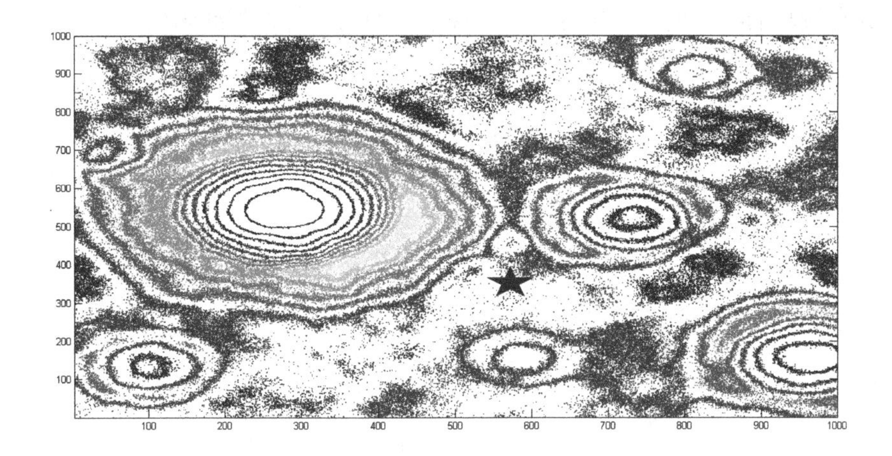

图 14　最优位置(12,10)在高程图上的位置图

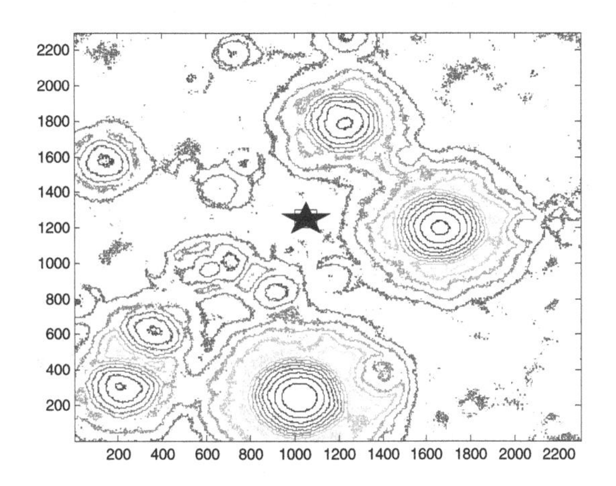

图 15　最优位置(25,24)在高程图上的位置图

我们引入粗糙度来对所建模型进行检验。

我们利用方差建立粗糙度矩阵来检验模型，验证所建模型的可行性与吻合程度。定义粗糙度δ：每一个地方所有实际高度与该地平均高度的方差。

$$\delta^2 = \sum (H_i - EH)^2$$

式中：H_i为数字高程图100×100矩阵中每一个点的实际高度；EH为该矩阵区域内所有点的高度平均值。粗糙度δ越小，说明这个地区越平坦，有利于降落，反之则说明该地区可能有较大的高山或深坑，不适合降落。

图17、图19、图21、图23为平面拟合模型做出的高程差，图16、图18、图20、图22是用方差所定义的模糊度，通过三维立体图和等高线图的对比可以看出其有较高的吻合度，一定程度上验证了模型的可行性与准确性。

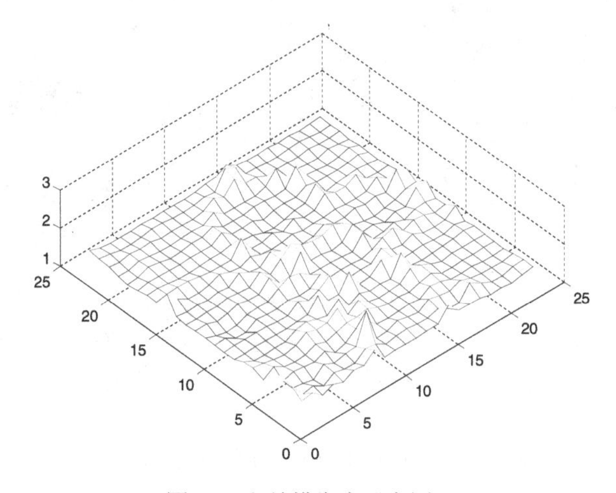

图16　方差模糊度示意图1

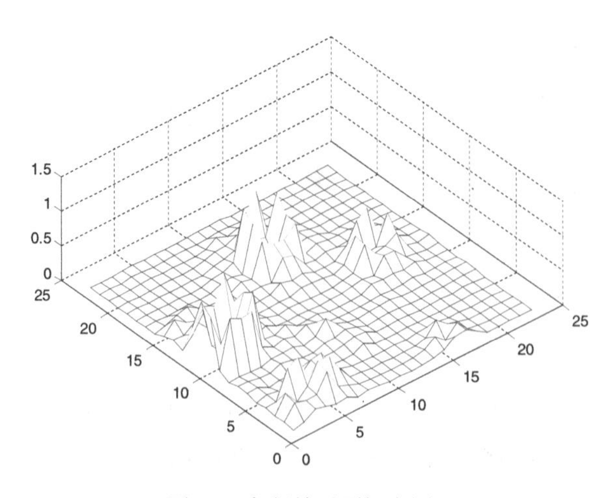

图17　高程差平面拟合图1

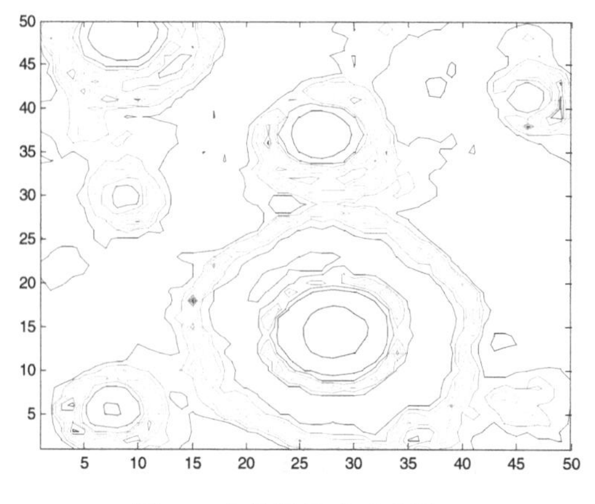

图 18　方差模糊度示意图 2

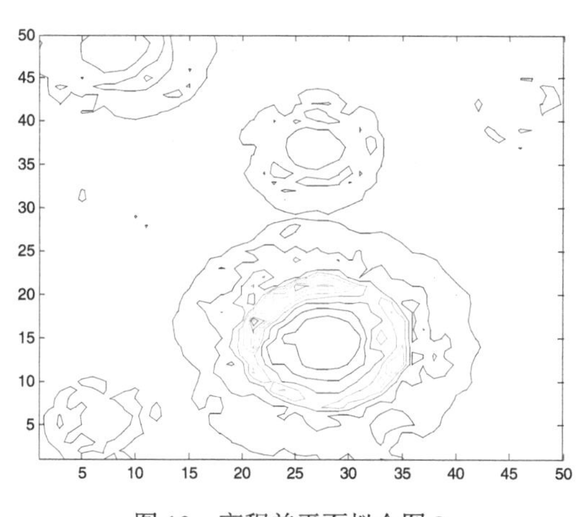

图 19　高程差平面拟合图 2

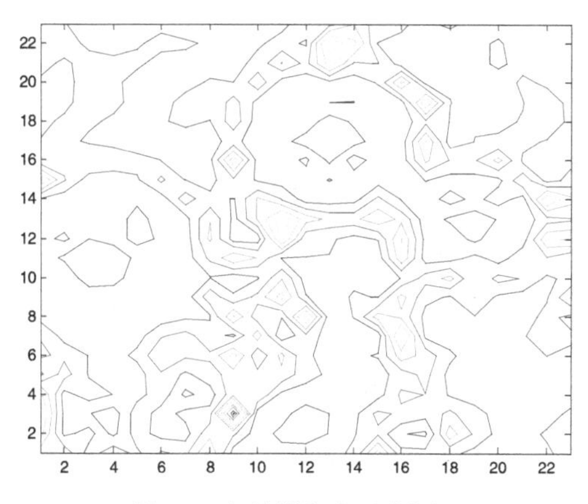

图 20　方差模糊度示意图 3

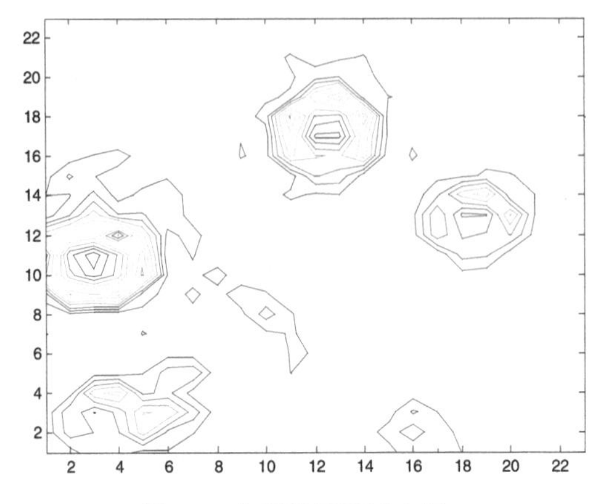

图21 高程差平面拟合图3

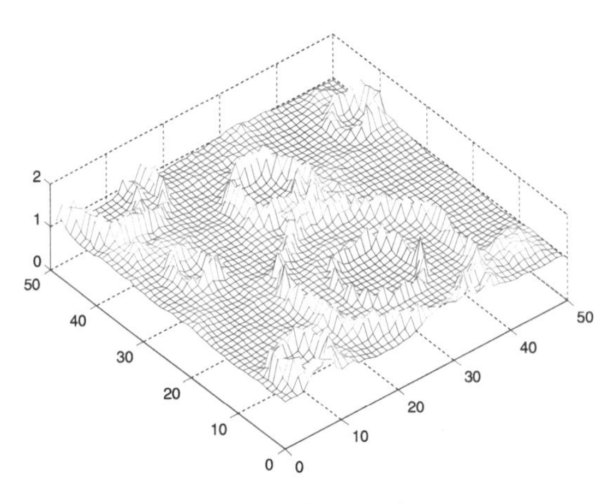

图22 方差模糊度示意图4

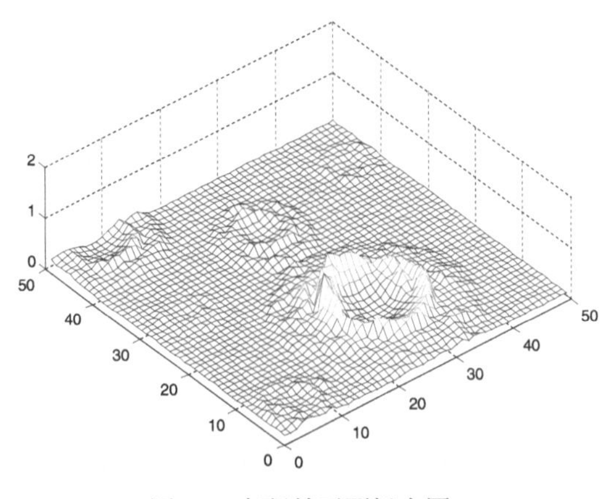

图23 高程差平面拟合图4

5.2.3 第四、第五、第六阶段

在 2400m 时，嫦娥三号的水平速度为 0，发动机推力方向向下，而在第四、第五阶段嫦娥三号进行粗避障和精细避障时，是通过机身的姿态发动机给予水平方向的动力达到水平调整着陆位置的目的，而在竖方向上的受力和运动状态不受影响。在这一总阶段，嫦娥三号离月球很近而且可以近似看作沿竖直方向下降。因此，我们采用平面月球动力学模型分析这一过程。由于避障行为不受竖直方向上运动状态的影响，我们将模型理想化，并将二维模型简化为一维的垂直动力学模型，即飞行路径是一条指向月心的直线，如图 24 所示。

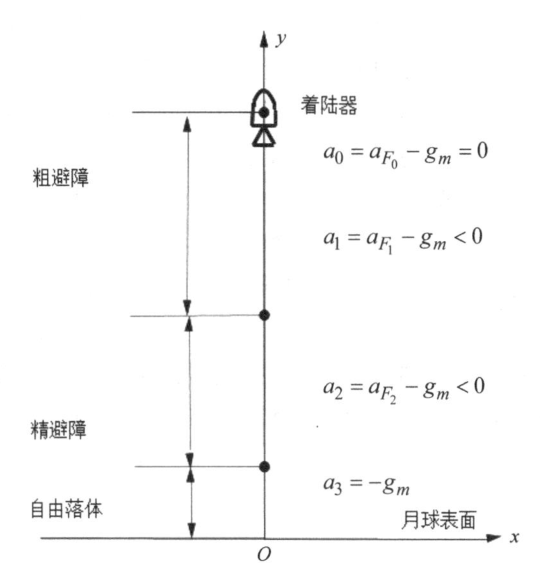

图 24 着陆器后三个阶段的运动状态示意图

对于推力 F 不固定的情况，先关后开是最简单的着陆方式。于是，着陆器依次经过悬停、匀加速、匀减速和关机降落几个过程。几个过程均符合牛顿定律，易得开关切换高度

$$h_1 = \frac{v_0^2 - v_2^2 + 2(a_2 h_2 - a_1 h_0)}{2(a_2 - a_1)}$$

其中合加速度

$$a_1 = a_{F_1} - g_m \qquad a_2 = a_{F_2} - g_m$$

考虑到着陆的安全性，在着陆段初始要进行短时间的悬停以对着陆区域进行成像勘察，且由于着陆段时间很短，该阶段的力的变化不可知，因此我们在此仅仅提出本段的优化策略，在本过程中完成最优避障的前提下，下落阶段应该保证

着陆器平缓下降，尽量避免受制动发动机的开关冲击。于是，可考虑采用 $F=F(t)$ 的等效变推力制动方式。

5.3 误差分析以及敏感度分析

5.3.1 敏感度分析

在这道题目中，因为嫦娥三号的性能存在不稳定性，首先一些理论数据在实际中存在偏差，如实际情况下的发动机推力大于 7500N，其次在运行过程中一些参数会因实际情况中一些不可抗因素，存在一定数值上的变化。

因此，在这里我们结合嫦娥三号的实际情况，定义敏感度的概念：当一些飞行器参数（如比冲、发动机推力）发生变化时，对燃料消耗量的影响。

此处敏感度的价值在于通过研究指标发生变化时对燃料消耗的影响程度，可以给设计制造人员以参考，同时根据变化的程度，设计人员可以根据本研究结果确定更为保险的燃料携带量。

5.3.1.1 发动机推力发生变化时对燃料消耗的影响

假设发动机推力偏差为±10%，标准推力为 7500N，最大推力为 8250N，最小推力为 6750N。由于制导控制率不变，着陆器仍然能下降到距月球表面 2.4km 的高度，但时间会缩短。由图 25 可见，推力的增大可以缩短着陆器下降的时间。其中从下到上三个线条分别代表推力 8250N、7500N、6750N。

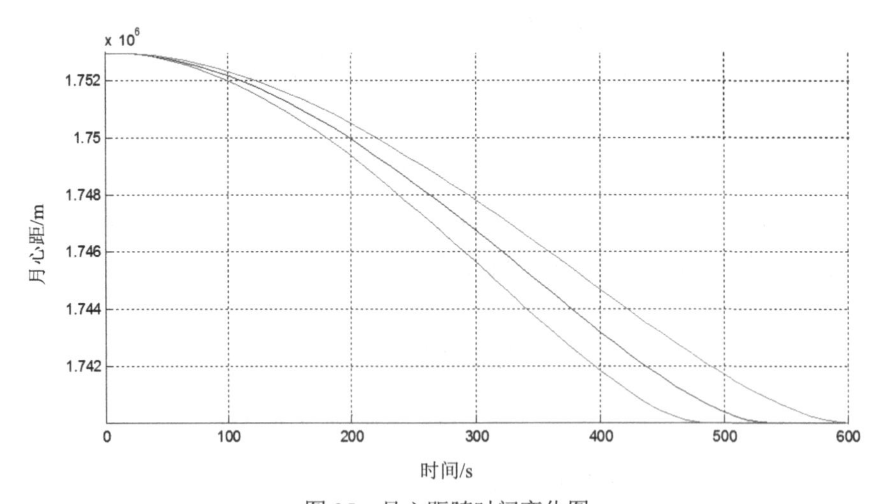

图 25 月心距随时间变化图

由于比冲不变，推力变化会引起燃料消耗速度的变化，如图 26 所示。然而，由于飞行时间的减小，大推力下总的燃料消耗量会减小。可见推力越大，燃料消耗越少，但实际情况下还要考虑大推力发动机是否会增加额外的重量，因为推力增大对燃料的节约效果很有限。在这个系统中，增大 10%的推力只节约了 1%的燃料。

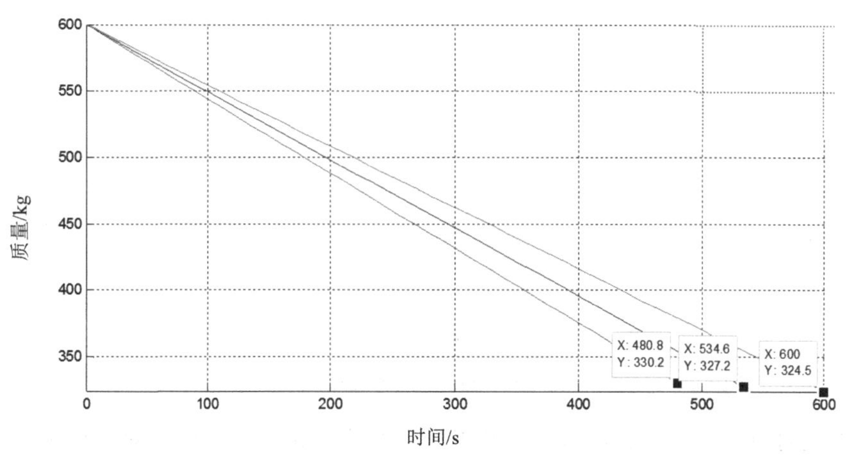

图 26 质量随时间变化图

5.3.1.2 发动机比冲发生变化时对燃料消耗的影响

发动机比冲偏差为±10%，取标准比冲为 3000，最小比冲为 2700，最大比冲为 3300。比冲偏差对着陆过程的影响要小于推力偏差的影响。在相同的推力下，推进剂的比冲增大会延长下降段的时间。这需要发动机工作更长时间。当推力一定时，大比冲的推进剂单位时间的消耗量更少，所以综合考虑大比冲推进剂在下降段消耗的推进剂质量更少，如图 27 和图 28 所示。

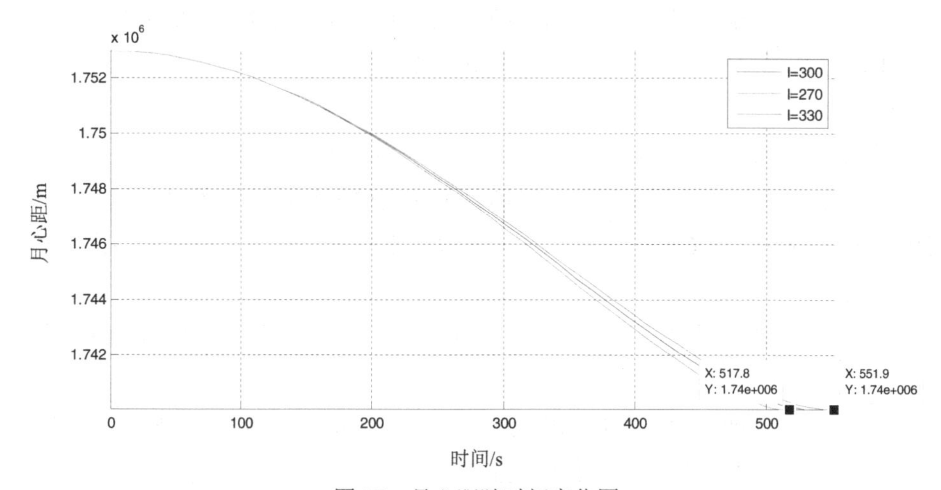

图 27 月心距随时间变化图

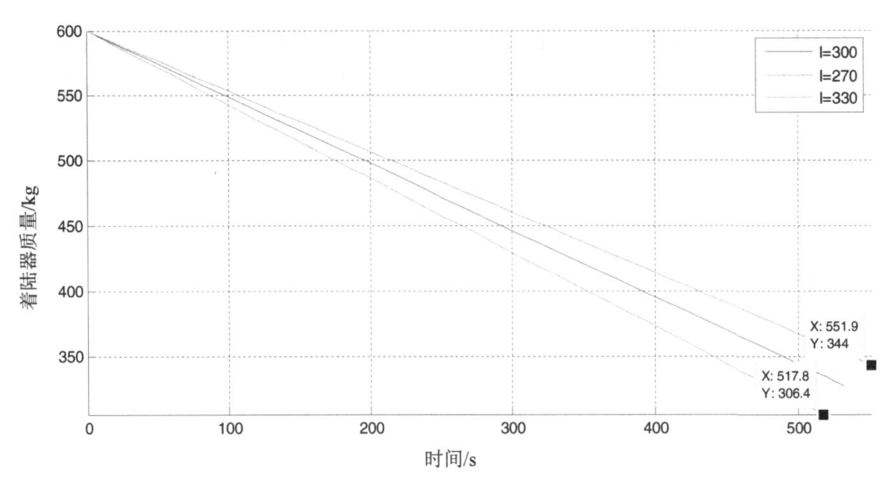

图28　着陆器质量变化图

通过对以上两个指标的分析，我们可以得出结论：比冲偏差对着陆过程的影响要小于推力偏差的影响。因此，研究人员制造飞行器时更应注重发动机的稳定性，发动机推力的稳定性对飞行器落点是否准确有更为重大的意义。

5.3.2　误差分析

在这里我们着重讨论两种因素所造成的误差：一是飞行器本身参数不稳定导致的误差；二是在模型建立求解过程中，一些假设而造成的误差。

5.3.2.1　飞行器本身参数不稳定所造成的误差

飞行器的推力肯定不可能维持在一个恒定的值，且比冲值本身存在一定的浮动，为了分析这些误差带来的影响，我们在5.3.1节敏感度分析中采用参数上下浮动10%的方法，已经完成了对飞行器本身参数的分析。

5.3.2.2　模型中假设所造成的误差

对此，我们找出了以下五个能导致误差产生的原因：

（1）在5.1节的仿真过程中，我们将主减速过程和快速调整过程相结合，直接仿真了15000～2400m的过程，这会导致一定的误差产生，但能减少之后避障过程的误差。

（2）在计算过程中，忽略月球自转引起的哥氏力和牵引力对飞行器的影响，存在一定误差。

（3）忽略地球引力等非月球引力及日月引力摄动对嫦娥三号轨道的影响。

（4）认为嫦娥三号飞行过程中受到的阻力为0。

（5）同时我们查阅文献得知所有宇航测量均存在误差，误差数值见表5。

表 5 常规测量单元典型误差值

初始位置偏差/m	初始速度偏差/（m/s）	位置测量偏差/m	速度测量偏差/（m/s）	加速度测量偏差/g	位置刻度因素误差/%	加速度刻度因素误差%	加速度刻度因素误差%
100	10	100	10	$3e^{-5}$	0.2	0.1	0.1

6 模型的评价

6.1 模型的优点

（1）本文在问题一的处理上没有参照传统的纯物理解法，而是使用了以燃料消耗为优化指标求得的最优轨道来确定近月点，具有实用性，同时使用 Simulink 进行仿真，仿真结果较为真实。

（2）在避障过程中使用的是基于平面拟合的障碍检测算法，具有准确、高效的特点，推广性较好。

（3）在对敏感度的讨论中，结合实际定义了新的敏感度概念，并进行了讨论，有很强的创新意义。

6.2 模型的缺点

模型中有几处假设会造成误差，如假设月球引力场均匀、忽略月球自转、避障算法的鲁棒性未检验。

参考文献

[1] 李冬雪．月球探测器软着陆有限推力控制轨道优化设计[D]．哈尔滨：哈尔滨工业大学，2007.

[2] 卢波．月球探测的态势及发展意义[J]．国际太空，1998（4）：1-3.

[3] 冯军华，朱圣英，崔平远．月球软着陆障碍检测与规避方法研究[J]．深空探测研究，2007，5（4）：18-24.

[4] 马莉．MATLAB 数学实验与建模[M]．北京：清华大学出版社，2010.

[5] ATAYAMA Y K.Probabilistic strategy of obstacle avoidance for safe moon landing.American Astronautical Society, Scientific Technology Series, Proceedings of the International Lunar Conference 2003 International Lunar Exploration Working Group 5 一 ILC2003/ILEWG5, 2004(108):329-338.

[6] 王建伟，李兴．近日点和远日点速度的两种典型解法[J]．物理教师，2013，34（6）：58.

【论文评述】

本文获得2014年全国一等奖。该题目考查物理知识在实际中的应用问题，对于非物理专业学生来讲，在较短时间内学习并解决实际问题存在较大困难，特别是日常生活中较少用到的知识点，如Pontryagin极大值原理、能量守恒定律和开普勒第二定律等。尽管存在一定困难，但解决问题的新颖思路为本文增色不少，特别是分阶段目标优化和基于平面拟合的障碍检测算法。

问题一：不同于传统的纯物理解法，本文考虑到近月点选取影响主减速阶段轨道，构建耗燃最优的目标函数，来计算近月点和远月点位置。该方法比较新颖，同时又为解决问题二做了铺垫。

问题二：根据软着陆的6个阶段的目的和要求，分开讨论，建立每个阶段的目标函数，最后达到整体最优。解决问题二的亮点之一是，利用一种基于平面拟合的障碍检测算法，来实现避障阶段路程的最优。同时，利用MATLAB计算出最优粗避障点和最优精避障点。

问题三：结合题意，作者提出新的敏感度定义，以及从四个方面来分析误差，较为全面，值得借鉴。

综上，摘要简单明了，逻辑思路清晰，观点表达准确，语言流畅，推导过程详细，模型建立清晰准确，参数设定合理，程序编写规范，计算结果表述及文中图表准确且规范，是一篇值得借鉴的优秀建模论文。

姜翠翠

2014 年 A 题　全国二等奖

基于动力学模型的嫦娥三号软着陆轨道的设计研究

参赛队员：李佳承　张　昕　沈　怡
指导教师：罗万春

摘　要

本文研究的是嫦娥三号软着陆的轨道设计与控制策略问题，通过建立月心坐标系得出了近（远）月点的位置集合与速度，然后以“燃料最少”为控制策略，通过基于极坐标的微分方程对两点边值问题进行仿真，得到了嫦娥三号距地距离与时间的关系及各个阶段轨道的最优控制策略，最后建立了误差模型与敏感系数矩阵，对本文中设计的着陆轨道和控制策略进行了分析。

对问题一，我们首先建立了以月球球心为原点，y 轴穿过近（远）月点及月球球心的月心坐标系，并在此基础上确定了着陆点坐标(1357.2,1054.3,238.2)、近月点坐标(0,1752.013,0)以及远月点坐标(0,–1837.013,0)；由于空间几何的对称性及绕月轨道的不确定性，我们将空间上所有满足近（远）月点位置的点用圆的参数方程描述，然后通过开普勒第二定律与能量守恒定律联立求得近日点速度为 1.6925km/s，远日点速度为 1.6141km/s，而近（远）月点的速度方向为空间圆周上每点速度方向切线的向量的集合，本文建立的坐标系中，近月点速度方向的向量为(2251.1,–3.313,395.1)，远月点速度方向向量(–2363.1,1.313,–414.7)。

对问题二，我们通过基于极坐标的微分方程求解嫦娥三号的着陆轨道，以“燃料最少”为控制策略，通过对两点边值问题进行仿真得到嫦娥三号软着陆时距月心距离与时间的关系；然后根据文献将着陆轨迹分为霍曼转移段、动力下降段、避障段及近点段 4 个阶段。霍曼转移段所处的椭圆轨迹是确定的，故对着陆点的影响不大；当动力下降段反冲力加速度步长 $u=1$ 时，所得距月心距离与时间的关系曲线收敛效果最优；避障段我们通过扩大着陆点坐标的像素边距，以高程阈值 $(1\pm0.15)\overline{h}$ 作为约束条件，由安全着陆区域图得出嫦娥三号应降落在白色区域的有效策略；近地段时，我们认为嫦娥三号已非常接近预定着陆点，故无须对这段轨道进行控制。

对问题三，我们建立了误差模型，采用轨道上每点状态的实际指标值与理论指标值间绝对误差的数量级来衡量绝对误差的大小，由此得出加速度的偏差 1.633×10^{-5} 为最小；然后建立了每个指标的误差敏感系数矩阵，用每个矩阵的数量级来表示该指标敏感系数的大小。

经过检验，本文基于动力学模型建立的嫦娥三号在软着陆过程中轨道设计与控制方法可以有效解决本文中提出的问题，并具有很好的适应性和推广性。

关键词：坐标系转换　动力学模型　哈曼顿函数　两点边值问题　阈值法

1　问题重述

1.1　问题背景

嫦娥三号于2013年12月2日1时30分成功发射，12月6日抵达月球轨道。嫦娥三号在着陆准备轨道上的运行质量为2.4t，其安装在下部的主减速发动机能够产生1500N到7500N的可调节推力，其比冲（即单位质量的推进剂产生的推力）为2940m/s，可以满足调整速度的控制要求。在四周安装有姿态调整发动机，在给定主减速发动机的推力方向后，能够自动通过多个发动机的脉冲组合实现各种姿态的调整控制。嫦娥三号的预定着陆点为19.51°W，44.12°N，海拔为–2641m。

嫦娥三号在高速飞行的情况下，要保证准确地在月球预定区域内实现软着陆，关键问题是着陆轨道与控制策略的设计。其着陆轨道设计的基本要求：着陆准备轨道为近月点15km、远月点100km的椭圆形轨道；着陆轨道为从近月点至着陆点，其软着陆过程共分为6个阶段，要求满足每个阶段在关键点所处的状态；尽量减少软着陆过程的燃料消耗。

1.2　问题提出

（1）确定着陆准备轨道近月点和远月点的位置，以及嫦娥三号相应速度的大小与方向。

（2）确定嫦娥三号的着陆轨道和在6个阶段的最优控制策略。

（3）对于你们设计的着陆轨道和控制策略做相应的误差分析和敏感度分析。

2　模型假设

（1）假设月球为均匀引力场，且探测器软着陆过程中的月球自转可以忽略。

（2）由于嫦娥三号离月球较近，因此不考虑太阳系中其他星球的吸引力作用。

（3）在霍曼转移段变轨时所产生的脉冲所作用的时间较短，故不考虑由此带来的质量减轻。

（4）在主减速阶段，由于运动轨迹是圆滑曲线，因此可认为嫦娥三号在该阶段满足变力微分方程。

（5）在避障阶段，可认为嫦娥三号对地形的拍摄时间和处理时间极小。

（6）嫦娥三号在缓慢减速阶段和自由下落阶段的速度很小，故可忽略不计。

3 符号说明

（1）v：纬度φ处的卯酉圈曲率半径。

（2）h：该点相对于椭球面的高度。

（3）e：椭球的第一偏心率。

（4）R_0：远月点到月球圆心的距离。

（5）v_0：远月点的线速度大小。

（6）R_1：近月点到月球圆心的距离。

（7）v_1：近月点的线速度大小。

（8）G：万有引力的常数。

（9）M：月球的质量。

（10）m_0：嫦娥三号的质量。

（11）v_e：比冲（单位重量流量的推进剂产生的推力）。

（12）F：嫦娥三号产生的反冲力。

（13）J：微分方程中的最优指标量。

（14）H：哈曼顿函数值。

（15）λ：哈曼顿函数的伴随向量。

（16）$\bar{X}_i$：嫦娥三号的实际初始状态。

（17）$\bar{X}_n$：嫦娥三号的标准初始状态。

（18）q：各观测量的观测误差。

4 问题分析

对于问题一，本题中首先要求确定近月点与远月点的位置，考虑到简化计算，我们用空间直角坐标系中的坐标来表示这两点。由于题中给出的是地理坐标系，考虑通过转化公式将地理坐标系转化为空间直角坐标系，从而得到以月球质心为圆心，以近（远）月点与月心的连线为 y 轴的月心坐标系。首先由于近月点和远月点均在 y 轴上，因此可求出其位置；其次，对于求解近（远）月点的速度，根据开普勒第二定律和能量守恒定理，在空间中速度的方向可以用向量表示。此外，我们考虑到，由于月心和着陆点的连线与近日点不共线，且近日点的位置不确定[本文为方便计算，图例中取近（远）月点与月球质心同时位于 y 轴的特殊位置]，因此可以看作经过月心和着陆点连线的椭圆面可以旋转和倾斜，在此过程中，所有满足近（远）月点位置的坐标在月心坐标系上构成一个圆的点集，此集合可以通过参数方程进行表示。

对于问题二，我们采用简洁、精确的函数表达式描述嫦娥三号的着陆轨道。由附件 2 可知，嫦娥三号的运动轨迹是一条圆滑的曲线，因此我们在极坐标系的基础上采用微分方程来求解；而另一方面，考虑到嫦娥三号着陆的过程中受到的干扰因素过多，普通方法无法得到方程的解析解，因此我们考虑用仿真对嫦娥三号的着陆轨道进行数值求解，然后利用数值解作图即可得到嫦娥三号的着陆轨道。

嫦娥三号的着陆轨道共分为 6 段，由于着陆轨道的形状主要由主减速段和快速调整段决定，考虑采用“燃耗最优”作为这两个阶段的控制策略：在粗避障阶段，首先把附件 3 中“嫦娥三号距着陆点 2.4km 处正下方月面的数字高程图”读入 MATLAB 7.8.0 中，得到水平分辨率为 1m/像素的各点高程值。通过查阅文献，探测器由于自身体积等原因，精确降落在一个 1m×1m 的像素点处的概率很小，同时，又因为月球表面地势变化是一个连续的过程，所以将每个像素点的边距由 1m 扩大到 10m，这样就将 2300×2300 的区域 A_1 分成了一个 230×230 的区域 A_2（A_2 中每个区域的高程值为 10×10 个区域 A_1 高程的平均值），而考虑到若以±5 作为约束条件会损失过多信息，我们规定安全着陆区域高程的阈值为 $\bar{h}(1\pm0.15)$，通过比较黑白对比图中各点，把落在阈值内的点记为 0，落在阈值外的点记为 1，便可得到嫦娥三号探测器可降落区域的对比图，图中黑色区域表示月球表面的坡度较大，故我们认为白色区域是可以降落的安全位置；在精避障阶段采用与粗避障阶段相同的处理方法。在缓速下降阶段和自由落体阶段，由于速度很小，而且距离着陆点较近，不对其进行优化控制。

对于问题三，要求对问题二中设计的着陆轨道和控制策略进行误差分析和敏感性分析，我们考虑通过重要时刻点的重要指标值（如高度值、速度值）与理论值的绝对误差作为误差分析的衡量指标；而进行敏感度分析时，由于在解决两点边值问题和进行误差分析时都用到仿真分析，因此可以通过改变仿真的参数值得到不同的结果，再将不同的结果进行比较，就可以得到参数对于测量值的影响程度。

5 模型的建立与求解

5.1 问题一：在月心坐标系下确定近（远）月点位置及速度

5.1.1 月心坐标系的建立

由题目可知，嫦娥三号的预定着陆点为19.52°W，44.12°N，海拔为–2641m。为简化模型与计算方便，我们将所给数据以月球球心为原点 O，以球心与月球质心重合的椭球面为基准面建立 $O-xyz$ 坐标系，如图1所示。

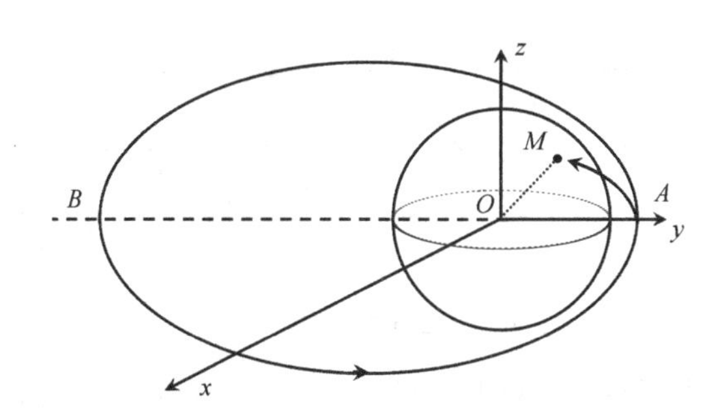

图1 月心坐标系示意图

图中 A 点为近月点，B 点为远月点，M 点为预定着陆点，箭头所指方向为嫦娥三号的运行方向，$\overrightarrow{AM}$ 为嫦娥三号的着陆轨道，通过查阅文献[1]，我们了解到根据公式（1）可将 M 点地理坐标转化为月心坐标系中的三维坐标。

我们设椭球长半轴（赤道半径）为 a，短半轴（极区半径）为 b，则有

$$\begin{cases} X_0 = (v+h)\cos\varphi\cos\lambda \\ Y_0 = (v+h)\cos\varphi\sin\lambda \\ Z_0 = ((1-e^2)v+h)\sin\varphi \end{cases} \tag{1}$$

式中：v 为纬度 φ 处的卯酉圈曲率半径，$v=\dfrac{a}{\sqrt{1-(e\sin\varphi)^2}}$；$h$ 为该点相对于椭球面的高度；e 为椭球的第一偏心率，$e^2=\dfrac{a^2-b^2}{a^2}$。

由此可得出 M 点在月心坐标系的坐标为(1357.2,1054.3,238.2)。

5.1.2 近（远）月点位置的求解

基于以上建立的月心坐标系（图1），由于椭圆平面中近月点与远月点均位于

坐标系的 Y 轴上，根据近月点 A 高度为 15km，远月点 B 高度为 100km，可得到近月点 A 坐标为(0,1752.013,0)，远月点 B 坐标为(0,–1837.013,0)。

我们考虑到由于空间几何的对称性以及绕月轨道的不确定性，故满足按照附件 2 所示 6 个阶段，能平稳到达预定着陆点的嫦娥三号所在的近日点的位置不能唯一确定。因此，我们在空间直角坐标系 O-xyz 中可以得出，满足上述要求的所有近月点的集合为空间内以 O_2 为圆心、O_2A 为半径的圆，如图 2 所示。

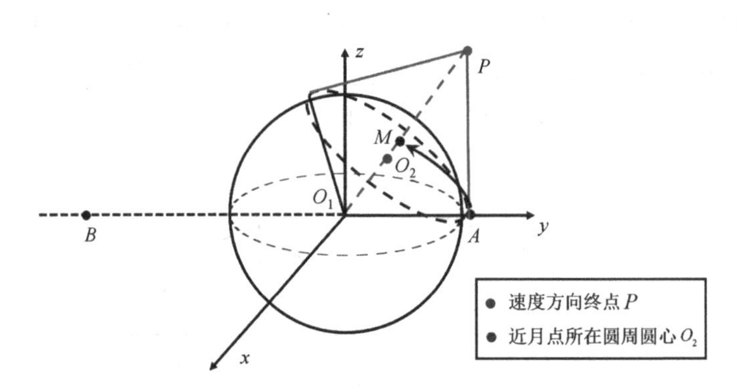

图 2　近月点位置示意图

根据卫星运动中近月点与远月点的特殊性质，嫦娥三号在近（远）月点的瞬时速度 v 与其椭圆轨道相切，即在图 2 所示的情况下，瞬时速度 v 垂直于 y 轴。同理，根据几何对称性，我们认为 $\odot O_2$ 上所有满足条件的近月点处的瞬时速度方向相交于一点 P。为方便寻求该几何图形中的坐标关系，我们将图 2 简化，如图 3 所示。

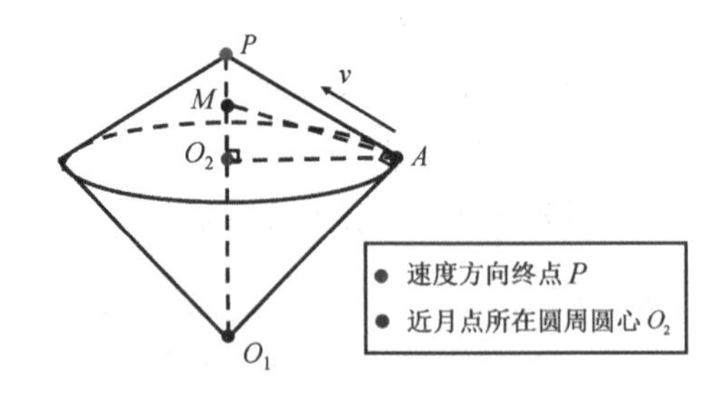

图 3　近月点、着陆点、月心空间位置简化示意图

由图 3 可直观得知，近月点的位置可表示为一个在月心坐标系中的圆 $\odot O_2$，建立参数方程：

$$\begin{cases} x - x_2 = r_2 \cos\psi \sin\theta \\ y - y_2 = r_2 \sin\psi \\ z - z_2 = r_2 \cos\psi \cos\theta \end{cases} \quad (\theta\text{为参数}) \tag{2}$$

式中：(x_2, y_2, z_2)为圆$\odot O_2$圆心坐标；r_2为$\odot O_2$半径；ψ为待定参数。

由图3可知，$\odot O_2$经过A点，将A点坐标(0,1752.013,0)代入参数方程，已知圆心O_2坐标(832.4415,646.6571,146.1005)，$\odot O_2$半径r_2=1.3909×10^{3}km，利用MATLAB 7.8.0进行求解，得到$\psi = 0.9186$。

因此，我们就可以得到满足近月点位置要求的所有点的轨迹的参数方程：

$$\begin{cases} x = 844.1917\sin\theta + 832.4415 \\ y = 1752.013 \\ z = 844.1917\cos\theta + 146.1005 \end{cases} \quad (\theta\text{为参数}) \tag{3}$$

同理可确定远月点瞬时速度方向，并找到远月点的位置也是空间内一圆周上所有点的集合，如图4所示。

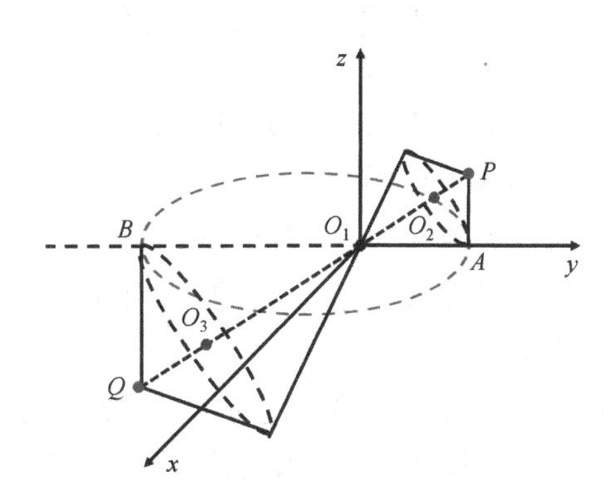

图4　远月点、着陆点、月心空间位置简化示意图

因此，远月点的位置可表示为一个在月心坐标系中的圆$\odot O_3$，建立参数方程：

$$\begin{cases} x - x_3 = r_3 \cos\psi \sin\theta \\ y - y_3 = r_3 \sin\psi \\ z - z_3 = r_3 \cos\psi \cos\theta \end{cases} \quad (\theta\text{为参数}) \tag{4}$$

式中：(x_3, y_3, z_3)为圆$\odot O_3$圆心坐标；r_3为$\odot O_3$半径；ψ为待定参数。

由图4可知，$\odot O_3$经过B点，将B点坐标(0,–1837.013,0)代入参数方程，已知圆心O_3坐标(–872.8279,–676.0301,–153.1886)，$\odot O_3$半径$r_3 = 1.459 \times 10^3$km，利用MATLAB 7.8.0进行求解，得到$\psi = -0.9180$。

因此，就可以得到满足远月点位置要求的所有点的轨道的参数方程：

$$\begin{cases} x = 886.1689\sin\theta - 872.8279 \\ y = -1837.013 \\ z = 886.1689\cos\theta - 153.1886 \end{cases} \quad (\theta\text{为参数}) \tag{5}$$

5.1.3 近（远）月点速度的求解

考虑到本题需要解决的是物理中的行星速度问题，因此我们采用物理学中的开普勒定律与能量守恒定律来求解探测器在近月点与远月点的速度。

（1）开普勒行星运动第二定律是指太阳系中太阳和运动中的行星的连线（矢径）在相等的时间内扫过的面积相等。

（2）能量守恒定律是指在一个封闭系统，各种能量形式互相转换是有方向和条件限制的，能量互相转换时其量值不变，也就是说能量不能被创造或消灭。

根据以上两定律可列出如下方程：

$$\begin{cases} \dfrac{1}{2}R_0 v_0 \Delta t = \dfrac{1}{2}R_1 v_1 \Delta t \\ \dfrac{1}{2}m{v_0}^2 - \dfrac{GMm}{R_0} = \dfrac{1}{2}m{v_1}^2 - \dfrac{GMm}{R_1} \end{cases} \tag{6}$$

利用 MATLAB 7.8.0 对方程组（4）进行求解，可以得到远日点速度 $v_0 = 1.6141\text{km/s}$，近日点速度 $v_1 = 1.6925\text{km/s}$。

由于物体运动时瞬时速度方向为运动轨迹的切线方向，因此嫦娥三号在近月点的瞬时速度的方向即为此时嫦娥三号所在椭圆平面的切向方向 $\overrightarrow{AP}$。由图 2 可知，该方向垂直于椭圆轨道的长轴。

考虑到所有满足近月点与远月点的位置的点在三维坐标系中构成了圆，因此速度的方向 $\overrightarrow{AP}$ 必然也是一个由点集出发指向预定着陆点的集合。如图 3 所示，向量 $\overrightarrow{O_1M}$ 与 $\overrightarrow{O_1P}$ 的空间关系为

$$(x_P, y_P, z_P) = \frac{|\overrightarrow{O_1P}|}{|\overrightarrow{O_1M}|}(x_M, y_M, z_M) \tag{7}$$

可以得到 P 点坐标为(2251.1,1748.7,395.1)，所以嫦娥三号在任意近月点 $A(x,y,z)$ 的瞬时速度方向 $\overrightarrow{AP} = (2251.1 - x, 1748.7 - y, 395.1 - z)$。同理可知 Q 点坐标为(–2363.1,–1835.7,–414.7)，嫦娥三号在任意远月点 $B(x,y,z)$ 的瞬时速度方向 $\overrightarrow{BQ} = (-2363.1 - x, -1835.7 - y, -414.7 - z)$。

例如，如图 1 所示，我们将绕月轨道简化为长轴在 y 轴上，点 A(0,1752.013,0)为近月点，点 B(0,–1837.013,0)为远月点，那么在这种情况下，近月点 A(0,1752.013,0)的瞬时速度 $v_A = 1.6925\text{km/s}$，方向为向量 $\overrightarrow{AP} = (2251.1, -3.313, 395.1)$，远月点 B(0,–1837.013,0)

的瞬时速度 $v_B = 1.6141\text{km/s}$，方向为向量 $\overrightarrow{BQ} = (-2363.1, 1.313, -414.7)$。

通过以上结果可知，对于问题一，我们首先建立了简单直观的月心坐标系，并在此基础上提出了有效的解答方法，最终得到近月点与远月点位置的参数方程及瞬时速度，所得结果中近月点速度 $v_1 = 1.6925\text{km/s}$ 与附件 1 中背景信息“嫦娥三号将在近月点 15 公里处以抛物线下降，相对速度从每秒 1.7 公里逐渐降为零”中所给速度非常接近，所得结果具有一定的可靠性。

5.2 问题二：基于动力学模型的轨道优化控制策略

5.2.1 着陆轨道的确定

5.2.1.1 软着陆过程概述

当飞行器下降到大约 15km 左右高度的近月点时，发动机点火持续工作，发动机推力主要用于减少飞行器的横向速度，此阶段主要为其后飞行器进行姿态调整以便使着陆照相机对准月面做准备。在接近月面的阶段，飞行器的控制策略转为瞄准目标点的横向飞行，继而降低最终着陆撞击速度、确保人/载荷的安全，直至最终软着陆完成。各阶段都会以燃料最省为目标以便尽量节省所携带的燃料质量。容易看出，这种方案具有较长的软着陆准备时间、可选择更大的着陆区域、提高着陆精度并能保证飞行器安全着陆等特点。

5.2.1.2 软着陆动力学模型[2-3]

由于月球探测器软着陆所用时间较短，为使问题得到简化，我们首先对月球探测器的软着陆过程进行一些简化处理：根据模型假设（1），月球为均匀引力场，且探测器软着陆过程中的月球自转可以忽略，软着陆过程中探测器限定在 $O\text{-}xy$ 平面内运动，在此简化假设的基础上，建立如图 5 所示的坐标系。

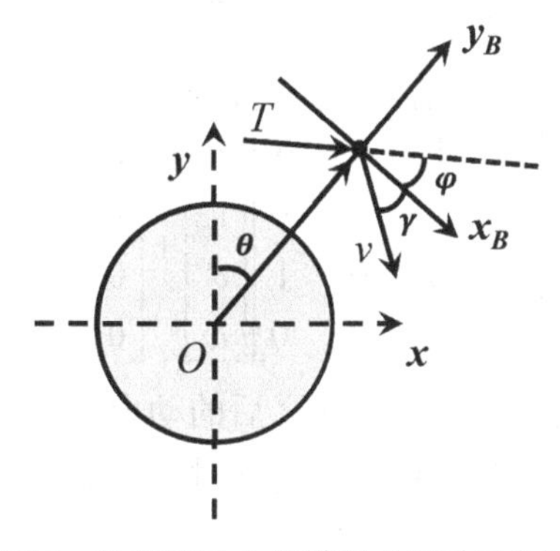

图 5　软着陆动力学模型坐标系示意图

如图5所示，月心 O 为坐标原点，Oy 指向着陆转移轨道近月点，$r \in R^+$ 为探测器到月心的距离；方位角 θ 是 Oy 和 r 的夹角，φ 为制动火箭推力 T 方向与本体轴 Ox_B 之间的夹角，γ 为探测器速度方向与本体轴 Ox_B 之间的夹角。

进一步得出嫦娥三号质心动力学方程：

$$\begin{cases} \dot{r} = v \\ \dot{v} = \dfrac{T}{m}\sin\phi - \dfrac{\mu}{r^2} + r\omega^2 = u\sin\phi - \dfrac{\mu}{r^2} + r\omega^2 \\ \dot{\theta} = \omega \\ r\dot{\omega} = \dfrac{T}{m}\cos\phi - 2v\omega = u\cos\phi - 2v\omega \\ \dot{m} = -\dfrac{T}{C} \\ (T_{\min} \leqslant T \leqslant T_{\max}) \end{cases} \tag{8}$$

式中：m 为探测器质量；u 为月球引力常数；$\mu = GM_{月}$=$4.9\times10^6\ \mathrm{N\cdot km^2/kg}$；$C$ 为制动火箭喷气速度。

5.2.1.3　基于障碍函数方法的制导律设计

障碍函数方法是将有约束优化问题转化为无约束优化问题的常用方法。为了利用本文所设计的障碍函数方法对月球的最优着陆轨道进行设计，我们首先对微分方程组（8）所示的动力学模型进行简单变换：

$$\begin{cases} \dot{r} = v \\ u_r = u\sin\phi - \dfrac{\mu}{r^2} + r\omega^2 \\ \dot{\theta} = \omega \\ u_\theta = \dfrac{(u\cos\phi - 2v_r\omega)}{r} \end{cases} \tag{9}$$

由方程组（9）可将软着陆动力学模型表示成

$$\frac{\mathrm{d}}{\mathrm{d}t}\begin{bmatrix} r \\ v \\ \theta \\ \omega \end{bmatrix} = \begin{bmatrix} 0 & 1 & 0 & 0 \\ 0 & 0 & 0 & 0 \\ 0 & 0 & 0 & 1 \\ 0 & 0 & 0 & 0 \end{bmatrix}\begin{bmatrix} r \\ v \\ \theta \\ \omega \end{bmatrix} + \begin{bmatrix} 0 & 0 \\ 1 & 0 \\ 0 & 0 \\ 0 & 1 \end{bmatrix}\begin{bmatrix} u_r \\ u_\theta \end{bmatrix} \tag{10}$$

从公式（10）可以看出，通过变换之后的动力学模型在径向和切向上是独立的，彼此互不影响，因此，我们可以分别针对探测器径向与切向推力约束对运动轨道进行设计。下面以径向为例，其推力约束可表示为

$$u_{\min} \leqslant |u_r| \leqslant |u_{\max} - g_m| = u_{\max} \tag{11}$$

在此，选用如下对数函数作为最优指标：

$$J=\int\ln(\sec(\tilde{u}))\mathrm{d}t \tag{12}$$

其中 $\tilde{u}=\dfrac{u-u_{\max}}{u_{\max}-u_{\min}}\dfrac{\pi}{2}$。

从所选用的最优指标可以看出，当探测器的推力为约束边界 $u_{\min}$、$u_{\max}$ 时，最优指标将倾向于无穷大，保证了探测器在着陆过程中的推力大小只会在推力约束范围内进行变化，从而将原问题从推力约束问题转化为无约束优化问题，使最优轨道的求解得到大大的简化。

由上面给出的约束条件和最优指标，建立哈曼顿函数：

$$H=\ln(\sec(\tilde{u}))+\lambda^{\mathrm{T}}\dot{x} \tag{13}$$

其中，$x=[r\quad v]^{\mathrm{T}}$，$\lambda$ 为共轭变量，根据共轭方程得

$$\dot{\lambda}=-\frac{\partial H}{\partial x} \tag{14}$$

联合前面的状态方程有

$$u_r=-\frac{1}{k_{r1}}\tan\lambda_v-\frac{k_{r2}}{k_{r1}} \tag{15}$$

其中，$k_{r1}=\dfrac{\pi}{2(u_{\max}-u_{\min})}$，$k_{r2}=\dfrac{-\pi(u_{\max}+u_{\min})}{4(u_{\max}-u_{\min})}$

对公式（15）积分可得

$$\begin{cases} v=\dfrac{1}{C_{r1}k_{r1}}\left[Y\tan^{-1}Y-\dfrac{1}{2}\ln(1+Y^2)\right]-\dfrac{k_{r2}}{k_{r1}}t+v_0 \\ r=\dfrac{-1}{C_{r1}^2k_{r1}}\left[\dfrac{1}{2}(1+Y^2)\tan^{-1}Y-\dfrac{1}{2}Y\right]-\dfrac{1}{2C_{r1}^2k_{r1}}\left[\ln(1+Y^2)-2Y+2\tan^{-1}Y\right] \\ \quad -\dfrac{k_{r1}}{2k_{r2}}t^2+v_0t+r_0 \\ Y=-C_{r1}t+C_{r2} \end{cases} \tag{16}$$

假定初始时刻 $t_0=0$，给定探测器软着陆终端时间 t_f，对探测器的初始条件 $r(0)=r_0$，$v(0)=v_0$ 和期望到达的终端状态 $r(t_f)=r_f,v_f=0$，探测器最优轨道的求解转化成一个两点边值的求解问题。

同理可以对探测器切向推力大小进行规划：

$$u_\theta=-\frac{1}{k_{\theta1}}\tan\lambda_\omega-\frac{k_{\theta2}}{k_{\theta1}} \tag{17}$$

由方程组（9）和推力方向的定义，推力方向角可表示为

$$\phi = \tan^{-1}\left(\frac{\tilde{u}_r + \mu/r^2 - r\omega^2}{r\tilde{u}_\theta + 2v\omega}\right) \tag{18}$$

5.2.1.4 非线性规划求解两点边值问题[4-5]

对 5.2.1.2 节中的两点边值问题，可以利用非线性规划方法进行求解。非线性规划问题可表示为

$$\begin{cases} \min f(x) \\ G_i(x)=0 \qquad i=1,\cdots,m_e \\ G_i(x)\leqslant 0 \qquad i=m_e+1,\cdots,m \end{cases} \tag{19}$$

式中：$f(x)$ 目标函数；$G(x)$ 为等式约束和不等式约束。$f(x)$ 和 $G(x)$ 至少有一个为非线性函数。

对于本文中的软着陆轨道优化问题，采用燃耗最优为指标，即

$$J = m_0 - m_f \tag{20}$$

优化参数为

$$\lambda(0) = \left[\lambda_r, \lambda_v, \lambda_\theta, \lambda_\omega\right]_{t=0}^{\mathrm{T}} \tag{21}$$

约束条件为

$$\begin{cases} r(0)=r_0 \quad v(0)=v_0 \quad \theta(0)=\theta_0 \quad \omega(t_f)=\omega_0 \\ r(t_f)=r_f \quad v(t_f)=v_f \quad \theta(t_f)=\theta_f \quad \omega(t_f)=\omega_f \end{cases} \tag{22}$$

5.2.1.5 仿真分析与结果

根据假设（1）：假设月球为一质量均匀、形状规则的球体，软着陆初始条件为霍曼转移轨道$100\text{km}\times15\text{km}$ 的近月点，根据附件 1 中提供的数据：月球半径 $r_m = 1737.013\text{km}$；引力常数 $\mu = 4.9\times10^6\,\text{N}\cdot\text{km}^2/\text{kg}^2$；比冲 $C = 2.94\text{km/s}$；探测器初始条件为 $m_0 = 2400\text{kg}$，$r_0 = 1752.013\text{kg}$，$v_0 = 0$，$\theta_0 = 0$，$\omega_0 = 9.54\times10^{-4}\text{rad/s}$。

采用本文所设计的软着陆制导方法，利用 MATLAB 7.8.0 进行计算，得到仿真结果，如图 6 和图 7 所示。

从图 6 中，我们可以看出在规定的时间 750s 内，嫦娥三号距月心距离能够从 1752.013km 下降到月球表面上，表明我们选取的仿真参数以及仿真方法行之有效，也表明在最优燃料控制律的优化前提下的动力学模型是可靠的。

从图 7 中，我们知道嫦娥三号的质量随着时间的延长而逐渐减小，这是符合事实的，因为反冲力作用时会消耗燃料，故探测器的总质量会较小，图 7 进一步表明我们所建立的基于动力学模型的轨道优化策略是可以通过仿真进行数值求解的。

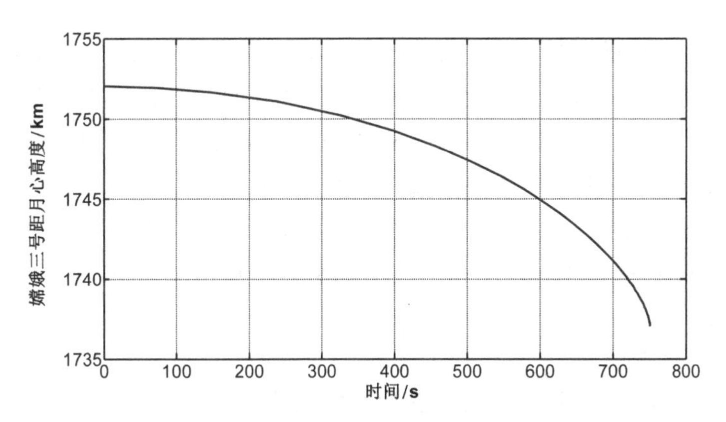

图 6　嫦娥三号距月心距离与时间之间的关系

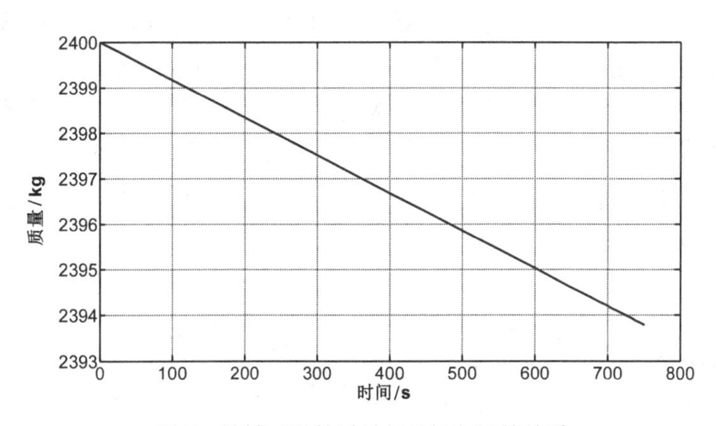

图 7　嫦娥三号的质量与时间之间的关系

5.2.2　着陆轨道 6 个阶段的最优控制策略

5.2.2.1　霍曼转移段（着陆准备轨道）

嫦娥三号在霍曼转移段的运动轨道是一个椭圆，是由于嫦娥三号在近月点处受到一个脉冲力的作用而进入主减速阶段。由于椭圆轨道与月球的赤道平面之间的夹角是变化的，因此满足要求的近月点不仅仅只有一个，而是一个集合，在问题一中求出该集合是一个圆，只要满足椭圆轨道的近月点在已知的近月点集合内，该椭圆轨道即可满足优化要求。

我们的建立策略：满足问题一中近（远）月点参数方程的点均可作为霍曼转移段上的近月点或远月点；当该点坐标满足近月点参数方程时，即可在冲力作用下进入主减速阶段。

5.2.2.2　动力下降段

由于动力下降段最能影响着陆点的位置，故在问题二中的最优化微分方程求解中，动力下降段的变量值对微分方程的影响比较大，故我们可以利用问题二中的模型来对动力下降段进行优化，从而使得探测器能够较为准确地落到预定点的位置。由于反冲力加速度 u 为 $0.625\sim3.125\text{m/s}^2$，我们在仿真时可以通过改变反冲力加速度的步长值来控制探测器的运行轨道，从而达到预期目标。

我们的建立策略：满足于冲力加速度由最小限值（本题为 0.625m/s^2）变化到最大限值（本题为 3.125m/s^2）的步长为 1m/s^2，即可得到如图 6 所示的燃料最省的最优轨道。

5.2.2.3　避障段

（1）在粗避障阶段，我们首先把附件 3 中的所给图像读入 MATLAB 7.8.0，得到据月面 2.4km 处对正下方月面 $2300\times2300\text{m}$ 内各点的高程值。考虑到此范围内月表面连续变化，根据文献及生活经验，我们认为探测器不会精确降落在一个 $1\text{m}\times1\text{m}$ 的像素点处，故我们将附件 3 中的像素边距扩大到 10m，这样，2300×2300 的区域 A_1 就被划分成了 230×230 的区域 A_2，其中，A_2 中每个区域的高程为 10×10 个 A_1 区域高程求和后的平均值，然后用此种处理方法依次对区域 A_2 中 230×230 个区域的高程求均值 $\overline{h}$，取每 $10\text{m}\times10\text{m}$ 范围内高程值的平均值代替该范围的高程值，并绘制得到三维图像（图 8）。

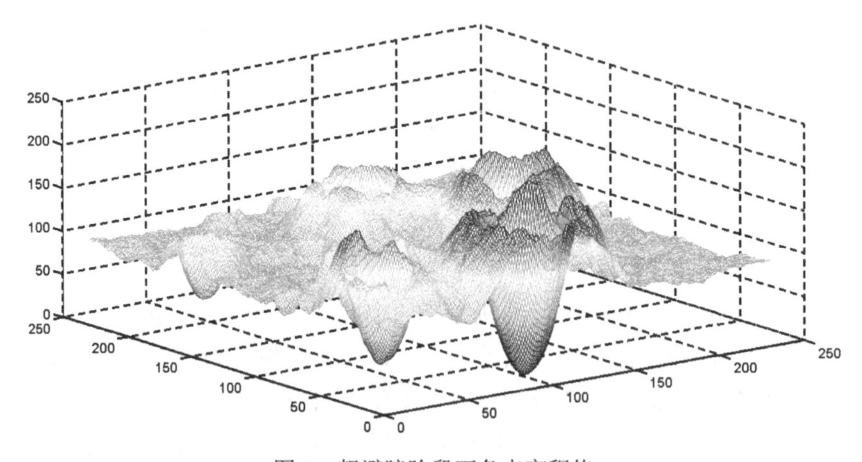

图 8　粗避障阶段下各点高程值

在粗避障阶段，我们认为可以通过对高程值进行特定的分析处理，得出可以着陆或拒绝着陆点的高程阈值。根据文献以及多种阈值选取情况下的实际情况，我们确定高程的阈值为 $\overline{h}\pm15\%\overline{h}$，并把落在阈值之间的点记为 0（制图为白色），落在阈值之外的点记为 1（制图为黑色），从而得到了以黑白两色区分的安全着陆区域图，如图 9 所示。

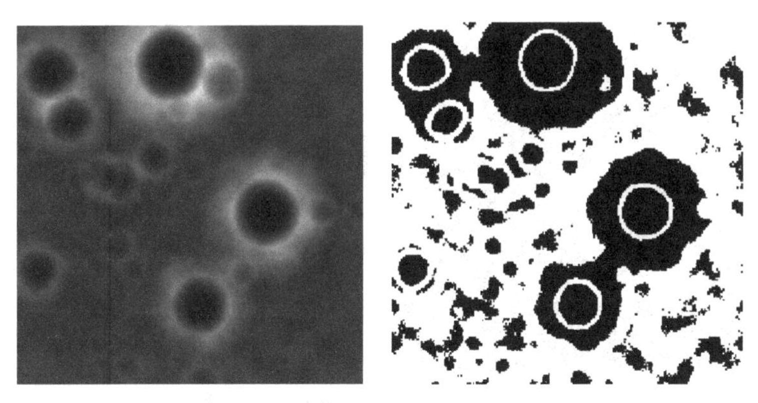

图 9　粗避障阶段下安全着陆区域

由图 9 可以看出，黑色区域坡度较大不适宜作为着陆点，而白色区域地面较为平缓，是较为理想的安全降落的位置，探测器在该区域上方时可以通过四周的姿态调整发动机来调整水平姿态以落到安全区域。

（2）在精避障阶段，采用同样的方法将附件 4 中的图像读入 MATLAB 7.8.0 得到三维空间中各点的高程值，然后将 1000×1000 的区域 A_1 划分为 100×100 的区域 A_2，其中，A_2 中每个区域的高程为 10×10 个 A_1 区域高程求和后的平均值，然后依照此种处理方法，依次对区域 A_2 中 100×100 个区域的高程求均值 $\overline{h}$，取每 $10\text{m}\times10\text{m}$ 范围内高程值的平均值代替该范围的高程值，并绘制得到三维图像（图 10）。

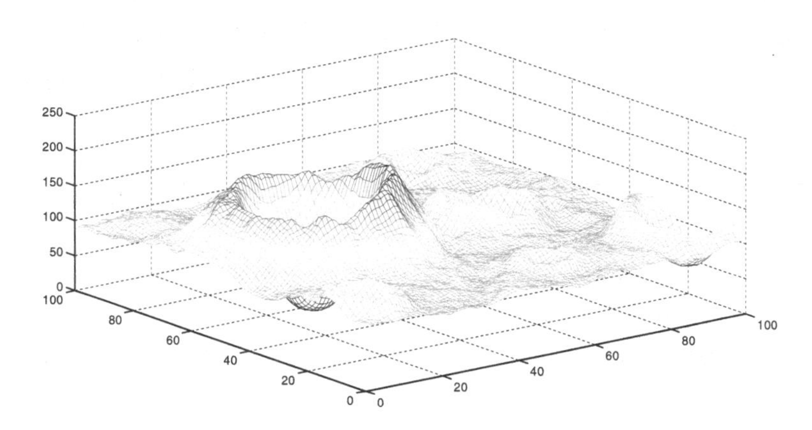

图 10　精避障阶段下各点高程值

我们同样规定高程的阈值为 $\overline{h}\pm15\%\overline{h}$，并把落在阈值之间的点记为 0（制图为白色），落在阈值之外的点记为 1（制图为黑色），从而得到了以黑白两色区分的安全着陆区域图（图 11）。

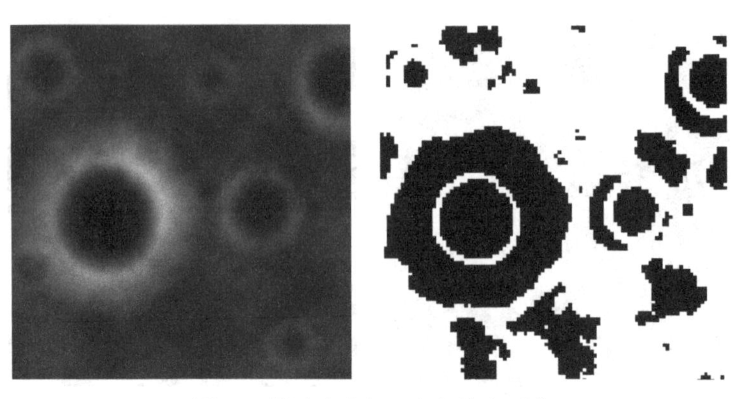

图 11 精避障阶段下安全着陆区域

同理，探测器在精避障阶段，也可以通过调整水平姿态来落到白色区域。

我们的建立策略：通过嫦娥三号在下降阶段传送回来的扫描照片即相应平面内各点高程值，利用高程的阈值为$\bar{h} \pm 15\%\bar{h}$获得该图像中黑白两色区分的安全着陆区域，进而方便地在白色区域内选择最优着陆点，保证所消耗燃料最少。

5.2.2.4 近地阶段

在缓速下降阶段和自由下落阶段，我们认为嫦娥三号已非常接近预定着陆点，故忽略考虑这两段的变化情况，因此无须对这两段进行优化控制。

对于问题二，我们将嫦娥三号从霍曼转移段到预定着陆点之间的轨道分为 4 个阶段：霍曼转移段、动力下降段、避障段以及近地段。对于每一阶段，由于其受力、速度、加速度均不能唯一确定，因此采用动力学模型分别处理每一阶段。经仿真验证，我们采用的这种处理方式能够有效地判断在保证消耗燃料最少的情况下，着陆在月球表面相对平坦的位置。

5.3 问题三：着陆轨道及控制策略的误差分析与敏感度分析

5.3.1 误差模型的建立

5.3.1.1 初始状态误差模型

记嫦娥三号的实际初始状态为$\bar{X}_i$，标准初始状态为$\bar{X}_n$，则定义初始状态偏差$\bar{x}_i$为

$$\bar{x}_i = \bar{X}_i - \bar{X}_n \tag{23}$$

对于主制动段这一特定的飞行过程，这些偏差都是确定的；而针对整个月球探测任务，这些偏差就变得具有随机性了。因此，我们假定$\bar{x}_i$的所有元素均服从零均值高斯分布，相互不独立，其相关性就取决于前一阶段任务的特性。

5.3.1.2　传感器误差模型[6]

由于我们只研究误差对制导律的影响，因此这里假设需要测量的量均可由导航系统直接测得，误差大小均考虑典型误差值。由 5.2.1.3 节中设计的制导律可以看出，需要由导航与控制传感器测量的量主要为嫦娥三号相对于着陆场坐标系的位置、速度和加速度。定义待测量量 Q 为

$$\bar{Q}=\begin{bmatrix} r & v & w & \theta \end{bmatrix} \tag{24}$$

其估计值记为$\hat{\bar{Q}}$，则传感器误差定义为

$$\tilde{\bar{q}}=\hat{\bar{Q}}-\bar{Q} \tag{25}$$

那么，单个测量量的估计误差模型就可用误差向量 $\tilde{\bar{q}}$ 的第 $j(j=1,2,3,4)$ 个元素 $\tilde{q}_j$ 来表示。且第 j 个观测量的总估计误差 $\tilde{q}$ 可以表示为

$$\tilde{q}_j(t)\equiv\tilde{q}_{jbc}+\frac{\tilde{q}_{jbs}}{100}Q_j(t)+\tilde{q}_{jnc}(t)+\frac{\tilde{q}_{jns}(t)}{100}Q_j(t) \tag{26}$$

针对主制动这一特定操作阶段，上述四部分误差具有如下特性：

$\tilde{q}_{jbc}$：第 j 个观测量的测量误差，恒为常值，其分布服从零均值高斯分布。

$\tilde{q}_{jbs}$：第 j 个观测量的刻度因素误差系数，恒为常值，其分布服从零均值高斯分布。

$\tilde{q}_{jnc}$：第 j 个观测量的随机误差，其为高斯白噪声。

$\tilde{q}_{jns}$：第 j 个观测量的刻度因素随机误差系数，其为高斯白噪声。

5.3.1.3　制导误差分析

由于采用闭环制导，制导控制系统对随机误差具有一定鲁棒性，因此本文将着重对初始偏差和类似于 $\tilde{q}_{jbc}$ 和 $\tilde{q}_{jbs}$ 这样的传感器常值误差进行仿真研究，分析它们对制导精度的影响。

5.3.1.4　误差分析系统的建立

接下来，我们将图 12 中所示初始状态偏差加在相应积分器中。

由前面的分析可知，观测量的实际输出值受到初始状态偏差、传感器测量误差以及传感器刻度因素误差的影响，故误差分析系统模拟程序的实际输入应包含以下几部分（以 X 通道为例）：

$$\hat{X}=X+x_i+\tilde{x}_{bc}+\frac{\tilde{x}_{bs}}{100}X \tag{27}$$

式中：$\hat{X}$ 为观测量的实际输出值；X 为标准值；x_i 为初始状态偏差（只在初始时刻存在）；$\tilde{x}_{bc}$ 为传感器测量偏差；$\tilde{x}_{bs}$ 为传感器刻度因素误差系数。

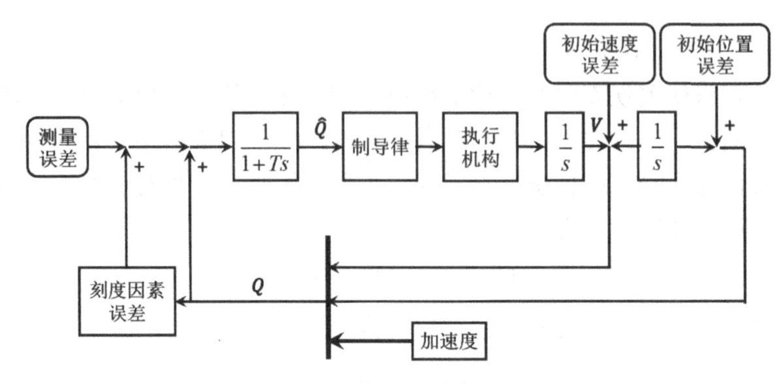

图 12 误差分析系统结构图

从图 12 可以看出，为了更准确地表示传感器误差模型，这里考虑了传感器的动态性能，其传递函数设为一阶惯性环节$\dfrac{1}{1+Ts}$，其中，T为传感器时间常数，因传感器的不同而取不同值。

由误差分析系统结构框图可以看出，其输入量主要包括标准初始状态向量、初始状态偏差、传感器测量误差、传感器刻度因素误差系数、传感器时间常数、期望终端状态；输出量为加入误差前后的仿真终端状态向量。

5.3.1.5 误差分析的结果

假设导航系统采用常规惯性测量单元，表 1 列出了其典型误差值，其中，位置误差能保持在10^2数量级，速度在10^1数量级，加速度为10^{-5}g 数量级。

表 1 常规惯性测量单元典型误差值

初始位置偏差/m	初始速度偏差/(m/s)	位置测量偏差/m	速度测量偏差/(m/s)	加速度测量偏差/g*	位置刻度因素偏差/%	速度刻度因素偏差/%	加速度刻度因素偏差/%
100	10	100	10	3×10^{-5}	0.2	0.1	0.1

* g 为月球表面重力加速度。

由于加速度测量偏差的数量级最小，因此我们认为加速度测量的误差在不同状态量的测量中误差最小，表明通过这种策略的控制方法，得到的观察值与预定值差异较小，说明方法可靠。

5.3.2 敏感系数的确定

在有形如式（23）误差输入的情况下，首先根据图 12 生成一个模拟整个闭环制导控制系统的数字仿真程序，然后运行该程序，对比程序输出即可得到误差敏感系数矩阵。具体运行过程如下：

第一步：将传感器误差设置为零，初始状态设置为标准值，运行模拟程序。

这一步称为标准运行。

第二步：将其中一个传感器误差设置为非零输入或者设置一个非标准初始状态，然后进行一系列运行。

第三步：将第二步运行的系统输出和标准运行的系统输出进行比较，即可确定各误差源的影响。

如X通道标准初始偏差为x_i，输入该误差前后，X通道终端状态分别为X_0和X_1，则X通道对标准初始偏差x_i的敏感度可用$\frac{X_1 - X_0}{x_i}$来反映。

通过这种方法，可得到一组反映月球软着陆主制动段终端总误差向量$\bar{p}_f$和两个传感器误差向量$\tilde{q}_{bc}$和$\tilde{q}_{bs}$以及初始状态偏差向量$\bar{p}_i$之间关系的误差敏感系数矩阵。由参考文献[6]可知，其相互关系可表示为

$$\bar{p}_f = S_1\bar{p}_i + S_2\tilde{\bar{q}}_{bc} + S_3\tilde{\bar{q}}_{bs} \tag{28}$$

式中，S_1、S_2、S_3分别表示相对于$\bar{p}$、$\tilde{\bar{q}}_{bc}$、$\tilde{\bar{q}}_{bs}$的误差敏感系数矩阵。终端误差向量能用这种形式表示的假设条件是动力学的线性化必须在标准轨道区域内。

因此，我们可以得到多个敏感系数矩阵，比较不同观测值的敏感系数的数量及大小就可以判断本文设计的轨道对某一观测值的敏感度的大小。

6 模型的评价与推广

6.1 模型的评价

基于动力学模型的着陆轨道的优化模型：在有推力约束的情况下，本文采用了一种简单有效的障碍函数方法，将软着陆的有约束优化问题转化为无约束优化问题，使最优轨道的优化得到了简化，并有效避免了推力饱和问题的出现。针对最优控制问题中存在的两点边值问题，采用了非线性规划方法进行求解，相对于传统的打靶法，求解两点边值问题降低了共轭方程对共轭变量初值猜测的依赖性。仿真结果验证了所研究的方法简单有效。

误差模型：通过比较实际状态观测值与理论状态观测值的差异，用数量级来衡量这两者之间的绝对误差，不但清晰明了，而且不同观测值之间的比较也显得更为方便。

6.2 模型的推广

（1）动力学模型：在航空航天方面，由于影响航天器的因素众多，无法一一进行分析，通过动力学模型得到的不同指标的微分方程可以满足航空航天方面的

应用要求。

（2）阈值法：阈值法可以找出异常值和正常值，该方法可以推广到价格的波动问题、水位的高度问题等方向。

参考文献

[1] EPSG, Coordinate Conversions and Transformations including Formulas[J]. OGP Surveying and Positioning Guidance Note, 2006(7):4-118.

[2] 刘畅．基于景象匹配的月球探测器精确软着陆轨道研究[D]．哈尔滨：哈尔滨工业大学，2006.

[3] 刘浩敏，冯军华，崔祜涛，等．月球软着陆制导律设计及其误差分析[J]．系统仿真学报，2009，21（4）：936-943.

[4] 赵吉松，谷良贤，潘雷．月球最优软着陆两点边值问题的数值解法[J]．中国空间科学技术，2009（4）：21-27.

[5] 单永正，段广仁，吕世良．月球探测器软着陆的最优控制[J]．光学精密工程，2009，17（9）：2153-2158.

[6] 冯军华，崔平远，崔祜涛．推力约束条件下的月球软着陆终端制导律设计[C]//2008年全国博士生学术论坛（航空宇航科学与技术）．国务院学位办，2008：42-47.

【论文评述】

本文研究的是嫦娥三号软着陆的轨道设计与控制策略问题。“基于动力学模型的嫦娥三号软着陆轨道的设计研究”，问题结合优化方法连成一体，隐含问题与方法，准确、贴切。

文章在模型建立过程中通过建立月心坐标系得出了近（远）月点的位置集合与速度，然后以“燃料最少”为控制策略，并基于极坐标的微分方程对两点边值问题进行仿真，得到了嫦娥三号距地距离与时间的关系与各个阶段轨道的最优控制策略，最后建立了误差模型与敏感系数矩阵，对本文中设计的着陆轨道和控制策略进行了分析。

论文摘要按照总分结构交代，简洁、典型、完美。问题重述以及背景知识条理分明、层次清晰，有利于把握问题的本质。假设合理，有利于模型的建立，具有很强的目的性和针对性。检验部分很好地验证了模型的合理性，基于动力学模型建立的嫦娥三号在软着陆过程中轨道设计与控制方法可以有效解决本文中提出的问题，具有很好的适应性和推广性。

魏调霞

2015 年 A 题

太阳影子定位

如何确定视频的拍摄地点和拍摄日期是视频数据分析的重要方面，太阳影子定位技术就是通过分析视频中物体的太阳影子变化，确定视频拍摄的地点和日期的一种方法。

（1）建立影子长度变化的数学模型，分析影子长度关于各个参数的变化规律，并应用你们建立的模型画出 2015 年 10 月 22 日北京时间 9:00－15:00 之间天安门广场（北纬 39 度 54 分 26 秒，东经 116 度 23 分 29 秒）3m 高的直杆的太阳影子长度的变化曲线。

（2）根据某固定直杆在水平地面上的太阳影子顶点坐标数据，建立数学模型，确定直杆所处的地点。将你们的模型应用于附件 1 的影子顶点坐标数据，给出若干个可能的地点。

（3）根据某固定直杆在水平地面上的太阳影子顶点坐标数据，建立数学模型，确定直杆所处的地点和日期。将你们的模型分别应用于附件 2 和附件 3 的影子顶点坐标数据，给出若干个可能的地点与日期。

（4）附件 4 为一根直杆在太阳下的影子变化的视频，并且已通过某种方式估计出直杆的高度为 2m。请建立确定视频拍摄地点的数学模型，并应用你们的模型给出若干个可能的拍摄地点。

如果拍摄日期未知，你能否根据视频确定出拍摄地点与日期？

注：因篇幅原因，文中提及并未列出的“附件”均为题目自带，有需要的读者可在全国大学生数学建模竞赛官方网站（http://www.mcm.edu.cn/index_cn.html）上下载。

2015年A题 全国二等奖

基于几何关系的太阳影子定位优化方案

参赛队员：郭福仁 晋旭锐 杜俊杰
指导教师：宋丽娟

摘 要

本文借助几何学知识、天体运动规律的知识、日照原理、最小二乘法非线性拟合理论等知识体系顺利解决了题目要求的四个问题。

问题一：此问要求建立影子长度变化的数学模型，通过查阅文献和结合几何关系分析，我们可以确定杆影长与杆长、太阳高度角之间的几何关系式。根据日照基本原理，我们又获知太阳高度角是通过杆所处的纬度、赤纬度、时角来确定的。而赤纬度、时角可以分别由日期、时间和经度来计算。故影长的可能影响参数有杆高、杆所处的经纬度、赤纬度（日期来确定）、时角（时间和经度来确定）。为此可以建立影长与上述参数之间关系的数学模型，具体详见公式（8）。其次，通过分析影长变化图形规律，可以得到影长关于各个参数的变化规律，发现南北半球在春分日、秋分日变化规律基本相似，在夏至日和冬至日的变化规律则相反。最后结合实例（已知时间、日期、经纬度、杆高），利用本模型画出太阳影长随时间变化的曲线，具体详见图18。

问题二：本问采用非线性最小二乘拟合，即将已知时间区间以及日期（确定赤纬度）代入问题一的模型计算影长（不妨记作理论影长），而实际影长可以利用附件1的影长坐标数据计算获得。非线性拟合的目标就是实际影长和理论影长之间差的平方和（残差平方和）越小越好。经过拟合使得残差平方和最小的那组参数值（北纬19.6834°，东经109.8561°，杆长1.96m）位于海南岛，即为所求。

问题三：由附件2和附件3的数据可知影长、时间。与问题二相比，方法一样（都是非线性最小二乘拟合，目标函数一样），只是在问题三中有四个变量为经度、纬度、杆长、日期。采用该方法时受到初值的影响，当初值的选取不同时，拟合的效果不同，所得结果也就不同。所以我们尝试不同的参数初值，最终获得附件2的可能拍摄日期和地点为6月20日的新疆乌鲁木齐和9月19日的非洲肯尼亚，附件3的可能拍摄日期和地点为12月20日的内蒙古呼伦贝尔。

问题四：我们首先利用 MATLAB 2013 提取视频信息（每隔 15s 一张黑白图片和相应的灰度矩阵），转化为灰度矩阵后，通过观察可知影子部分的灰度值通常小于 200。因此，取灰度值小于 200 的点为影子轮廓，使用 MATLAB 2013 扫描识别影子端点坐标后，结合杆底和杆顶坐标，计算出杆长与影长的比值。再结合杆高 2m，根据比例关系，可以计算出每一张图片的实际影长，即已知时间、日期、影长，利用问题二的模型（非线性最小二乘拟合），即可获得可能的拍摄地点为内蒙古呼和浩特。在未知日期的情况下进行拟合，得到最有可能的点为 7 月 14 日内蒙古呼和浩特附近的点，即北纬 39.5714°、东经 110.678°，和 7 月 14 日的马来西亚的北纬 5.6431°、东经 118.0057°，以及 8 月 2 日河北石家庄的北纬 37.9906°、东经 114.9405°。马来西亚与内蒙古呼和浩特的日期与原视频时间相符合，证明预测效果很好。

最后我们使用了可视化的 Visual Basic 语言，编写了影长快速计算器，具有可推广性。

关键词：非线性最小二乘拟合　影子定位　影长　杆高　太阳高度

一、问题重述

如何确定视频的拍摄地点和拍摄日期是视频数据分析的重要方面，太阳影子定位技术就是通过分析视频中物体的太阳影子变化，确定视频拍摄的地点和日期的一种方法。

（1）建立影子长度变化的数学模型，分析影子长度关于各个参数的变化规律，并应用你们建立的模型画出 2015 年 10 月 22 日北京时间 9:00—15:00 之间天安门广场（北纬 39 度 54 分 26 秒，东经 116 度 23 分 29 秒）3m 高的直杆的太阳影子长度的变化曲线。

（2）根据某固定直杆在水平地面上的太阳影子顶点坐标数据，建立数学模型，确定直杆所处的地点。将你们的模型应用于附件 1 的影子顶点坐标数据，给出若干个可能的地点。

（3）根据某固定直杆在水平地面上的太阳影子顶点坐标数据，建立数学模型，确定直杆所处的地点和日期。将你们的模型分别应用于附件 2 和附件 3 的影子顶点坐标数据，给出若干个可能的地点与日期。

（4）附件 4 为一根直杆在太阳下的影子变化的视频，并且已通过某种方式估计出直杆的高度为 2m。请建立确定视频拍摄地点的数学模型，并应用你们的模型给出若干个可能的拍摄地点。

如果拍摄日期未知，你能否根据视频确定出拍摄地点与日期？

二、模型假设

（1）太阳光不发生折射。

（2）问题中所附数据都真实可靠。

（3）问题四视频中比例真实可信。

（4）视频中的比例不存在拍摄角度所导致的误差。

三、符号说明

（1）H：杆高。

（2）θ：太阳高度角。

（3）L：影长。

（4）ϕ：地理纬度，即本问题的杆所在城市的地理纬度。

（5）δ：太阳赤纬角，即太阳光线与地球赤道面所夹的圆心角。

（6）Ω：时角，即一天中地球自转在不同时刻的时角。

（7）δ：太阳赤纬角。

（8）M：公历月日份修正值。

（9）t_{bj}：北京时间。

（10）E：当地经度。

（11）ϕ：当地纬度。

其余符号详见文中说明。

四、问题分析

问题一：此问要求建立影子长度变化的数学模型，通过查阅文献和结合几何关系分析，我们可以确定杆影长与杆长、太阳高度角之间的几何关系式。根据日照基本原理[1]，我们又获知太阳高度角是通过杆所处的纬度、赤纬度、时角来确定的。而赤纬度、时角又可以分别由日期、时间和经度来计算。

总之，影长的可能影响参数有杆高、杆所处的经纬度、赤纬度（日期来确定）和时角（时间和经度来确定）。为此我们可以建立影长与经纬度、日期、时间、杆长之间关系的数学模型。其次，通过对影子长度与各个参数的二维图进行观察可以分析影长关于各个参数的变化规律。最后结合实例利用本模型，画出太阳影长随时间变化的曲线（实例已知时间、日期、经纬度、杆高）。

问题二：该问题要求我们根据附件 1 的数据（直杆影子的坐标、日期和时间）来确定直杆所处地的经纬度和杆长。为此，本文拟采用非线性最小二乘拟合，即将已知时间区间以及日期（确定赤纬度）代入问题一的模型计算影长（不妨记作理论影长），而实际影长可以利用附件 1 的影长坐标数据计算获得。目标就是实际影长和理论影长之间差的平方和（残差平方和）越小越好。那么使得残差平方和最小的那组参数值（纬度、经度、杆长）即为所求。

问题三：根据附件 2、附件 3，我们可知该地的时间、影长，使用问题二中的模型进行拟合，并且不断改变初始值，得到所有可能的点后，通过天气、杆长、经纬度等值的合理性再进行筛选，从而得到最优结果。

问题四：首先使用 MATLAB 2013 提取视频信息，根据灰度矩阵需找影子端点，在计算影子端点时，通过比例关系得到影长，得到影子长度后，使用问题二中的模型进行拟合得到残差最小的解，从而得到答案。

五、模型建立与求解

5.1 问题一

5.1.1 直杆影长变化的数学模型

假设杆垂直于坐标平面，且杆的底部为原点 O，杆高为 H，太阳高度角为 θ，影长为 L，各个量的关系如图 1 所示。

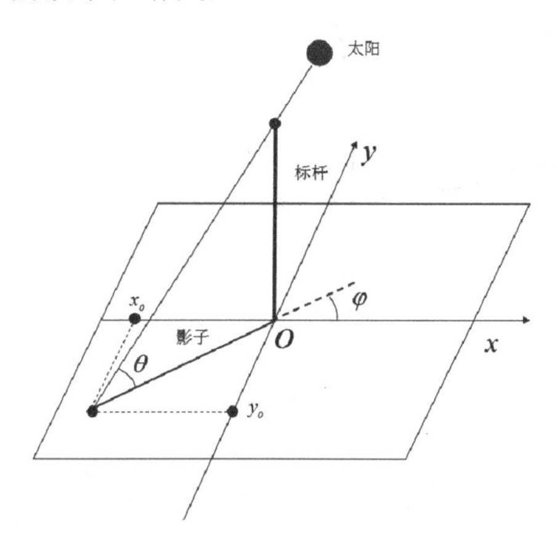

图 1 基本地平面坐标系

根据日照原理且结合几何关系，获得如下关系式：

$$\frac{L}{H} = \cot\theta \tag{1}$$

其中

$$\sin\theta = \sin\phi\sin\delta + \cos\phi\cos\delta\cos\Omega \tag{2}$$

式中：ϕ为地理纬度，即本问题的杆所在城市的地理纬度；δ为太阳赤纬角，即太阳光线与地球赤道面所夹的圆心角；Ω为时角，即一天中地球自转在不同时刻的时角。

（1）计算中的若干问题——太阳高度角θ的定义。太阳高度角θ，即太阳光线与地平面间的夹角，如图2所示。利用高度角结合几何关系（相似三角形）已知物体长度、太阳高度角，可以计算物体在平面的影长。

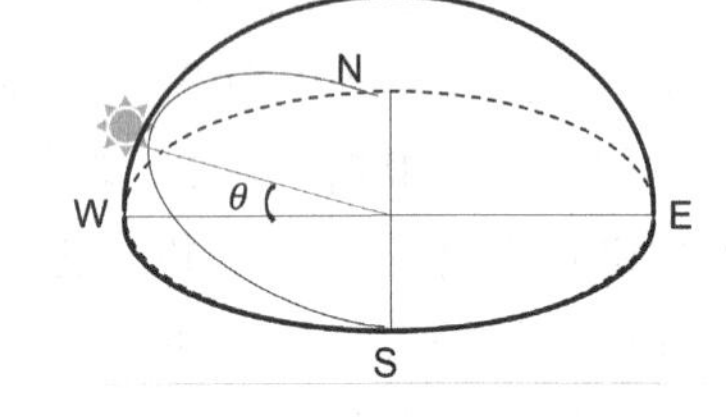

图2 太阳高度角θ示意图

（2）计算中的若干问题——太阳赤纬角δ及计算。赤纬角是地球赤道平面与太阳和地球中心的连线之间的夹角，如图3所示。赤纬角是由于地球绕太阳运行造成的现象，它随时间而变，且以年为周期，根据文献[2]中的计算公式可得

$$\delta = 23.45\sin\left(\frac{2\pi(284+N)}{365}\right) \tag{3}$$

式中，N为日数，自每年1月1日开始计算。

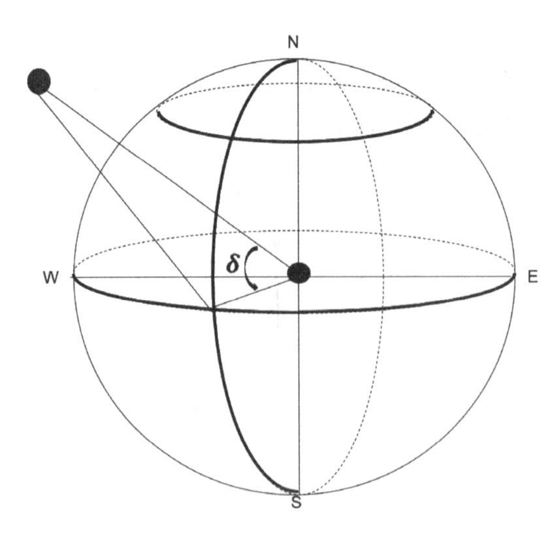

图3 太阳赤纬角δ示意图

（3）计算中的若干问题——时角 Ω 的计算。根据文献[1]和[3]可知，时角是指地球自转一周为一天（24 小时），不同的时间用不同的时角 Ω 表示。地球自转一周为 360°，每小时时角就是 15°，如图 4 所示。

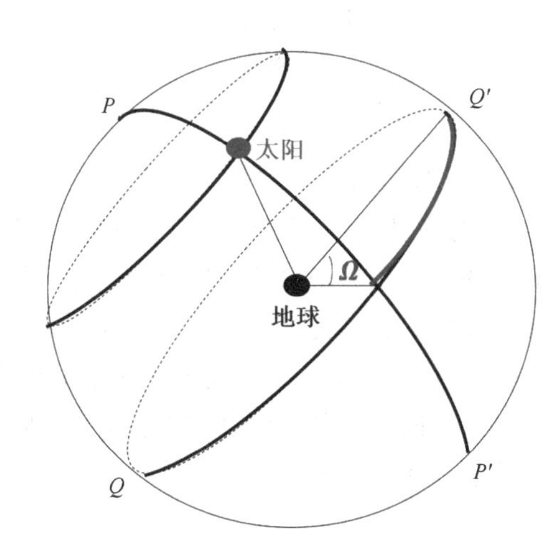

图 4　时角 Ω 示意图

时角计算公式如下：

$$\Omega = 15t \tag{4}$$

$$t = n - 12 \tag{5}$$

其中，n 为该日 24 小时制时间。正南方向时角为 0，以东为正，计算时采用真太阳时。真太阳时计算公式如下：

$$n = M + P \tag{6}$$

$$P = t_{bj} + 4 \times (E - 120) \tag{7}$$

式中：M 为公历月日份修正值，可以通过查表获得；t_{bj} 为北京时间；E 为当地经度。

综上所述，我们建立影子长度变化的数学模型：

$$\begin{cases} L = \dfrac{H\cos\theta}{\sin\theta} = \dfrac{H\sqrt{1-(\sin\phi\sin\delta+\cos\phi\cos\delta\cos\Omega)^2}}{\sin\phi\sin\delta+\cos\phi\cos\delta\cos\Omega} \\ \delta = 23.45\sin\left(\dfrac{2\pi(284+N)}{365}\right) \\ \Omega = 15(n-12) \\ n = M + t_{bj} + 4\times(E-120) \end{cases} \tag{8}$$

各参数取值范围如下：

$$\begin{cases} N \in [1,365] \cup Z \\ n \in [0,24] \\ E \in [-180,+180] \\ \phi \in [-90,90] \\ H > 0 \end{cases}$$

其中，N为日数，ϕ为杆所在的纬度，n为真太阳时间（计算时需要北京时间、杆所在的经度），H为杆高。故从式（8）可知，影长的影响参数有日期、时间、经纬度和杆长。下面我们将分析影长关于这几个参数的变化规律。

5.1.2　影子长度关于各个参数的变化规律与敏感度分析

（1）二维图分析——杆长与影子长度的关系。首先固定经纬度（北纬39.9°，东经116.3°），时间（正午12时），日期（9月12日），代入式（7）获得杆长与影子长度之间成正比例关系，如图5所示。

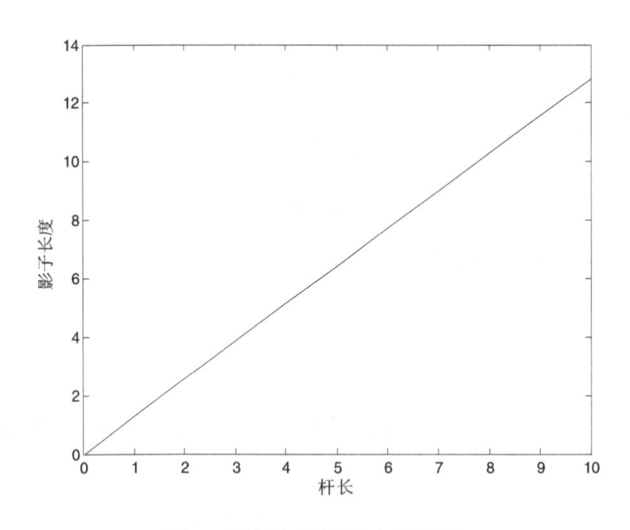

图5　杆长与影子长度关系图

（2）二维图分析——日期与影子长度的关系。首先固定经纬度（北纬39.9°，东经116.3°），时间（正午12时），杆长（2m），代入式（7）获得影子长度与日期之间的关系，同时由于太阳直射点在不同的日期处于不同的纬度，所以我们在这里取了两个不同纬度（正负60°），分别位于南、北半球，进行分析，如图6和图7所示。

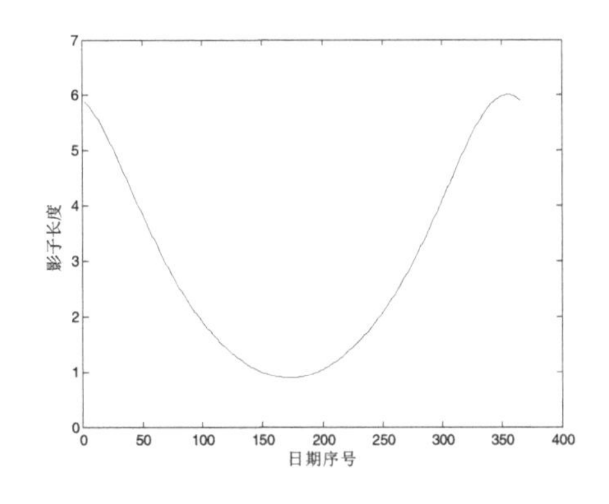

图 6　北半球影子长度与日期关系图

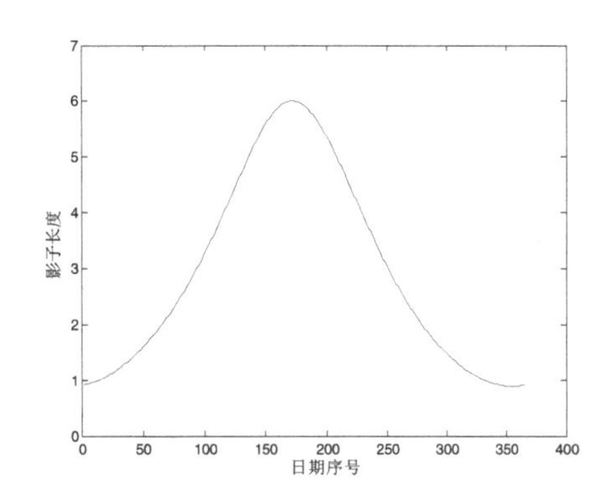

图 7　南半球影子长度与日期关系图

如图 6 所示，北半球在一年内影子长度变化规律呈年初、年终影子长度长，而年中影子长度短，南半球与北半球规律刚好相反，年中影子长度最长。

（3）二维图分析——影子长度与时间的关系。首先固定经纬度（北纬 39.9″，东经 116.3″），日期（9 月 12 日），杆长（2m），代入式（7）可以获得影长与时间的关系，如图 8 所示。同时由于南北半球太阳直射纬度不同，东西半球太阳照射角度不同，因此我们做出了在北纬东经、南纬东经、北纬西经、南纬西经四种不同情况下的影长随时间变化的二维图，如图 8～图 11（图 8 为北纬东经，图 9 为南纬东经，图 10 为北纬西经，图 11 为南纬西经）所示。

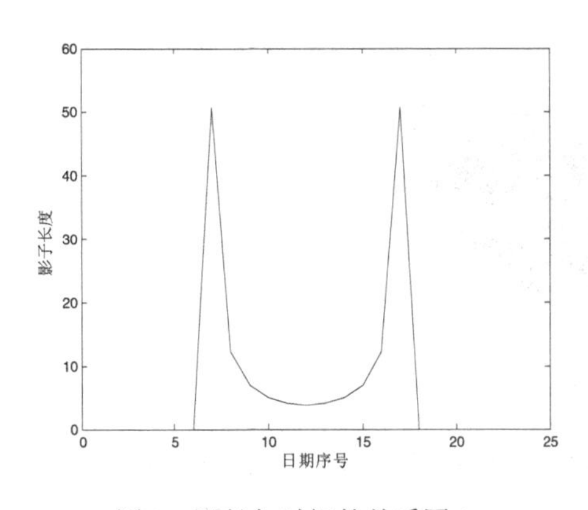

图 8　影长与时间的关系图 1

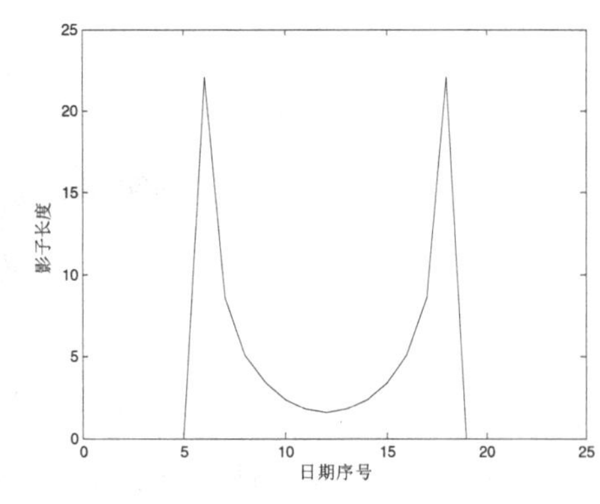

图 9　影长与时间的关系图 2

由图 8～图 11 可以发现经度对影子长度与时间的关系影响不大，图形变化只是由于经度变化后时间会发生相应的变化，纬度对其关系影响较大，在该时间点，南半球影子出现的时间早、消失的时间晚。

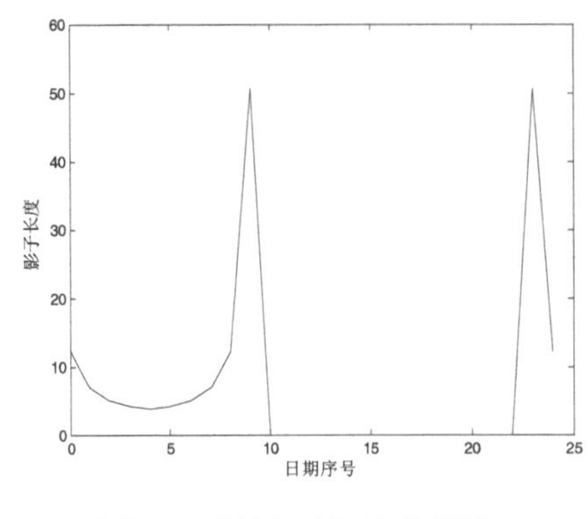

图 10 影长与时间的关系图 3

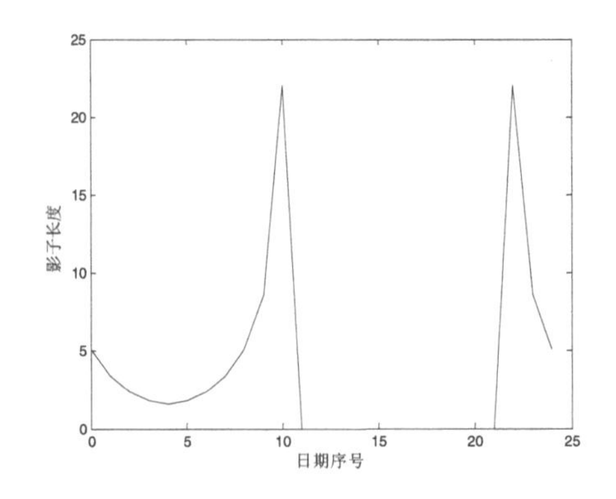

图 11 影长与时间的关系图 4

（4）三维图分析。为了找到影子长度关于各参数变化的规律，二维图中无法看到更为连续的变化，我们继续绘制了影长与相关因素之间关系的三维图像，首先固定杆的长度为 2m，经度为 90 度（由上分析可知经度对结果影响不大），计算 ±50° 纬度（纬度过低地域会出现极夜极昼等特殊天象）范围在一年（365 天）中每一天中午 12 点的影子长度，绘制三维图，如图 12 所示。

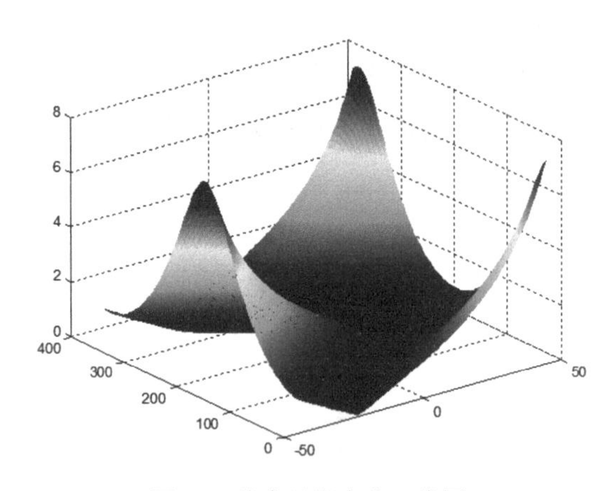

图 12 纬度日期变化三维图

可以发现，杆长、时间一定时，越靠近南极点的地点，年中的正午影子长度越长，年初和年终的影子长度越短，越靠近北极点的地区年中的影子长度越短，而年初和年终的影子长度越长

计算杆长为 2m、日期分别为春分（2015 年 3 月 20 日）夏至（6 月 21 日）秋分（9 月 23 日）冬至（12 月 21 日）时各个纬度所对应的一天中各个时间的影子长度，绘制三维图，如图 13 至图 16 所示。

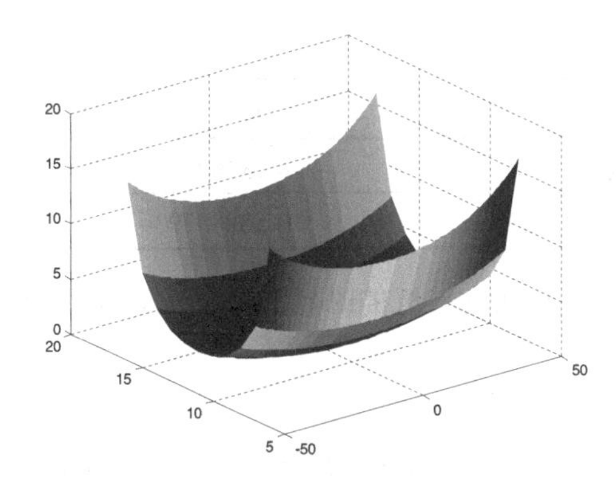

图 13　纬度时间变化三维图（春分）

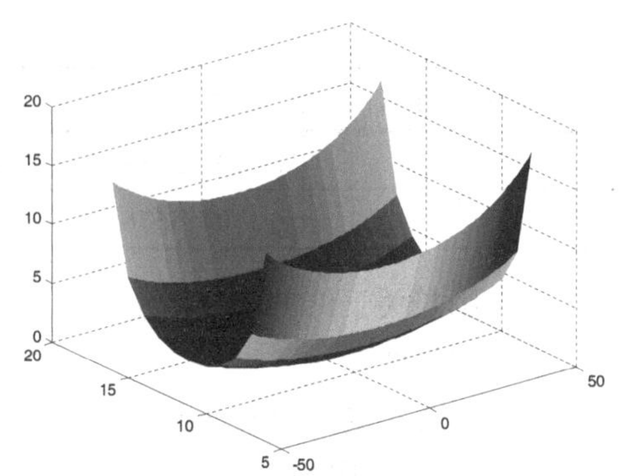

图 14　纬度时间变化三维图（秋分）

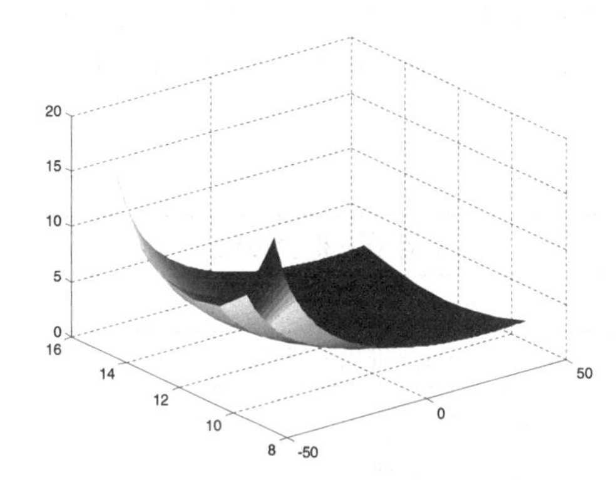

图 15　纬度时间变化三维图（夏至）

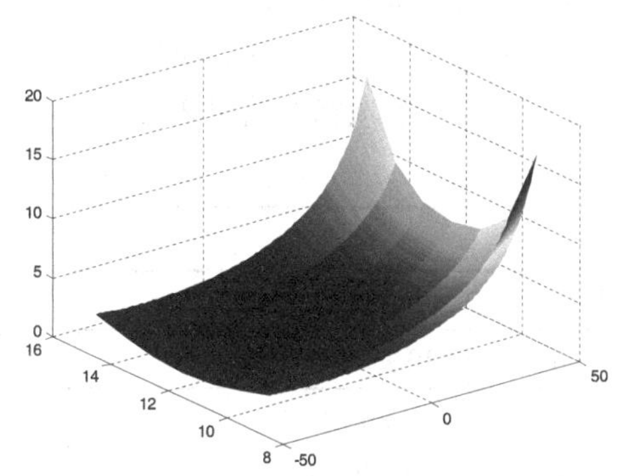

图 16　纬度时间变化三维图（冬至）

由图 13 至图 16 可知，春分、秋分时，随纬度变化，影子长度在一天内的变化趋势大致相同，都是邻近昼夜的时候最长，午间最短，在夏至日时，北半球影子长度在 8 时至 16 时（日照时间）内较短，且变化不大，南半球则较为符合上文所得规律（早晚影长），在冬至日时则为北半球早晚影长，南半球终日影短。较为符合自然客观规律。

（5）灵敏度分析。通过观察图 13，我们发现纬度对于影长的影响是递增的，为了具体地表述这种趋势，我们计算了纬度每变化 5 度，影长变化的百分比，见表 1。

表 1　纬度影长灵敏度分析

纬度变化区间/（°）	影长变化百分比	纬度变化区间/（°）	影长变化百分比
90～85	0.257233865	50～45	0.136816246
80～75	0.171124594	40～35	0.163062906

续表

纬度变化区间/（°）	影长变化百分比	纬度变化区间/（°）	影长变化百分比
70～65	0.139755583	30～25	0.233822047
60～55	0.130475576	20～15	0.508807934

发现影长关于纬度的灵敏度在纬度较高和纬度较低的时候很高，而在中纬度地区灵敏度最低。

5.1.3 北京某地影长计算

由于题目中所给时间都是北京时间，以真太阳日为标准来计算的叫真太阳时，以平太阳日为标准来计算的叫平太阳时，实际上我们日常用的计时是平太阳时。北京时间是平太阳时，真太阳时要求每天的中午 12 点，太阳处在头顶最高。而公式中所用时间为真太阳时，所以要把平太阳时调整为真太阳时。经式（4）转换后的时间，以及各项指标值见表 2。

表 2 题设数据表

已知	计算获得参数值
北京时间[9:00，15:00]	计算太阳时
日期 2015 年 10 月 22 日	日期数 N=295，推出赤纬角
北纬 39 度 54 分 26 秒	纬度 ϕ=39.943
东经 116 度 23 分 29.22 秒	和时间一起推出时角
3m 高直杆	H=3

将表 1 中的已知信息代入我们的模型（7），即可获得求解结果，见表 3。

表 3 所求得影子整点长度

时间/时	影子长度/m
9	6.9076
10	4.9694
11	4.0959
12	3.8411
13	4.1155
14	5.0162
15	7.0120

根据题意绘制每个时刻所对应的影子长度图，如图 17 所示。

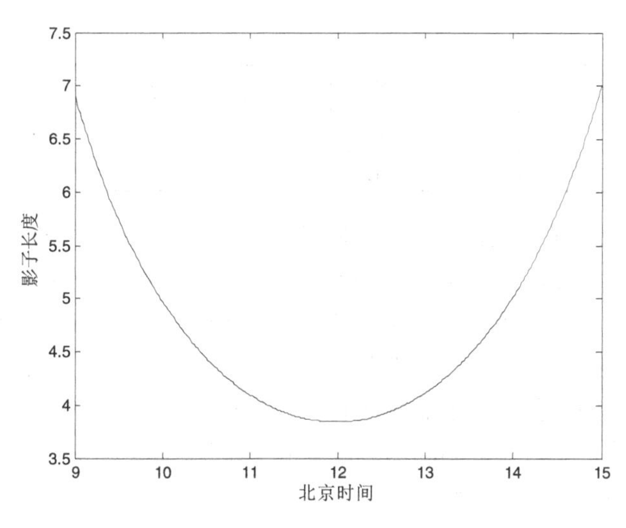

图 17　各时刻该地影子长度示意图

5.2　问题二：基于最小二乘法的曲线拟合确定杆的位置

附件 1 给出了一段时间内影子的顶点坐标数据以及拍摄日期，让我们确定拍摄地点。由于赤纬度有拍摄日期可以计算。故本问题转化为：已知赤纬度、影长（可以用影子的顶点坐标和原点的距离确定），来求解经纬度（拍摄地点）和杆长。为此我们首先整理附件 1 的数据。再利用问题一的模型解决此问题。

5.2.1　附件 1 的数据整理

根据第一问中结论可知，在太阳时为 12 时时，影子长度都是最短的，并且以太阳时进行计算时，一天内的影子长度的对称轴是正午十二点，根据题目所给数据首先算得影子长度，见表 4（该日时间加一分零六秒即该日太阳时）。

表 4　附件 1 的影子长度计算结果

北京时间	x 坐标	y 坐标	影子长度/m	北京时间	x 坐标	y 坐标	影子长度/m
14:42	1.0365	0.4973	1.14962582	15:15	1.4349	0.5598	1.54023181
14:45	1.0699	0.5029	1.18219897	15:18	1.4751	0.5657	1.57985331
14:48	1.1038	0.5085	1.21529695	15:21	1.516	0.5715	1.62014451
14:51	1.1383	0.5142	1.24905105	15:24	1.5577	0.5774	1.66127061
14:54	1.1732	0.5198	1.28319534	15:27	1.6003	0.5833	1.70329063
14:57	1.2087	0.5255	1.31799314	15:30	1.6438	0.5892	1.74620591
15:00	1.2448	0.5311	1.35336404	15:33	1.6882	0.5952	1.79005091
15:03	1.2815	0.5368	1.38938709	15:36	1.7337	0.6013	1.83501427
15:06	1.3189	0.5426	1.42615285	15:39	1.7801	0.6074	1.88087500

续表

北京时间	x 坐标	y 坐标	影子长度/m	北京时间	x 坐标	y 坐标	影子长度/m
15:09	1.3568	0.5483	1.46339985	15:42	1.8277	0.6135	1.92791844
15:12	1.3955	0.5541	1.50148162				

由表 4 可知影子长度在该时间段内呈递增趋势，并且我们把这种利用附件 1 计算的影长称为实际影长（21 个）。此外我们可以将附件 1 的时间区间、日期（用于计算赤纬角）代入问题一的公式（7）可以获得带三个未知参数（经度、纬度、杆长）的理论影长（21 个）。我们当然希望实际影长和理论影长之差的平方和（残差）越小越好。为此我们采用非线性最小二乘拟合，并用 MATLAB 2013 编程实现，获得使得残差平方和最小的那组参数值（纬度、经度、杆长）即为所求。下面详细描述最小二乘法的思想。

5.2.2 最小二乘法

最小二乘法在确定各拟合函数的系数时，尽管拟合的次数不是很高，但它可使误差较大的测量点对拟合曲线的精度影响较小，而且实现简单，便于分析和研究，故成为最常用的方法之一。

令待求的未知量 $a_1,a_2,a_3,\ldots,a_t$ 由 n（n 大于 t）个直接测量量 $y_1,y_2,y_3,\ldots,y_n$ 通过下列函数关系求得

$$\begin{cases} y_1 = f_1(a_1,a_2,a_3,\ldots,a_t) \\ y_2 = f_2(a_1,a_2,a_3,\ldots,a_t) \\ y_3 = f_3(a_1,a_2,a_3,\ldots,a_t) \\ \cdots \\ y_n = f_n(a_1,a_2,a_3,\ldots,a_t) \end{cases} \tag{9}$$

若 a_j 为真值，由上述已知函数求出真值 y_j；若其测量值为 y_j^*，则对应的误差为 $o_j^* = y_j - y_j^*$（$j=1,2,3,...,n$）。最小二乘法可定量表示为

$$\min\sum_{j=1}^{n} o_j^* \tag{10}$$

同时，为了确定拟合曲线的方程式，在进行每一次拟合的时候都计算该情况下的残差，公式如下：

$$R^2 = 1 - \frac{\sum_{i=1}^{n}(\hat{y} - y_i)^2}{\sum_{i=1}^{n}(\hat{y} - \overline{y})^2} \tag{11}$$

其中$\overline{y}$值为y的均值。

可见系数越接近0，模型选择和拟合效果越好。

5.2.3 基于非线性最小二乘法拟合模型的求解

第1步：利用附件1影子的顶点坐标数据计算影长（记作实际影长），共21个数据。

第2步：把附件1中的北京时间转化为真太阳时间。

第3步：由附件1的日期，获得赤纬度$\delta=10.5110$，并把第二步真太阳时间和赤纬度代入问题一的式（7）可以获得带三个未知参数（经度、纬度、杆长）的理论影长（21个）。方程如下：

$$L=\frac{x_1\sqrt{1-\left(\sin x_2\sin 10.5110+\cos x_2\cos 10.5110\cos(15n+x_3-299.7255)\right)^2}}{\sin x_2\sin 10.5110+\cos x_2\cos 10.5110\cos(15n+x_3-299.7255)}$$

第4步：用inlinefit函数进行拟合，计算残差平方和/R^2。

第5步：输出残差平方和最小的那组参数。

此过程中目标函数为

$$\min\sum_{i=1}^{21}(\hat{y}-y)^2 \tag{12}$$

参数范围见表5。

表5 参数范围表

杆长范围/m	经度范围/（°）	纬度范围/（°）
（0,100）	（–180,180）	（–90,+90）

算法流程图如图18所示。

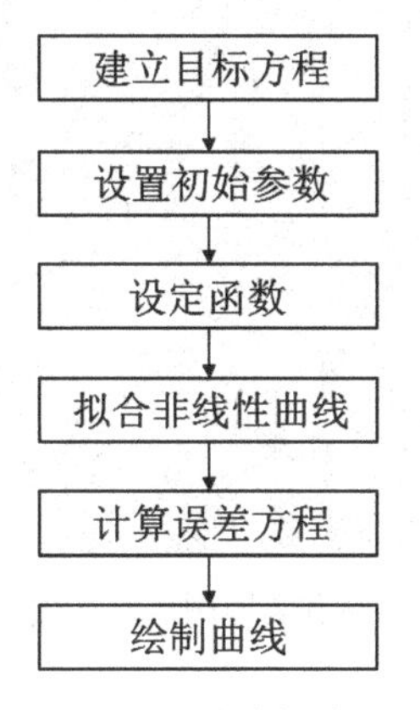

图18 最小二乘法算法示意图

经拟合，效果如图19所示。

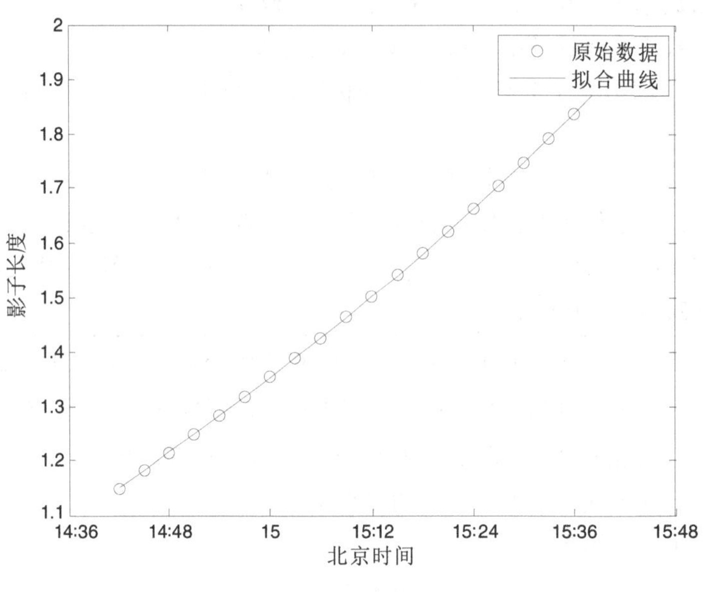

图19　拟合效果示意图

提取所得点经纬度，在Google Earth中查询相应坐标实地图片，如图20至图22所示。

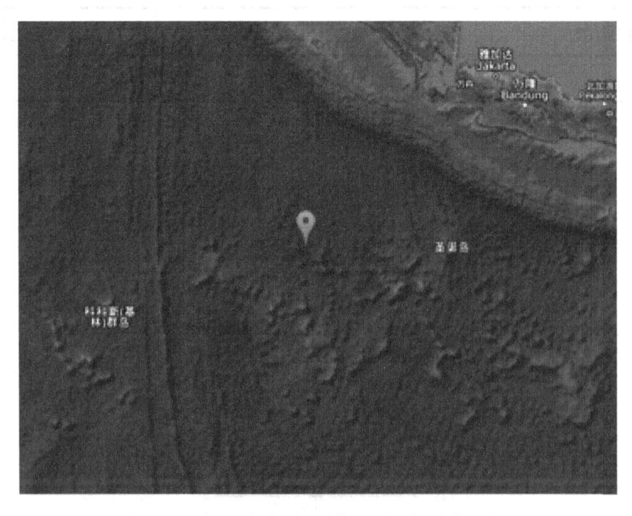

图20　结果点实地图像（印度洋海面）

图 21　结果点实地图像（西藏自治区昌都地区洛隆县）

图 22　结果点实地图像（海南省直辖县级行政单位临高县）

推算可能的点有三个（表 6），首先点(101.92,–10.39)位于印度洋，该点不可能，故排除。

表 6　可能点具体坐标信息表

杆长	坐标/（°）	大概位置	残差	所对应拟合曲线
2.1619	南纬 10.39 东经 101.92	印度洋海面	$3.1709e^{-5}$	图 18
2.8759	北纬 30.3364 东经 96.1181	西藏自治区昌都地区洛隆县	$1.5505e^{-5}$	图 19
1.9605	北纬 19.6834 东经 109.8561	海南省直辖县级行政单位临高县	$5.2271e^{-8}$	图 20

在剩下的两个点中，位于西藏的点(96.1181,30.3364)的残差为1.5505e^{-5}，而位于海南的点(109.8561,19.6834)的确定系数为5.2271e^{-8}，两残差相比较，发现位于西藏的点的确定系数较位于海南的点的残差大一千倍左右，该确定系数越接近0可信度越高，同时，我们查阅了当日两地点天气，结果见表7。

表7 两点当日天气情况表

地点	天气	气温/°C
西藏昌都洛隆县	阴转小雨	4～15
海南省临高县	晴	32～37

由表7发现西藏昌都当日天气为阴转小雨，出现影子的概率很小，所以我们可以推断点(109.8561,19.6834)为最可信的点，该点位于海南省直辖县级行政单位临高县（且位于西藏的点周围没有城市）。

5.3 未知日期、杆长求位置

5.3.1 最小二乘法求日期、位置

该问中，题目未知日期、杆长求杆的所在地点，思路和上问相似，使用最小二乘法非线性拟合，首先根据题目所给坐标，计算出当时的影长，见表8。

表8 附件2所求影长

时间	影长/m	时间	影长/m	时间	影长/m	时间	影长/m
12:41	1.247256205	13:14	1.004640314	13:09	3.533142184	13:42	3.758917911
12:44	1.22279459	13:17	0.985490908	13:12	3.546768029	13:45	3.788087888
12:47	1.198921486	13:20	0.966790494	13:15	3.561797643	13:48	3.818701015
12:50	1.175428964	13:23	0.948584735	13:18	3.578100715	13:51	3.850809619
12:53	1.152439573	13:26	0.930927881	13:21	3.595750783	13:54	3.88458522
12:56	1.12991747	13:29	0.91375175	13:24	3.61493428	13:57	3.919911828
12:59	1.10783548	13:32	0.897109051	13:27	3.635425983	14:00	3.956875992
13:02	1.086254206	13:35	0.880973762	13:30	3.657218272	14:03	3.99553479
13:05	1.065081072	13:38	0.865492259	13:33	3.680541115	14:06	4.035750835
13:08	1.044446265	13:41	0.850504468	13:36	3.705167836	14:09	4.077863059

在此问题中，由于时间、影长已知，杆长、纬度、经度未知，该情况下影长与时间为直接测量量，杆长、纬度、经度、日期为未知量。

第 1 步：利用附件 2 影子的顶点坐标数据计算影长（记作实际影长），共 21 个数据。

第 2 步：把附件 2 中的北京时间转化为真太阳时间。

第 3 步：把第 2 步真太阳时间和赤纬度代入问题一的式（7）可以获得带四个未知参数（经度、纬度、杆长、日期）的理论影长（21 个）。方程如下：

$$L=\frac{x_1\sqrt{1-\left(\sin x_2\sin\left(23.45\sin\left(\frac{2\pi(284+x_4)}{365}\right)\right)+\cos x_2\cos\left(23.45\sin\left(\frac{2\pi(284+x_4)}{365}\right)\right)\cos(15n+x_3-300)\right)^2}}{\sin x_2\sin\left(23.45\sin\left(\frac{2\pi(284+x_4)}{365}\right)\right)+\cos x_2\cos\left(23.45\sin\left(\frac{2\pi(284+x_4)}{365}\right)\right)\cos(15n+x_3-300)}$$

第 4 步：用 inlinefit 函数进行拟合，计算残差平方和/ R^2 。

第 5 步：输出残差平方和最小的那组参数。

此过程中目标函数为

$$\min\sum_{i=1}^{21}(\hat{y}-y)^2 \tag{13}$$

参数范围见表 9。

表 9　参数范围

杆长范围/m	经度范围/（°）	纬度范围/（°）	日期范围/d
(0,100)	(–180,180)	(–90,+90)	(0,365)

5.3.2　拟合结果

经过拟合，效果如图 23 所示。

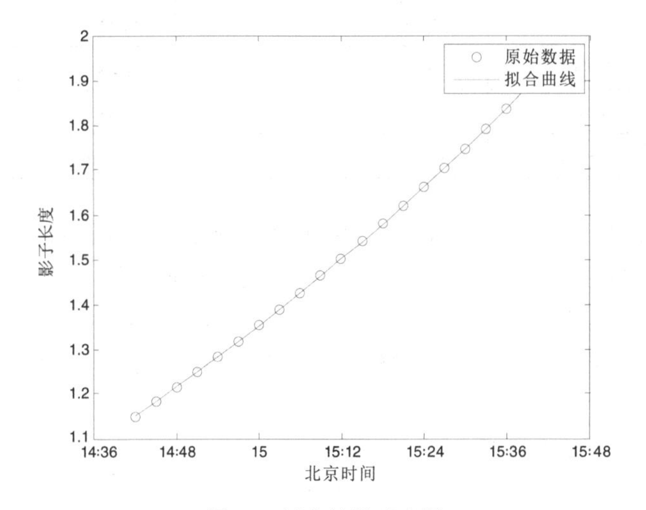

图 23　拟合效果示意图

求得可能的点有7个，见表10。筛选后发现以下两个地区最有可能，分别为新疆乌鲁木齐、非洲肯尼亚，如图24和图25所示。

图24　新疆乌鲁木齐卫星图片

图25　非洲肯尼亚卫星图片

表10　所得可能点的信息

杆长/m	纬度/（°）	经度/（°）	日期/d	残差	所处地点
4.1587	–4.7678	91.7356	251	$6.4731e^{-4}$	印度洋
4.1587	4.7662	91.7356	69	$6.4731e^{-4}$	印度洋
4.1587	–4.7713	91.7356	92	$6.4731e^{-4}$	印度洋
4.1587	4.7725	91.7356	275	$6.4731e^{-4}$	印度洋
0.4414	0.0199	35.3007	81	0.0048	非洲肯尼亚
0.4413	0.0235	35.2993	263	0.0048	非洲肯尼亚
2.8203	43.0124	87.0012	172	$3.0178e^{-6}$	新疆乌鲁木齐

首先，有四个点位于印度洋上，这四个点排除。所以符合条件的地点有两个：一是非洲肯尼亚；二是新疆乌鲁木齐附近。同时通过卫星图像查询以上两个地点，发现两点都位于城市附近。故这两个点都是有可能的点，为9月19日的非洲肯尼亚（北纬0度，东经35度）和6月20日的新疆乌鲁木齐（北纬43度，东经87度）。

5.3.3　附件3拟合结果

附件3数据经过拟合，效果如图26所示。

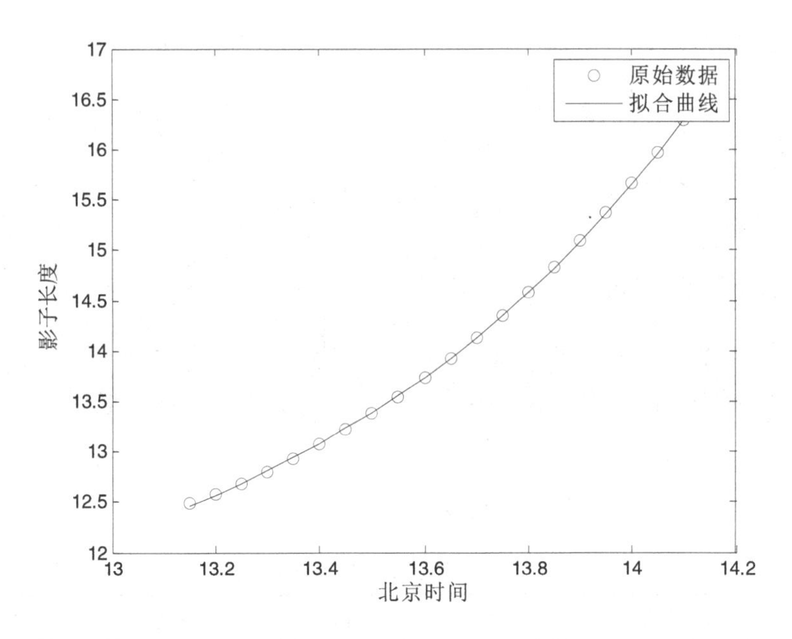

图 26　拟合效果示意图

求得可能的点有 9 个，见表 11。提取经度纬度后发现大多数坐标集中在以下四个地区，分别为内蒙古呼伦贝尔、越南胡志明市、俄罗斯西伯利亚、澳大利亚，如图 27 所示，图 27（a）为内蒙古呼伦贝尔，图 27（b）为越南胡志明市，图 27（c）为俄罗斯西伯利亚，图 27（d）为澳大利亚。

（a）内蒙古呼伦贝尔

（b）越南胡志明市

图 27　各点对应地点实地图

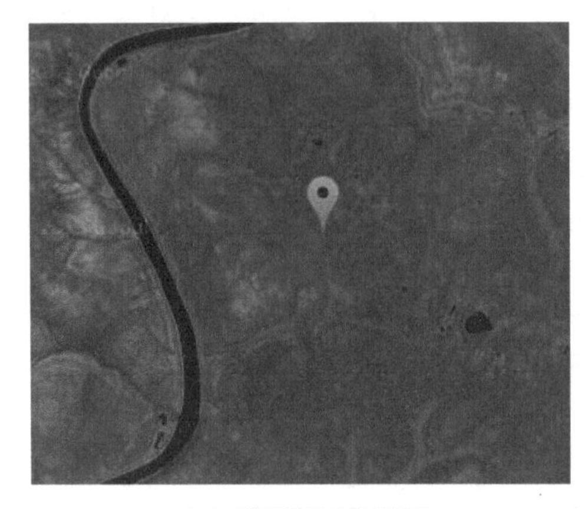
（c）俄罗斯西伯利亚

（d）澳大利亚

图 27 各点对应地点实地图（续图）

表 11 附件 3 拟合可能点的信息

杆长/m	纬度/（°）	经度/（°）	日期/d	残差	所处地点
29.8969	–11.2244	106.2736	234.5243	0.0070	印度洋
3.9558	–46.8987	121.2882	172.2496	0.0070	印度洋
33.6175	–32.5577	106.0664	295.7507	0.0070	印度洋
29.8970	–11.2276	106.2736	109.9667	0.0070	印度洋
33.6552	3.3876	105.4343	172.2493	0.0083	南海
3.7157	49.011	119.521	354.7497	0.0157	内蒙古呼伦贝尔
1.9815	64.9333	116.6232	39.5793	0.0026	俄罗斯西伯利亚
29.8969	11.2278	106.2736	52.0340	0.0013	越南胡志明市
7.1687	–32.1040	126.0709	172.2495	0.0204	澳大利亚
4.1587	–4.7622	91.7356	251.5917	0.1816	印度洋
4.1587	4.7675	91.7356	69.1053	0.1816	印度洋

首先我们发现有五个点位于海上，排除这五个点，查阅天气情况可知，第 172 天的澳大利亚，以及第 39 天的俄罗斯西伯利亚，2013、2014、2015 年三年天气都是多云或是下雨，在该时间段可能不会出现影子，故排除。同时查阅天气情况得知，一年中第 52 天的越南胡志明市，和第 354 天的内蒙古呼伦贝尔连续三年晴天，但胡志明市杆长约 30m，不符合客观实际，所以认为该点为可能性第二大的点，内蒙古呼伦贝尔（北纬 48.1276°，东经 120.5403°）为可能性最大的点。同时我们使用 Google 卫星图像发现，除了内蒙古呼伦贝尔的坐标位于市内，其余坐标

都位于森林、草原、山脊、田地等人烟稀少的地区。

5.4 视频中位置的推算

5.4.1 视频信息的提取

使用 MATLAB 2013 中的 VideoReader 语句读取附件 appendix4，频率为 15s 一帧，使用 rgb2gray 语句将所截取图像转化为灰度图，效果如图 28 所示。

图 28 灰度图像

如图 28 所示，可以发现拍摄点基本正对杆与影子，这时候视觉误差较小，视频中杆长与影长的比例是可信的。

设实际杆长为 Am，视频中杆长为 B 像素，实际影长为 Cm，视频中影长为 D 像素，如图 29 所示。

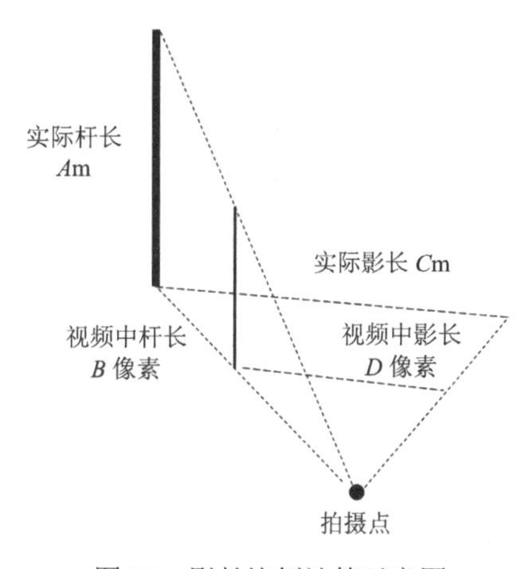

图 29 影长比例计算示意图

有以下关系式：

$$\frac{A}{B}=\frac{C}{D} \tag{14}$$

式中：A、C 单位为 m；B、D 单位为像素。

影子端点与杆底点的选取：

（1）杆的底部的选取。使用 MATLAB 2013 将提取出的某一张图片放大，取如图 30 所示的像素点为杆的底点。

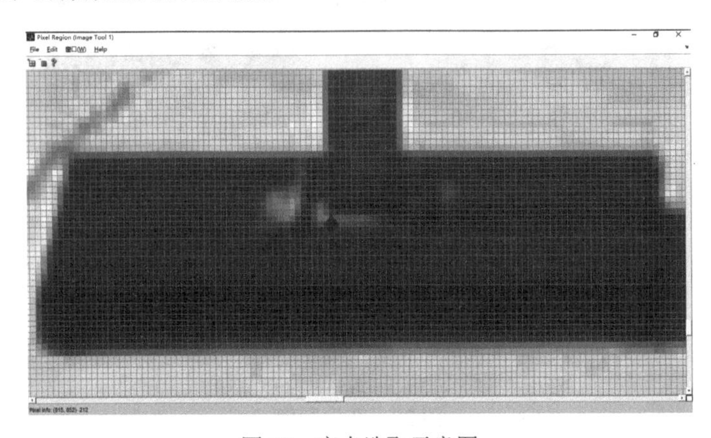

图 30　底点选取示意图

（2）影子端点的选取。为了求得合适的视频中的影长，降低人为误差。首先，我们转化灰度图为灰度矩阵，后使用 MATLAB 2013 作出灰度层次图，如图 31 所示，发现影子区域的灰度值较为接近，且与四周区域存在较大差异，转化为灰度区域图，如图 32 所示。

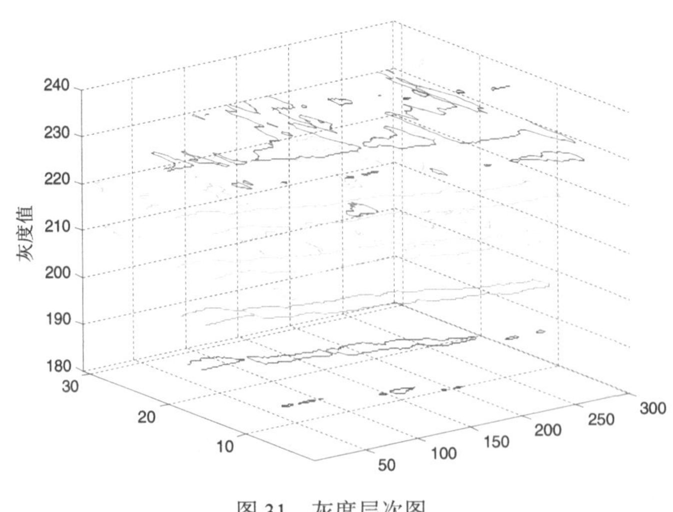

图 31　灰度层次图

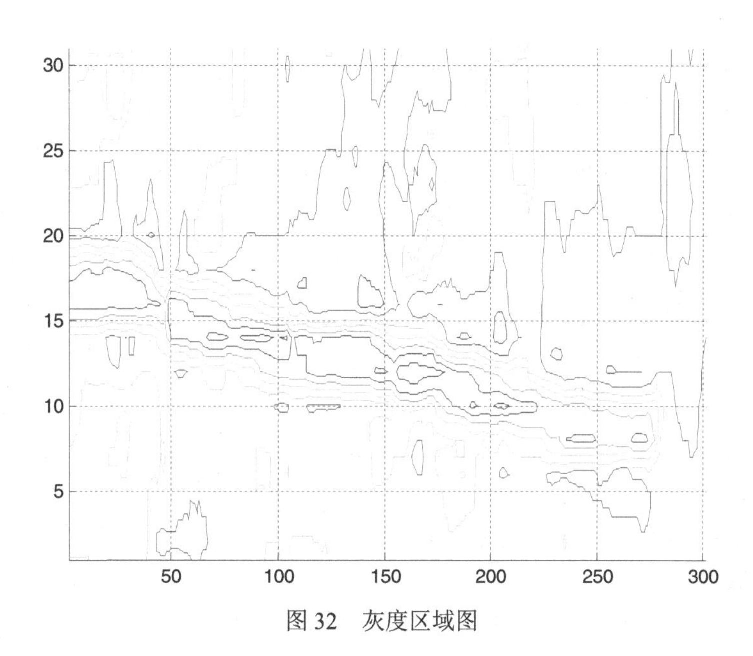

图 32 灰度区域图

发现图 32 中黄色部分为影子边缘，故使用 MATLAB 2013 确定每一幅图片的黄色顶点为影子顶点，即灰度值小于 200 为影子部分，将所求得影子端点、杆的顶点与杆的底点相连，如图 33 所示。

图 33 读取影子长度示意图

经过式（14）比例换算后，所求得影子长度见表 12。

表 12 视频中所提出影子长度

图像时间	影子长度/m	图像时间	影子长度/m	图像时间	影子长度/m
8 时 54 分	2.3313939	9 时 34 分 45 秒	1.9431431	9 时 54 分 30 秒	2.0017301
8 时 54 分 15 秒	2.3254991	9 时 35 分	1.9431431	9 时 54 分 45 秒	1.8021415
8 时 54 分 30 秒	2.3225555	9 时 35 分 15 秒	1.9343136	9 时 55 分	1.8021415
8 时 54 分 45 秒	2.3225555	9 时 35 分 30 秒	1.9313704	9 时 55 分 15 秒	1.7904507
8 时 55 分	2.3196118	9 时 35 分 45 秒	1.9254841	9 时 55 分 30 秒	1.7903708
8 时 55 分 15 分	2.3107808	9 时 36 分	1.9225409	9 时 55 分 45 秒	1.7844855
……	…	……	…	9 时 56 分	1.7844855

此时，可知影子长度、时间、日期按以下步骤进行拟合。

第 1 步：利用表 12 数据中影子的顶点坐标数据计算影长（记作实际影长），共 163 个数据。

第 2 步：把视频中的北京时间转化为真太阳时间。

第 3 步：把第 2 步真太阳时间和赤纬度代入问题一的式（7）可以获得带三个未知参数（经度、纬度、杆长）的理论影长（163 个）。

$$L=\frac{2\sqrt{1-\left(\sin x_1\sin 21.8255+\cos x_1\cos 21.8255\cos(15n+x_2-300)\right)^2}}{\sin x_1\sin 21.8255+\cos x_1\cos 21.8255\cos(15n+x_2-300)}$$

第 4 步：用 inlinefit 函数进行拟合，计算残差平方和/ R^2 。

第 5 步：输出残差平方和最小的那组参数。

此过程中目标函数为

$$\min\sum_{i=1}^{163}(\hat{y}-y)^2 \tag{15}$$

参考值范围见表 13。

表 13 初始参数表

杆长范围/m	经度范围/（°）	纬度范围/（°）
（0,100）	（–180,180）	（–90,+90）

5.4.2 拟合结果

（1）在已知日期的情况下。对以上数据进行拟合，求得可能的点有 2 个，拟合效果如图 34 所示。

提取经度纬度后发现大多数坐标集中在以下四个地区，分别为内蒙古呼和浩特、河北石家庄、马来西亚、印度洋，如图 35 和图 36 所示，图 35 为印度洋，

图 36 为内蒙古呼和浩特。

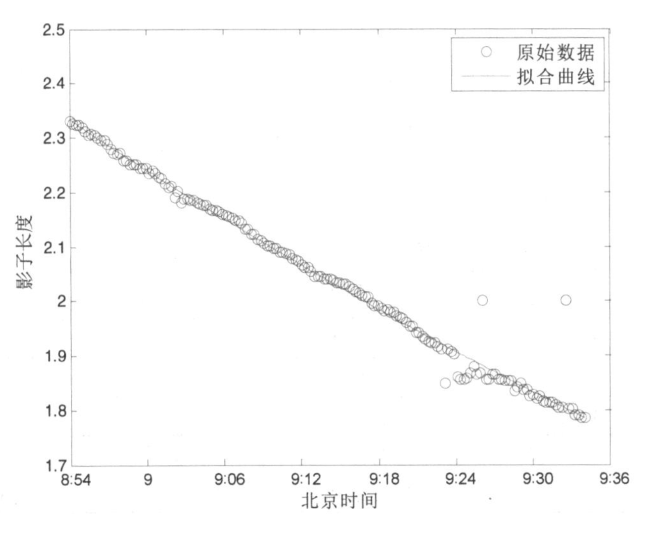

图 34 拟合效果示意图

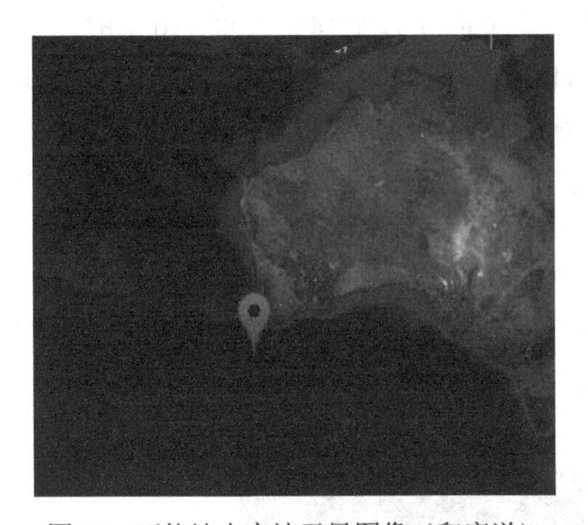

图 35 可能地点实地卫星图像（印度洋）

图 36 可能地点实地卫星图像（呼和浩特）

在这种情况下进行拟合发现有两个点是可能的拍摄地点，见表 13，其中有一个位于印度洋，故排除，所以最有可能的拍摄地点为内蒙古呼和浩特附近。

表 13 问题四可能的拍摄地点的信息

纬度/（°）	经度/（°）	残差	所处地点
39.4341	111.8431	0.0056	内蒙古呼和浩特附近
–6.5673	125.1934	0.0057	印度洋

（2）在未知日期的情况下。在未知日期的情况下，进行如上步骤拟合，其参数方程为

$$L=\frac{2\sqrt{1-\left(\sin x_1\sin\left(23.45\sin\left(\frac{2\pi(284+x_3)}{365}\right)\right)+\cos x_1\cos\left(23.45\sin\left(\frac{2\pi(284+x_3)}{365}\right)\right)\cos(15n+x_2-300)\right)^2}}{\sin x_1\sin\left(23.45\sin\left(\frac{2\pi(284+x_3)}{365}\right)\right)+\cos x_1\cos\left(23.45\sin\left(\frac{2\pi(284+x_3)}{365}\right)\right)\cos(15n+x_2-300)}$$

得到以下结果，见表14。

表14 未知日期情况下的可能的拍摄地点的信息

纬度/（°）	经度/（°）	日期/d	残差	所处地点
39.5714	110.6780	172.2489	0.0749	呼和浩特附近
–37.9906	114.9405	32.8298	0.0750	印度洋
5.6431	118.0057	172.2486	0.0763	马来西亚
–37.9906	114.9405	311.6701	0.0749	印度洋
37.9906	114.9405	215.3296	0.0759	河北石家庄

根据拟合所得结果，共有五个点，首先排除在海上的2个点，根据视频中日期进行判断，发现只有内蒙古呼和浩特附近的点（北纬39.5714°，东经110.678°），和马来西亚附近的点（北纬5.6431°，东经118.0057°）较为符合，同时根据视频中街景判断，该视频拍摄地点应该位于国内，所以我们判断内蒙古呼和浩特和河北石家庄是可能性较大的，但河北石家庄的日期与视频日期偏差较大，所以最有可能的拍摄地点为内蒙古呼和浩特市附近，日期为第172天，与视频中172天完全吻合。

5.4.3 Visual Basic可视化平台的构建

考虑到模型的实用性，最后我们构建了可视化的Visual Basic语言平台（图37），输入日期、杆高、北京时间、经度、纬度，就可以求得影长，易于推广。

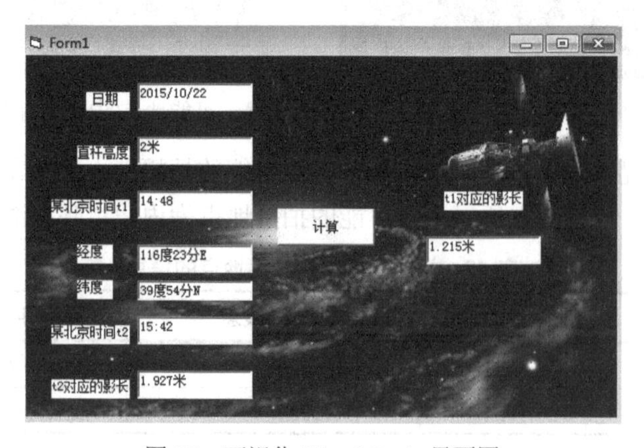

图37 可视化Visual Basic界面图

六、模型的评价

6.1 模型的优点

（1）在问题一的解答中，考虑了真太阳时的修正值，各项参数的定义清楚。

（2）在分析影长变化规律时，作了三维图，能发现变量之间的关系，更好地描述影长与各个指标之间的关系。

（3）在处理使用非线性拟合最小二乘法得到的可能的点时，考虑当地天气等因素，更好地筛选了可能的点。

6.2 模型的缺点

（1）在提取视频数据时未考虑由于视觉误差所带来的误差，导致问题四所求地点有一定误差。

（2）使用拟合模型，虽然可操作性更好，但精度和物理模型存在一定差距。

七、模型的推广

本模型的普适性很强，在处理类似问题时很有借鉴意义，方法可行性高，可操作性强，同时建立了可视化操作平台，操作更为简易。

参考文献

[1] 郑鹏飞，林大钧．基于影子轨迹线反求采光效果的技术研究[J]．华东理工大学学报（自然科学版），2010（3）：458-463．

[2] 郑鹏飞．基于物体影子反求特定时空[J]．华东理工大学学报（社会科学版），2009（5）：798-802．

[3] 聂翔．最小二乘法在曲线拟合中的实现[J]．陕西工学院报，2000，16（3）：79-82．

[4] 袁启书．程序法天文定位——太阳定位程序．大连水产学院学报，1983（1）：49-56．

[5] 屈名，王征兵，王德麿．基于交比不变性的太阳定位算法的研究[J]．硅谷，2013（19）：53-55．

【论文评述】

本文借助于几何学知识、天文地理知识、日照原理、非线性拟合理论等知识体系很好地解决了太阳影子定位问题，是一篇较为优秀的数学建模论文。本文除了层次分明、条理清晰、模型和公式表达清晰外，还用了可视化的 Visual Basic 语言，编写了影长快速计算器，具有直观性和推广性。

模型的建立方面，首先通过查阅文献和结合几何关系确定了影长的可能影响变量有杆长、杆所处的经纬度、日期、时间。为此建立了影子长度与影响变量之间关系的数学模型。问题二实际是已知时间区间和日期、影长，反解经纬度和当地时间（由经度来确定），本文采用了非线性曲线拟合模型求解该问题，得到的结果和组委会提供的答案几乎完全相同。问题三是已知时间区间、影长，反解经纬度和日期，方法类似问题二，但难度增大，并且反解时受初值影响较大，导致参数反解的近似解较多，这也是本文的一个不足之处，建议采用循环嵌套的方法进一步修正合理的结果，避免过拟合错误。问题四，难点和亮点在于提取视频信息，确定影长，后面的问题就可以等同于问题二。为验证模型和方法的合理性，进一步利用残差分析对求解精度进行了验证。

总之，本文模型设计简洁、合理，并根据实际问题进行改进，提供了一种求解非线性逆问题的标准范式。不足之处在于非线性曲线拟合模型，当未知参数较多时模型会出现过拟合现象，需要寻找合适的方法进一步解决过拟合问题。

宋丽娟

2016 年 A 题

系泊系统的设计

近浅海观测网的传输节点由浮标系统、系泊系统和水声通信系统组成（图 1）。某型传输节点的浮标系统可简化为底面直径为 2m、高为 2m 的圆柱体，浮标的质量为 1000kg。系泊系统由钢管、钢桶、重物球、电焊锚链和特制的抗拖移锚组成。锚的质量为 600kg，锚链选用无档普通链环，近浅海观测网的常用型号及其参数在附表中列出。钢管共 4 节，每节长度为 1m，直径为 50mm，每节钢管的质量为 10kg。要求锚链末端与锚的链接处的切线方向与海床的夹角不超过 16°，否则锚会被拖行，致使节点移位丢失。水声通信系统安装在一个长 1m、外径为 30cm 的密封圆柱形钢桶内，设备和钢桶总质量为 100kg。钢桶上接第 4 节钢管，下接电焊锚链。钢桶竖直时，水声通信设备的工作效果最佳。若钢桶倾斜，则影响设备的工作效果。钢桶的倾斜角度（钢桶与竖直线的夹角）超过 5 度时，设备的工作效果较差。为了控制钢桶的倾斜角度，钢桶与电焊锚链连接处可悬挂重物球。

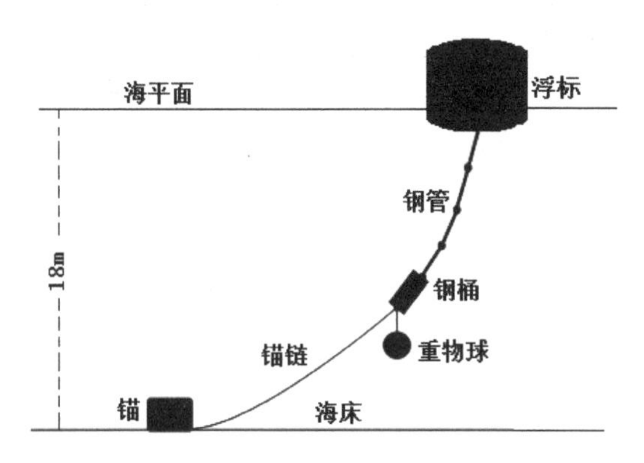

图 1　传输节点示意图（仅为结构模块示意图，未考虑尺寸比例）

系泊系统的设计问题就是确定锚链的型号、长度和重物球的质量，使得浮标的吃水深度和游动区域及钢桶的倾斜角度尽可能小。

问题 1　某型传输节点选用 II 型电焊锚链 22.05m，选用的重物球的质量为

1200kg。现将该型传输节点布放在水深为 18m、海床平坦、海水密度为 $1.025\times10^3kg/m^3$ 的海域。若海水静止，分别计算海面风速为 12m/s 和 24m/s 时钢桶和各节钢管的倾斜角度、锚链形状、浮标的吃水深度和游动区域。

问题 2 在问题 1 的假设下，计算海面风速为 36m/s 时钢桶和各节钢管的倾斜角度、锚链形状和浮标的游动区域。请调节重物球的质量，使得钢桶的倾斜角度不超过 5°，锚链在锚点与海床的夹角不超过 16°。

问题 3 由于潮汐等因素的影响，当布放海域的实测水深为 16～20m 时，布放点的海水速度最大可达到 1.5m/s、风速最大可达到 36m/s。请给出考虑风力、水流力和水深情况下的系泊系统设计，分析不同情况下钢桶、钢管的倾斜角度、锚链形状、浮标的吃水深度和游动区域。

说明 近海风荷载可通过近似公式 $F=0.625\times Sv^2$（N）计算，其中 S 为物体在风向法平面的投影面积（m^2），v 为风速（m/s）。近海水流力可通过近似公式 $F=374\times Sv^2$（N）计算，其中 S 为物体在水流速度法平面的投影面积（m^2），v 为水流速度（m/s）。

附表　锚链型号和参数表

型号	长度/mm	单位长度的质量/（kg/m）
I	78	3.2
II	105	7
III	120	12.5
IV	150	19.5
V	180	28.12

注　长度是指每节链环的长度。

2016 年 A 题　重庆市一等奖

基于多目标非线性优化的悬链式锚泊系统分析及构建方法

参赛队员：李佳承　邵　辉　李　翔
指导教师：罗万春

摘　要

本文主要研究了不同自然因素对悬链式锚泊系统状态的影响，以及考虑到多种影响因素变化时锚泊系统的最佳构建方法。

问题一中，对于给定的系泊系统以及自然参数，计算海面风速为 12m/s 和 24m/s 时钢桶和各节钢管的倾斜角度、锚链形状、浮标的吃水深度和游动区域。通过悬链式系泊系统力学分析，建立了二维空间直角坐标系，根据分段递推原理，计算出了在给定情况下，当海面风速为 12m/s 和 24m/s 时，钢桶的倾角分别为 0.9972°和 3.8091°，浮标吃水深度分别为 0.7347m 和 0.7488m，游动区域半径分别为 14.2961m 和 17.4211m。通过 MATLAB R2014a 绘制系泊系统的位置形态和游动区域。

问题二中，基于问题一的分段递推模型，得出海面风速为 36m/s 时钢桶的倾斜角度为 7.9904°，锚链在锚点与海床的夹角为 18°，均超出最佳范围(5°,16°)。故为使其满足题目要求，通过受力分析，得出在海面风速为 36m/s 时，重物球质量在区间[1773, 5226]内能够使两个角度均满足要求。进一步，为使浮标的吃水深度、游动区域及钢桶的倾斜角度尽可能小，建立了多目标非线性优化模型，通过分段递推求解算法，得出各参数在三种不同权重设定下满足限定条件的最优重物质量。

问题三中，考虑了潮汐因素影响，分析了不同自然因素情况下锚泊系统的状态参数，通过建立多目标非线性优化模型，得出了不同条件下最佳的重物质量、锚链型号、锚链长度及相应系泊系统参数，以保证在满足角度限定情况下尽可能使锚泊系统更加稳定、实现最佳功能。进一步验证该最优解是否适用于问题三中限定的自然因素范围，通过 MATLAB R2014a 随机产生 5 组符合题目要求的自然因素条件，经验证，5 组自然条件下的钢桶的倾角分别为 0.0792°、0.0203°、0.0238°、

0.0638°、0.0622°，锚链末端切线方向与海平面方向夹角分别为0.7677°、1.3846°、0.7848°、0.5682°、1.2020°，说明该系泊结构适用于问题三所述海域。

本文构建的锚泊系统有很好的稳定性和适用性，可作为自然因素给定情况下锚泊系统构建的依据。

关键词：系泊系统；分段递推求解算法；多目标非线性优化模型

1 问题重述

1.1 问题背景

近浅海观测网的传输节由浮标系统、系泊系统和水声通信系统组成。系泊系统的设计问题就是通过确定锚链的型号、长度和重物球的质量，在满足锚不被拖行的情况下，使得浮标的吃水深度和游动区域及钢桶的倾斜角度尽可能小。

1.2 数据集

题目和附表中提供了近浅海观测网各组成部分的常用型号及参数。

1.3 问题要求

根据上述题目背景及数据，题目要求建立数学模型讨论以下问题：

（1）假设将22.05m的II型电焊锚链、质量为1200kg的重物球布放在水深为18m、海床平坦、海水密度为1.025×10^3kg/m^{3}的海域。若海水静止，分别计算海面风速为12m/s和24m/s时钢桶和各节钢管的倾斜角度、锚链形状、浮标的吃水深度和游动区域。

（2）在（1）的假设下，计算海面风速为36m/s时钢桶和各节钢管的倾斜角度、锚链形状和浮标的游动区域。通过调节重物球的质量，使得钢桶的倾斜角度不超过5°，锚链在锚点与海床的夹角不超过16°。

（3）考虑潮汐等因素的影响，当布放海域的实测水深为16～20m时，布放点的海水速度最大可达到1.5m/s、风速最大可达到36m/s，分析不同情况下钢桶、钢管的倾斜角度，锚链形状、浮标的吃水深度和游动区域。

2 模型假设

（1）假设海水为平面流体，垂直方向上无分量，且忽略波浪对系泊系统的影响。

（2）假设浮标静止状态或运动状态垂直方向上无倾角。

（3）假设重物球与海床无接触。

（4）钢管、钢桶、重物球以及锚链等完全浸入海水中部分所受浮力为恒定值，且远小于其重力作用，可忽略。

（5）完全沉入海底的锚与海床紧密贴合，故认为不受浮力影响。

（6）该海域地区重力加速度 $g = 9.8\text{m/s}^2$。

3 符号说明

（1）m_i：传输节点不同组成部分的质量。

（2）M：重物球质量。

（3）G_i：传输节点不同组成部分所受重力（$G_i = m_i g$）。

（4）F_{bi}：传输节点不同组成部分所受海水浮力（$F_{bi} = m_i g V_i$）。

（5）T_i：锚链拉力。

（6）F_N：海床对锚的支持力。

（7）f：海床对锚的相对摩擦力。

（8）V_i：传输节点不同组成部分所排出海水体积。

（9）α：锚链末端与锚的链接处的切线方向与海床的夹角。

（10）β：铁桶纵轴方向与其垂直方向的夹角。

（11）θ_k：第 k 节钢管与海平面方向所在直线的夹角。

（12）φ_k：第 k 节钢管纵轴倾斜角度（$\theta_k + \varphi_k = \frac{\pi}{2}$）。

（13）v_f：海面风速。

（14）v_s：海水速度。

（15）h：浮标的吃水深度。

（16）F_f：浮标所受风动力阻力。

（17）L：锚链的长度。

（18）$\bar{m}$：单位长度锚链的质量（单位：kg/m）。

（19）l_0：每节链环的长度。

4 问题分析

为方便对近浅海观测网的传输节点中各组成部分进行受力分析，我们首先建立合适的三维坐标系：选择锚点处为坐标原点 O，建立三维空间直角坐标系 $O\text{-}xyz$，使得 $O\text{-}xy$ 平面平行于海平面， z 轴经锚点 O 且垂直于海平面。

4.1 问题一

研究海水静止时，不同风速条件下系泊系统的结构参数包括钢桶和各节钢管的倾斜角度、锚链形状、浮标的吃水深度和游动区域。根据所建立的坐标系，选择“当浮标静止在 x 轴正上方”为研究对象，可将三维空间直角坐标系 $O\text{-}xyz$ 简化为二维平面直角坐标系 $O\text{-}xz$，采用物理力学中的整体分析法和隔离分析法确定传输节点中每一部分的受力情况，通过平衡状态下受力分析得到多未知变量方程组，可代入题目中所给数据参数得到海水静止、海平面风速 v_f 分别为 12m/s 以及 24m/s 时的系泊系统结构参数。

4.2 问题二

研究强风速（$v_f = 36\text{m/s}$）情况下系泊系统的结构参数，求解思路与问题一类似，此处不再赘述。

为分析如何调节重物球质量使得系泊系统结构参数满足题目要求（钢桶的倾斜角度不超过 5°，锚链在锚点与海床的夹角不超过 16°），首先分析重物球质量对于系统结构参数的变化规律，然后通过枚举的方式，将重物球质量 M 从 0kg 按均一步长（100kg）逐步递增，当满足题目要求时，缩小取值范围，同时缩小步长，最终得到较为精确的重物球质量（精确到个位），使得系泊系统结构参数满足题目要求，且重物球耗材最少。

4.3 问题三

研究多因素影响条件下的系泊系统优化问题，需考虑水体流向与海面风向是否平行，故应选用空间三维直角坐标系进行受力分析。在问题一的基础上，通过建立多目标非线性优化模型，求解在水流速度 v_s、海面风速 v_f、水深 H、重物球质量 M、锚链长度 L 以及单个链环的质量 $\bar{m}$ 共同影响的条件下，满足浮标的吃水深度 h 和游动半径 R 及钢桶倾斜角度 β（尽可能小）。

4.4 思路总结

综上所述，对于系泊系统的设计问题可以通过图 1 所示流程图进行求解。

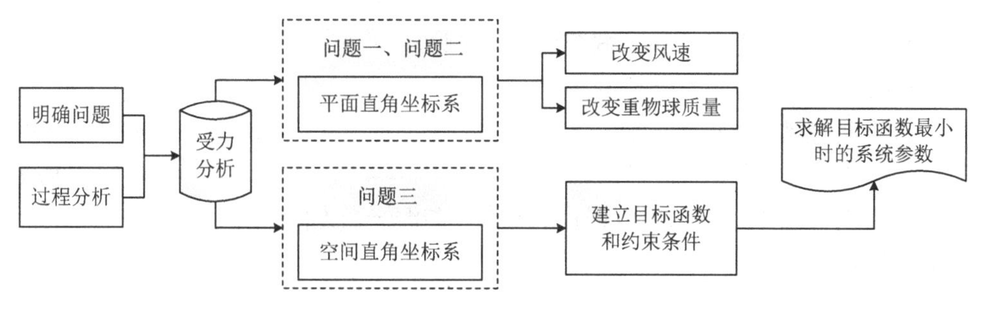

图 1 系泊系统设计流程图

5 模型的建立与求解

5.1 问题一：海水静止，不同风速条件下的静力学模型

5.1.1 建立静力学坐标系

为方便对近浅海观测网的传输节点中各组成部分进行受力分析，我们首先建立合适的三维空间直角坐标系：选择锚点处为坐标原点 O，建立三维空间直角坐标系 $O\text{-}xyz$，使得 $O\text{-}xy$ 平面平行于海平面，z 轴经锚点 O，且垂直于海平面（图 2），其中 α 表示锚链末端与锚的链接处的切线方向与海床夹角，β 表示铁桶纵轴方向与其垂直方向的夹角，θ 表示第一根钢管与海平面方向所在直线的夹角，h 表示浮标吃水深度。

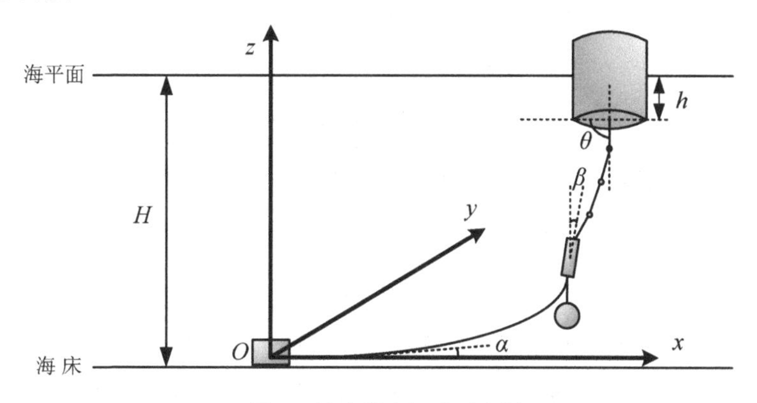

图 2 静力学坐标系示意图

5.1.2 静力学模型的受力分析[1]

由于传输节点各组成部分的受力情况较为复杂，因此将传输节点依次按照浮标、钢管、钢桶（含重物球）、锚链以及锚五个部分，采用物理力学中整体分析法

和隔离分析法相结合的分析方式分别进行讨论。

5.1.2.1　浮标的受力分析

假设此时风力方向为 x 轴正方向，那么把浮标隔离，把其他部分看作一个整体，则受力分析如图3所示，浮标受到的力包括重力 G_1、浮力 B_1、风动力阻力 F_f、钢管拉力 F_1，其中 θ_1 为第1节钢管纵轴方向与海平面方向的夹角，与第1节钢管倾斜程度 φ_1 互为余角。

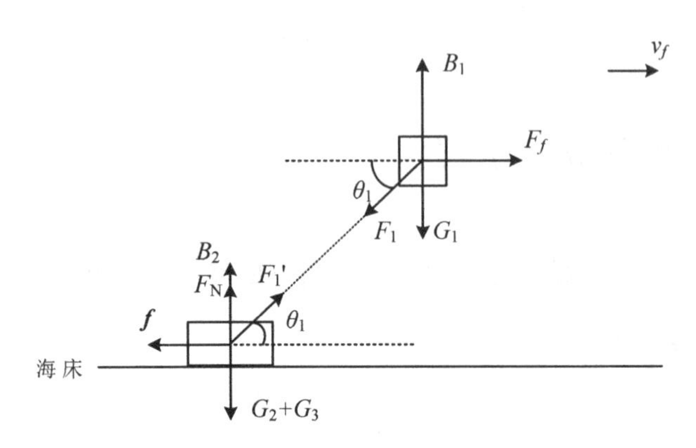

图3　浮标静力学受力情况示意图

根据浮标质量 m_1，得出重力

$$G_1=m_1g \tag{1-a}$$

浮标所受浮力 B_1 由其排开海水实际体积 V_1 决定，由于本题中浮标为标准圆柱体，因此其排出海水体积 V_1 由吃水深度 L 决定。

$$\begin{cases} B_1=\rho gV_1 \\ V_1=\pi R_1^2L=\dfrac{1}{4}\pi d_1^2L \end{cases} \tag{1-b}$$

式中：ρ 为海水密度；g 为重力加速度；d_1 为浮标底面直径。

故浮力

$$B_1=\frac{1}{4}\pi\rho gd_1^2L \tag{1-c}$$

浮标所受风动力浮力 F_f 由其在风速度法平面上投影面积 S_f 决定，尽管题目中未明确给出风速方向，但由于浮标为标准圆柱体，其在风速度法平面上投影面积 S_f 与其在海平面上露出部分的高度相关：

$$\begin{cases} F_f=\dfrac{5}{8}S_fv_f \\ S_f=d_1(H-L) \end{cases} \tag{1-d}$$

式中：v_f 为海面风速；H 为浮标实际高度。

故风动力阻力

$$F_f = \frac{5}{8} d_1 v_f (H - L) \tag{1-e}$$

根据受力平衡原理，可得

$$\begin{cases} B_1 = G_1 + F_1 \sin\theta_1 \\ F_1 \cos\theta_1 = F_f \end{cases} \tag{1-f}$$

综合上述公式，可得

$$2\pi\rho g d_1^2 L = 8m_1 g + 5d_1 v_f (H - L)\tan\theta_1 \tag{1}$$

5.1.2.2 钢管的受力分析

由于浮标与钢桶通过四节钢管相互连接，且四节钢管相互焊接部位活动自如，因此可采用类推法进行受力分析，通过分析其中一节钢管的受力情况可以得到每一节钢管的受力情况。图 4 给出了第 k 节钢管的受力情况，包括重力 G_2、浮力 B_2 以及上下节钢管的拉力 F_k 和 F_{k+1}，θ_k 和 θ_{k+1} 分别表示拉力 F_k 和 F_{k+1} 与海平面方向夹角，即钢管倾斜角度 φ_k 和 φ_{k+1} 的余角。

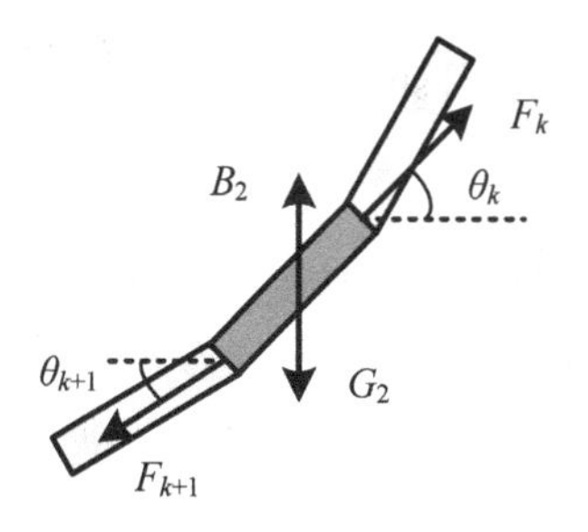

图 4 第 i 节钢管静力学受力情况示意图

当 $k=4$ 时，第 4 节钢管受到斜上方拉力为其与钢桶之间的作用力，其大小为 F_{T}，方向为钢桶倾角 β（分析见 5.1.2.3 节）。

根据每一节钢管质量均为 m_2，得出每一节钢管重力

$$G_2 = m_2 g \tag{2-a}$$

由于钢管全部浸入海水，因此每一节钢管所受浮力：

$$\begin{cases} B_2 = \rho g V_2 \\ V_2 = \pi R_2^2 l_1 = \frac{1}{4}\pi d_2^2 l_1 \end{cases} \tag{2-b}$$

式中：ρ 为海水密度；g 为重力加速度；d_2 为钢管底面直径；l_1 为钢管长度。

故浮力

$$B_2 = \frac{1}{4}\pi\rho g d_2^2 l_1 \tag{2-c}$$

根据水平方向受力平衡，可得

$$\begin{cases} F_1\cos\theta_1 = F_2\cos\theta_2 \\ F_2\cos\theta_2 = F_2\cos\theta_2 \\ F_3\cos\theta_3 = F_4\cos\theta_4 \\ F_4\cos\theta_4 = F_{\mathrm{T}}\sin\beta \end{cases} \tag{2-d}$$

根据垂直方向受力平衡，可得

$$\begin{cases} B_2 + F_1\sin\theta_1 = G_2 + F_2\sin\theta_2 \\ B_2 + F_2\sin\theta_2 = G_2 + F_3\sin\theta_3 \\ B_2 + F_3\sin\theta_2 = G_2 + F_4\sin\theta_4 \\ B_2 + F_4\sin\theta_2 = G_2 + F_{\mathrm{T}}\cos\beta \end{cases} \tag{2-e}$$

将式（2-d）和式（2-e）整理可得

$$\begin{cases} F_1\cos\theta_1 = F_{\mathrm{T}}\sin\beta \\ 4B_2 + F_1\sin\theta_1 = 4G_2 + F_{\mathrm{T}}\cos\beta \end{cases} \tag{2-f}$$

综合上述公式，得

$$\pi\rho g d_2^2 l + F_1\sin\theta_1 = 4m_2 g + \frac{F_1\cos\theta_1}{\tan\beta} \tag{2}$$

5.1.2.3 钢桶的受力分析

将钢桶与重物球看作一个整体，其受力情况如图5所示，钢桶（重物球）受到的力包括重力$G_3 + G_M$、浮力B_3、钢管拉力F_{T}、锚链拉力T_1，其中β为钢桶倾斜角度，α_1为锚链在钢桶连接点处的切线方向与海平面方向的夹角。

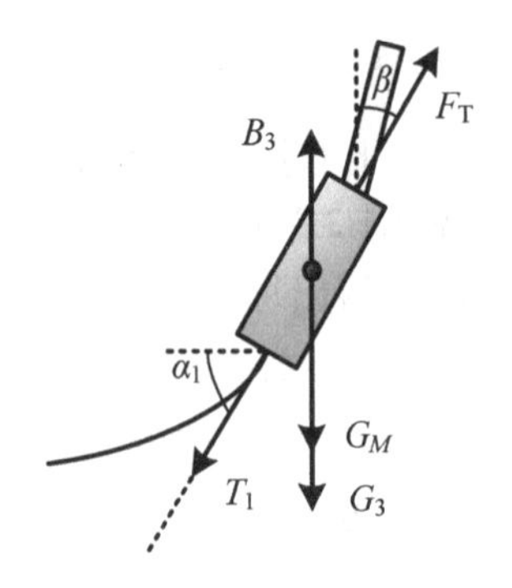

图5 钢桶静力学受力情况示意图

根据钢桶质量m_3、重物球质量M，得出重力

$$G = (m_3 + M)g \tag{3-a}$$

根据假设 3，钢桶（重物球）所受浮力为钢桶全部浸入海水时所受的浮力：

$$\begin{cases} B_3 = \rho g V_3 \\ V_3 = \pi R_3^2 l_2 = \dfrac{1}{4}\pi d_3^2 l_2 \end{cases} \tag{3-b}$$

式中：ρ 为海水密度；g 为重力加速度；d_3 为钢桶外径；l_2 为钢桶长度。

故浮力

$$B_3 = \frac{1}{4}\pi \rho g d_3^2 l_2 \tag{3-c}$$

根据经典物理力学中杆的拉力方向与杆平行，绳子的拉力方向沿切线方向[1-2]，钢桶上方所受第 4 节钢管提供的拉力平行于钢桶纵轴方向，锚链的拉力方向为连接点切线方向；根据牛顿第三定律，钢桶上方所受第 4 节钢管提供的拉力 F_{T} 与钢桶对第 4 节钢管的拉力互为相互作用力，即大小相等，方向相反；同理可得钢桶下方所受锚链拉力 T_1。

根据平衡原理，可得

$$\begin{cases} B_3 + F_{\mathrm{T}} \cos\beta = G + T_1 \sin\alpha_1 \\ F_{\mathrm{T}} \sin\beta = T_1 \cos\alpha_1 \end{cases} \tag{3-d}$$

综合上述公式，得

$$\pi \rho g d_3^2 l_2 + \frac{4T_1 \cos\alpha_1}{\tan\beta} = (m_3 + M)g + T_1 \sin\alpha_1 \tag{3}$$

5.1.2.4 锚链的受力分析

研究锚链的受力情况，可对于其连接的每一节链环单独进行分析，通过分段法[3]的思想将其按单个链环长度分为 n 个单元，其中任一链环的受力情况如图 6 所示，此时，第 j 个链环的受力包括重力 $\overline{G}$ 、上下链环拉力 T_j 和 T_{j+1}，其中 α_j 和 α_{j+1} 分别为上下链环与海平面方向的夹角。

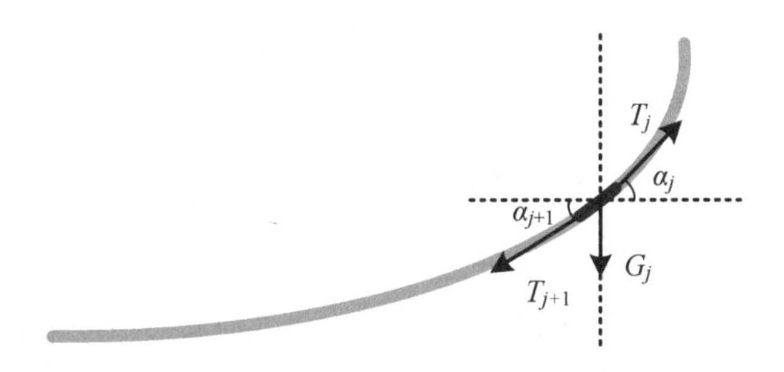

图 6 锚链静力学受力情况示意图

根据单个链环质量 m_j，得出重力：

$$\begin{cases} \bar{G} = m_0 g \\ m_0 = \dfrac{\bar{m}L}{l_0} \end{cases} \tag{4-a}$$

式中：L 为锚链长度；g 为重力加速度；$\bar{m}$ 为锚链单位长度的质量；l_0 为单个链环的长度。

链环个数

$$n = \frac{L}{l_0}$$

根据分段法思想及水平方向受力平衡原理，可得

$$\begin{cases} T_1 \cos\alpha_1 = T_2 \cos\alpha_2 \\ T_2 \cos\alpha_2 = T_3 \cos\alpha_3 \\ \vdots \\ T_j \cos\alpha_j = T_{j+1} \cos\alpha_{j+1} \\ \vdots \\ T_{n-1} \cos\alpha_{n-1} = T_n \cos\alpha_n \end{cases} \tag{4-b}$$

根据垂直方向受力平衡，可得

$$\begin{cases} T_1 \sin\alpha_1 = \bar{G} + T_2 \sin\alpha_2 \\ T_2 \sin\alpha_2 = \bar{G} + T_3 \sin\alpha_3 \\ \vdots \\ T_j \sin\alpha_j = \bar{G} + T_{j+1} \sin\alpha_{j+1} \\ \vdots \\ T_{n-1} \sin\alpha_{n-1} = \bar{G} + T_n \sin\alpha_n \end{cases} \tag{4-c}$$

将式（4-b）和式（4-c）整理可得

$$\begin{cases} T_1 \cos\alpha_1 = T_n \cos\alpha_n \\ T_1 \sin\alpha_1 = n\bar{G} + T_n \sin\alpha_n \end{cases} \tag{4-d}$$

综合上述公式，可得

$$T_n \cos\alpha_n \tan\alpha_1 = \frac{\bar{m}L^2}{l_0^2} g + T_n \sin\alpha_n \tag{4}$$

5.1.2.5　锚的受力分析

根据阿基米德原理适用条件[4]，由于完全沉入海底的锚与海床紧密贴合，在不发生走锚的情况下可认为不受浮力作用影响，则受力分析如图 7 所示，浮标受到的力包括重力 G_4、海床支持力 F_N、海床相对摩擦力 f 以及锚链拉力 T_2。

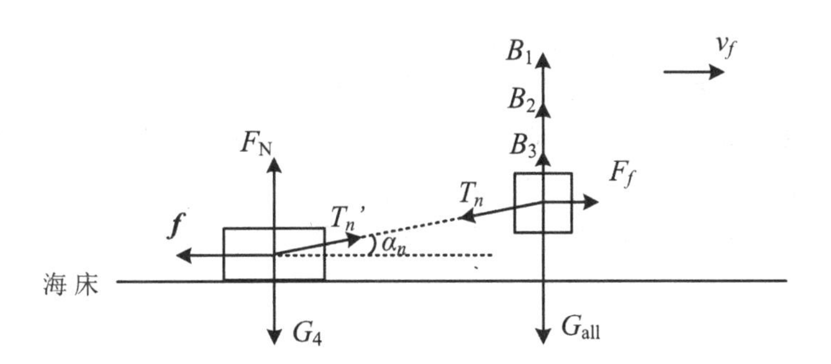

图 7　锚静力学受力情况示意图

根据锚质量 m_6，得出重力

$$G_4 = m_4 g \tag{5-a}$$

根据受力平衡原理，可得

$$\begin{cases} F_{\mathrm{N}} + T_n \sin\alpha_n = G_4 \\ f = T_n \cos\alpha_n \end{cases} \tag{5-b}$$

综合可得

$$F_{\mathrm{N}} + f\tan\alpha_n = m_4 g \tag{5}$$

此外，综合各部分在竖直方向上的投影可得到海深

$$H = h + \sum_{i=1}^{4} l_1 \sin\theta_i + l_2\cos\beta + \sum_{j=1}^{n} l_0 \sin\alpha_j \tag{6}$$

式中：h 为浮标吃水深度；l_1 为单根钢管长度；l_2 为钢桶长度；l_0 为单个链环长度；n 为锚链中链环总数。

综上所述，式（1）～式（6）为平面直角坐标系中系泊系统中各参数的数值关系。

$$\begin{cases} 2\pi\rho g d_1^2 L = 8m_1 g + 5d_1 v_f (H - L)\tan\theta_1 \\ \pi\rho g d_2^2 l + F_1 \sin\theta_1 = 4m_2 g + \dfrac{F_1\cos\theta_1}{\tan\beta} \\ \pi\rho g d_3^2 l_2 + \dfrac{4T_1\cos\alpha_1}{\tan\beta} = (m_3 + M)g + T_1\sin\alpha_1 \\ T_n\cos\alpha_n\tan\alpha_1 = \dfrac{\overline{m}L^2}{l_0^2} g + T_n\sin\alpha_n \\ F_{\mathrm{N}} + f\tan\alpha_n = m_4 g \\ H=h + \sum\limits_{i=1}^{4} l_1\sin\theta_i + l_2\cos\beta + \sum\limits_{j=1}^{n} l_0\sin\alpha_j \end{cases} \tag{7}$$

5.1.3 不同海面风速情况下的结构参数

根据问题一要求，当某型传输节点选用II型（$l_0 = 0.105\text{m}$，$\bar{m} = 7\text{kg/m}$）电焊锚链$L = 22.05\text{m}$，选用的重物球的质量为$M = 1200\text{kg}$，现将该型传输节点布放在水深$H = 18\text{m}$、海床平坦、海水密度$\rho = 1.025 \times 10^3 \text{kg/m}^3$的海域，求当风速$v_{f1} = 12\text{m/s}$和$v_{f2} = 24\text{m/s}$时系泊系统的结构参数，图8给出了分段递推求解算法的流程图。

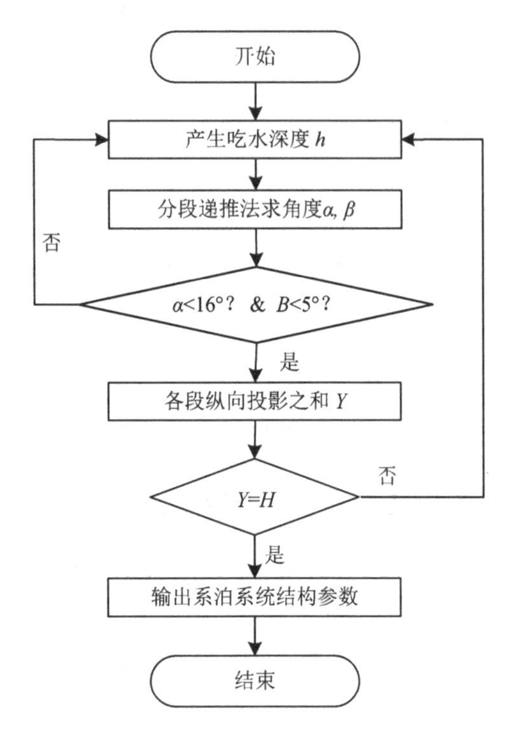

图8 分段递推求解算法的流程图

将题目中提供的重要参数整理后代入式（7），通过MATLAB R2014a软件运行得到系泊系统的结构参数，见表1。图9给出了两种风速条件下系泊系统各结构的位置和形状。

表1 不同海面风速情况下系泊系统的结构参数

海面风速 v_f / (m/s)	钢桶倾角 β/ (°)	钢管倾斜角度 θ_i/ (°)				浮标吃水深度 L/m	浮标最大游动半径 R/m
		第一根	第二根	第三根	第四根		
12	0.9972	0.9739	0.9796	0.9854	0.9913	0.7347	14.2961
24	3.8091	3.7231	3.7442	3.7656	3.7872	0.7488	17.4211

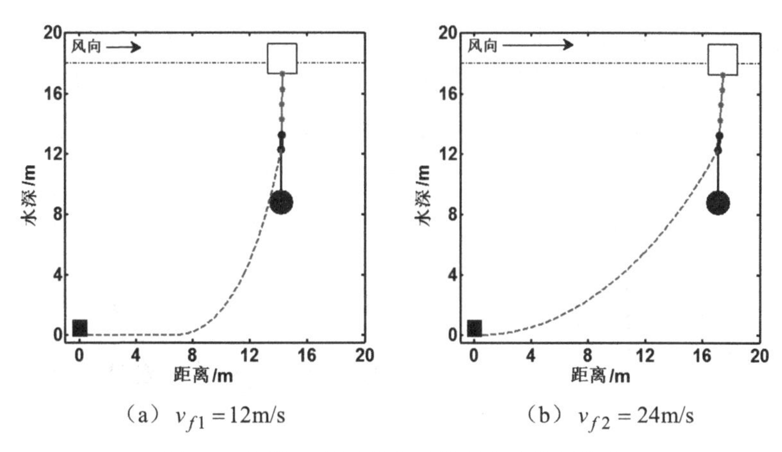

（a） $v_{f1} = 12\text{m/s}$ （b） $v_{f2} = 24\text{m/s}$

图 9 不同海面风速情况下传输节点位置情况

从表 1、图 9 可以看出，当风速由 $v_{f1} = 12\text{m/s}$ 增加到 $v_{f2} = 24\text{m/s}$ 时，浮标位置明显沿风向方向移动，且钢管和钢桶的倾角明显增加，锚链的形状发生了很大改变。

进一步分析当海面风向改变时，浮标的位置也会改变，随风向方向由 x 轴正方向逐渐改变至 x 轴负方向时，浮标活动的区域为一固定半径的圆面，且该圆面位于海平面内。图 10 给出了两种风速条件下该圆面区域的范围关系，不难发现，当风速增加时，浮标活动范围将增加。

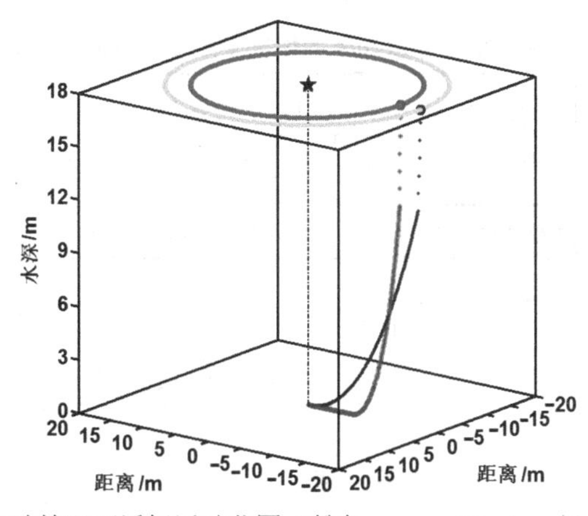

图 10 不同海面风速情况下浮标活动范围（粉色： $v_{f1} = 12\text{m/s}$ ；绿色： $v_{f2} = 24\text{m/s}$ ）

5.2 问题二：重球质量对结构参数影响的静力学分析

根据题目要求，我们首先尝试利用问题一中所提供的数据，通过调节风力大小，得到如图11所示的在不同风力条件下的系泊系统结构位置和形态。可以发现，当风力逐渐增大时，钢桶的倾斜角度β、锚链在锚点与海床的夹角α均逐渐增大，故需警惕发生风速过大导致水声通信系统工作效果差或发生走锚的情况。

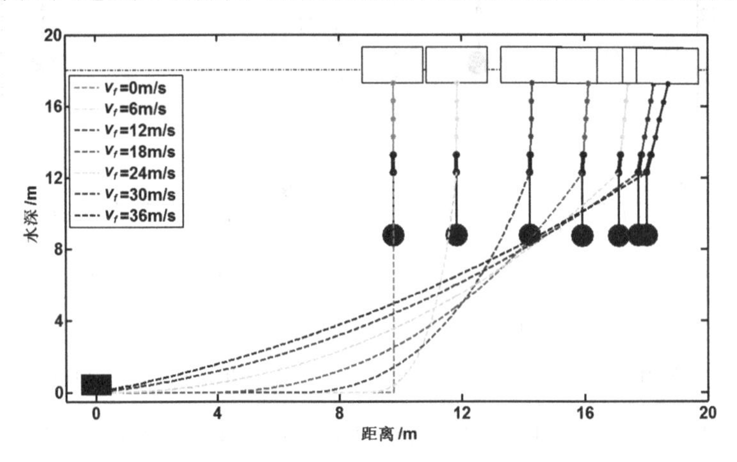

图11 传输节点结构随海面风力增加变化的示意图

5.2.1 强风力下系泊系统的结构参数

在与问题一中假设相同的情况下，当风速$v_{f3}=36\text{m/s}$，将重要参数整理代入式（7），按照图8所示的分段递推求解算法通过MATLAB R2014a软件运行得到系泊系统的机构参数，见表2和图12。

表2 海面风速为36m/s的情况下系泊系统的结构参数

海面风速 v_f/(m/s)	钢桶倾角 β/(°)	锚链夹角 α/(°)	钢管倾斜角度 θ_i/(°)				浮标吃水深度 L/m	浮标游动半径 R/m
			第一根	第二根	第三根	第四根		
36	**7.9904**	**18.0000**	7.82	7.8619	7.9043	7.9471	0.7699	18.7113

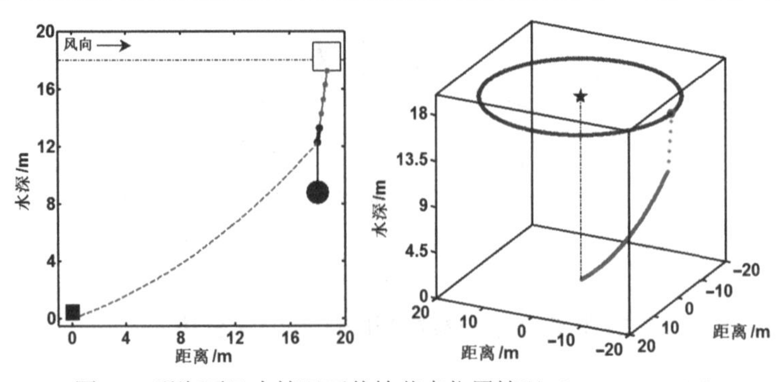

图12 强海面风力情况下传输节点位置情况（$v_{f3}=36\text{m/s}$）

从表 2、图 12 可以看出，当 $v_{f3}=36\text{m/s}$ 时，浮标游动半径 $R=18.7113\text{m}$，此时钢桶倾角 $\beta=7.9904°>5°$，且锚链在锚点与海床的夹角 $\alpha=18°>16°$，故此时水声通信设备工作效果差，且容易发生走锚导致节点移位丢失。

5.2.2 重物球质量对结构参数的影响规律

在问题二的情况下，通过调节重物球质量 M，使得钢桶的倾斜角度 $\beta\leqslant 5°$，锚链在锚点与海床的夹角 $\alpha\leqslant 16°$。因此可以采用枚举的方式，运行 MATLAB R2014a 找到重物球质量对钢桶的倾斜角度 β 和锚链末端夹角 α 的影响规律。

图 13 给出了在 $v_{f3}=36\text{m/s}$ 的条件下，不同重物球质量 M 对系泊系统结构位置和形状的影响变化，从中可以发现，当风速 v_f 一定时，浮标活动区域半径 R、钢桶的倾斜角度 β 和锚链末端夹角 α 均随重物球质量 M 增加而减少；浮标吃水深度 h 随重物球质量 M 增加而增加。

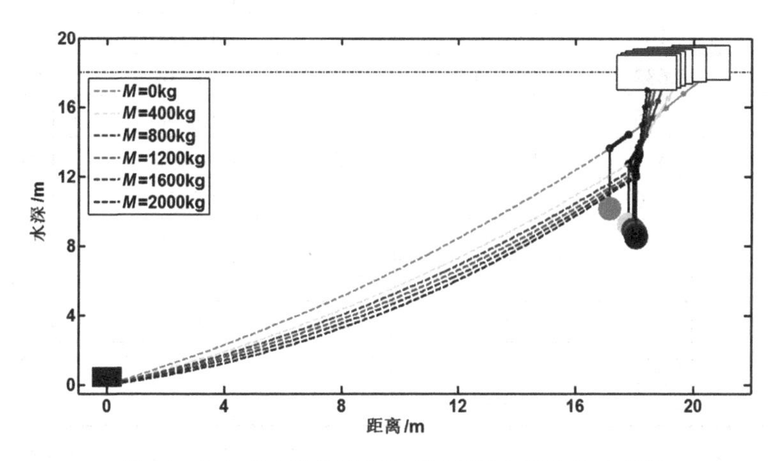

图 13 传输节点结构随重物球质量增加变化的示意图

表 3 给出了不同重物球质量 M 下，钢桶的倾斜角度 β 和锚链末端夹角 α 的具体数值，从中可以发现：

（1）当 M=1600kg 时，锚链末端夹角 $\alpha=15.636°<16°$，但钢桶倾斜角度 $\beta=5.715°>5°$，故舍去。

（2）当 M=1773kg 时，锚链末端夹角 $\alpha=14.514°<16°$，且钢桶倾斜角度 $\beta=4.997°<5°$，$M=1773\text{kg}$ 为风速 $v_{f3}=36\text{m/s}$ 的情况下，使得钢桶的倾斜角度 $\beta\leqslant 5°$，锚链在锚点与海床的夹角 $\alpha\leqslant 16°$ 的临界质量。

根据图 13 所示，浮标吃水深度 h 随重物球质量 M 增加而增加。那么当重物球质量继续增加，直至浮标吃水深度 h 达到最大值，即 $h_{\max}=2\text{m}$ 时，重物球质量可根据 5.1.2 节中的受力分析得出 $M=5226\text{kg}$，锚链末端夹角 $\alpha=0°$，且钢桶倾

斜角度 $\beta = 0.0047°$ 。

表3　不同重物球质量下传输节点结构参数

重球质量 M/kg	锚链末端夹角 α/(°)	钢桶倾斜角度 β/(°)	重球质量 M/kg	锚链末端夹角 α/(°)	钢桶倾斜角度 β/(°)
0	27.274	39.589	1710	14.935	5.244
100	25.525	32.445	1720	14.852	5.204
200	24.271	26.989	1730	14.789	5.164
300	23.316	22.813	1740	14.726	5.125
400	22.549	19.571	1750	14.662	5.086
500	21.878	17.008	1760	14.598	5.047
600	21.270	14.943	1770	14.533	5.008
700	20.703	13.250	1771	14.527	5.005
800	20.167	11.840	1772	14.521	5.001
900	19.632	10.650	1773	**14.514**	**4.997**
1000	19.085	9.634	1774	14.508	4.993
1100	18.557	8.755	1775	14.501	4.989
1200	18.000	7.990	1776	14.495	4.985
1300	17.446	7.318	1777	14.488	4.982
1400	16.859	6.722	1778	14.482	4.978
1500	16.256	6.191	1779	14.455	4.974
1600	**15.636**	5.715	1780	14.448	4.971
1700	14.997	5.285			

综上所述，为满足钢桶的倾斜角度 $\beta \leqslant 5°$，锚链在锚点与海床的夹角 $\alpha \leqslant 16°$ 的重物球质量 $M \in [1773, 5226]$，表4给出了初始质量和临界质量下的系泊系统结构参数。

表4　不同重球质量下传输节点结构参数

重球质量 M/kg	锚链夹角 α/(°)	钢桶倾角 β/(°)	钢管倾斜角度 θ_i/(°)				浮标吃水深度 L/m	浮标游动半径 R/m	备注
			第一根	第二根	第三根	第四根			
1200	18.0000	7.9904	7.8200	7.8619	7.9043	7.9471	0.7699	18.7113	初始质量
1773	14.5140	4.9969	4.9187	4.9380	4.9575	4.9771	0.9419	18.4821	最小临界质量
5226	0	0.0047	0.0047	0.0047	0.0047	0.0047	1.9759	11.3295	最大临界质量

5.2.3　结构参数最优时的重物球质量

得到使系泊系统结构参数满足要求时的临界重物球质量之后，我们考虑该临界质量可能不是整个传输节点的最优重物球质量，因此，我们建立多目标非线性优化模型，寻找使得浮标的吃水深度 h、浮标游动半径 R 及钢桶的倾斜角度 β 尽可能小的重物球质量。

由于题目要求浮标的吃水深度 h、浮标游动半径 R 及钢桶的倾斜角度 β 尽可能小，因此可首先引入矩阵

$$\boldsymbol{A}=(a_{ij})_{m\times 3}=\begin{bmatrix} h_1 & \beta_1 & R_1 \\ h_2 & \beta_2 & R_3 \\ \vdots & \vdots & \vdots \\ h_m & \beta_m & R_m \end{bmatrix}_{m\times 3} \tag{8-a}$$

由于矩阵 $\boldsymbol{A}$ 中各指标量纲不同，因此首先选用式（8-b）进行标准化：

$$b_{ij}=\frac{a_{ij}}{\max\limits_{1\leqslant j\leqslant 3} a_{ij}}(i=1,2,\cdots,m;\ j=1,2,3) \tag{8-b}$$

再根据其侧重情况赋值权重 $\boldsymbol{W}=[w_1,w_2,w_3]$，引入一个新的目标变量 Q，满足

$$Q=\sum_{i=1}^{m}\sum_{j=1}^{3}w_j b_{ij} \tag{8}$$

那么通过加权法将多目标函数转换为单目标优化问题，则目标函数为

$$\min Q=\sum_{i=1}^{m}\sum_{j=1}^{3}w_j b_{ij} \tag{9-a}$$

约束条件如下：

（1）重物球质量的约束。即 5.2.2 节中求得的重物球质量临界范围：

$$M\in[1773,5226] \tag{9-b}$$

（2）锚链在锚点与海床的夹角 $\alpha\leqslant 16°$ 的约束。为避免发生因走锚导致节点移位丢失，则有

$$\alpha\in[0,16] \tag{9-c}$$

综上，得到最佳设计效果的模型为[5]

$$\min Q=\sum_{i=1}^{m}\sum_{j=1}^{3}w_j b_{ij}$$

$$s.t.\begin{cases} M\in[1773,5226] \\ \alpha\in[0,16] \\ h,\beta,R\geqslant 0 \end{cases} \tag{9}$$

图14给出了求解目标函数Q最小时的分段递推求解算法流程图。

开始
输入重力球质量M
求解目标函数Q
$M_{i+1}=M_i+\Delta$
$S_i=Q_i-Q_{i-1}$
$M_{i+1}=M_{i-1}+\Delta$
$\Delta=\Delta/10$
否
$S_iS_{i-1}<0$？
是
否
$S_i<1$？
是
输出
重力球质量M
系泊系统结构参数
结束

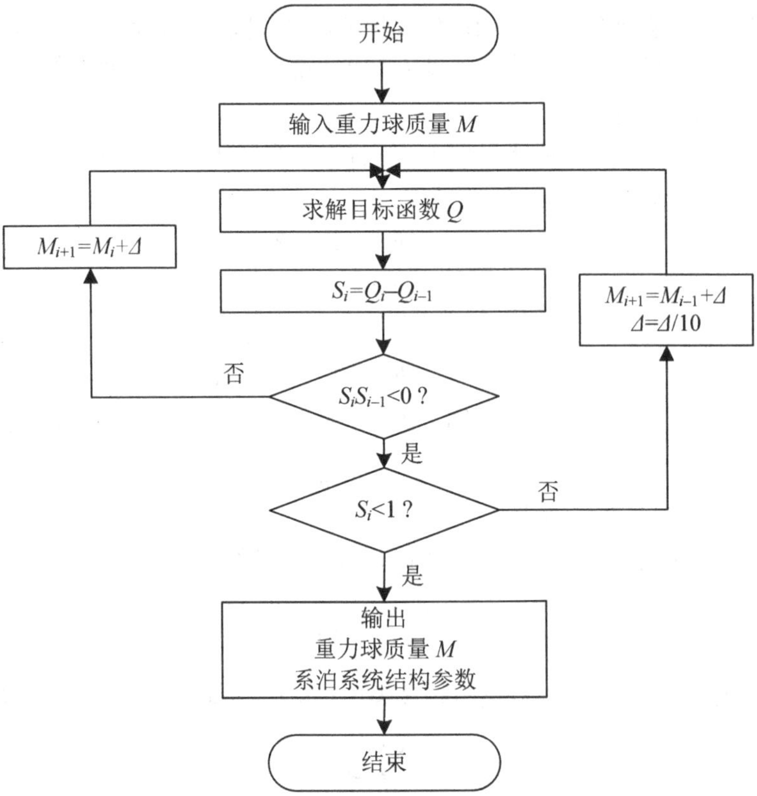

图14 求解目标函数Q最小时的分段递推求解算法流程图

由于本题中未明确给出三个指标的重要关系，因此权重$\boldsymbol{W}$的赋值情况不唯一，因此本文分别针对不同的加权系数进行优化以作示范，一旦确定权重，即可按照模型（9）进行求解，下面以三种权重作求解的示范，权重矩阵$\boldsymbol{W}$为

$$\boldsymbol{W}=\begin{bmatrix}0.1 & 0.3 & 0.6\\ 0.1 & 0.1 & 0.8\\ 0.2 & 0.5 & 0.3\end{bmatrix}_{3\times 3} \tag{10}$$

通过MATLAB R2014a运行得到结果，见表5。根据表5所示结果，可以发现重物球质量对系泊系统结构参数的影响，即随权重的变化而变化。因此，为分析变化原因及规律，我们通过MATLAB R2014a编程得到三种权重情况下评价指标Q随重物球重力M的变化趋势，如图15所示。

表 5 重球质量对系泊系统优化设计结果

权重向量	重球质量 M/kg	钢桶倾角 β/(°)	钢管倾斜角度 θ_i/(°)				浮标吃水深度 L/m	浮标游动半径 R/m
			第一根	第二根	第三根	第四根		
[0.1 0.3 0.6]	2940	2.1404	2.1188	2.1241	2.1295	2.1349	1.292	18.0069
[0.1 0.1 0.8]	1773	4.9969	4.9187	4.938	4.9575	4.9771	0.9414	18.4821
[0.2 0.5 0.2]	5226	0.0409	0.0407	0.0407	0.0408	0.0408	1.9769	12.5391

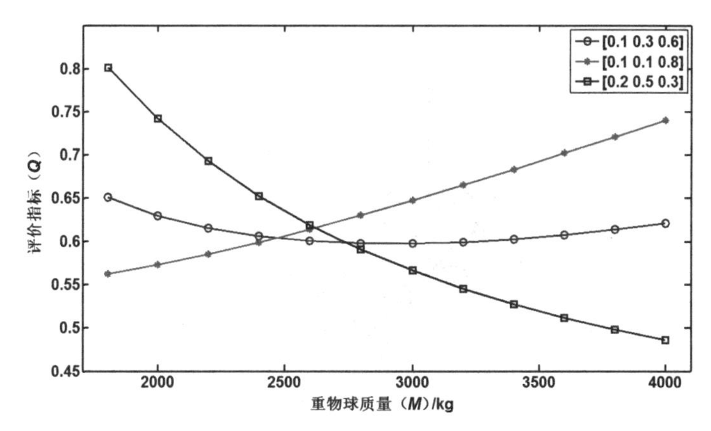

图 15 三种权重条件下评价指标 Q 随重物球质量 M 的变化趋势

由图 15 可以发现，不同权重情况下，评价指标 Q 随重物球质量 M 的变化规律相同，但由于重物球质量 M 存在临界范围[1773,5226]，因此图 15 所示变化趋势存在三种情况，其原因在于：随重物球质量 M 的增加，浮标活动区域半径 R、钢桶的倾斜角度 β 逐渐减小，而浮标吃水深度 h 逐渐增大。

故当浮标吃水深度 h 的赋值权重 w_3 明显高于其他两项指标时，评价指标 Q 随重物球质量 M 的变化规律呈增加趋势；反之，当浮标吃水深度 h 的赋值权重 w_3 明显低于其他两项指标时，评价指标 Q 随重物球质量 M 的变化规律呈降低趋势。

综上所述，由于评价指标 Q 中对于浮标活动区域半径 R、钢桶的倾斜角度 β 以及浮标吃水深度 h 的赋值权重不同，当重物球质量 M 在区间[1773,5226]内，取得优化模型（9）最小值 $\min Q$ 时，重物球质量 M 随权重变化而变化。

5.3 问题三：多因素作用下系泊系统优化模型[6]

要研究同时考虑风力、水流力和水深情况下的系泊系统设计，应先对空间内系泊系统的各部分进行静力学受力分析，再通过分段递推的思想和平衡原理得到受力平衡方程。

5.3.1　空间坐标系中的静力学受力分析

沿用问题一中建立的空间直角坐标系 $O\text{-}xyz$，且使得海面风向平行于 x 轴方向，并通过此坐标系对系泊系统中各组成部分进行受力分析。

5.3.1.1　浮标的受力分析

由于题目中未明确给出海面风向及海水流向，因此假定海面风向和海水流向夹角为 η。那么海平面上浮标的受力情况如图16所示（未标示重力 G_1、浮力 B_1），可知浮标所受外力包括重力 G_1、浮力 B_1、风动力阻力 F_f、水动力阻力 F_s 以及第1节钢管拉力 F_T。

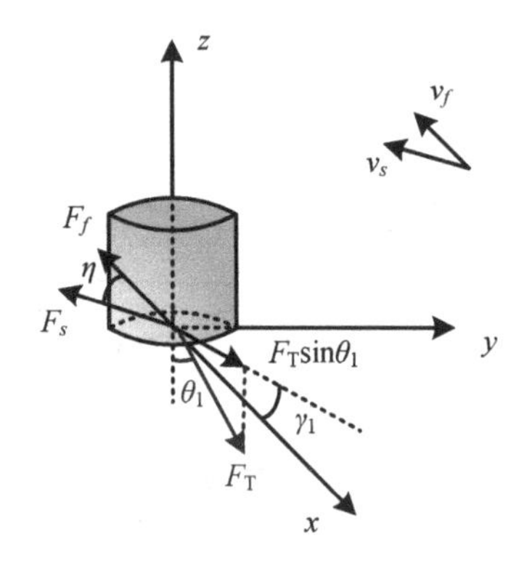

图16　传输节点结构随重物球质量增加变化的示意图

如图16所示，根据平衡原理，可得

$$F_f + F_s\cos\eta = F_T\sin\theta_1 \tag{11}$$

5.3.1.2　钢管、钢桶及锚链的受力分析

在问题一的基础上，通过分段递推的方法，逐步对钢管、钢桶及锚链进行受力分析，图17给出了任一分段的受力情况示意图。

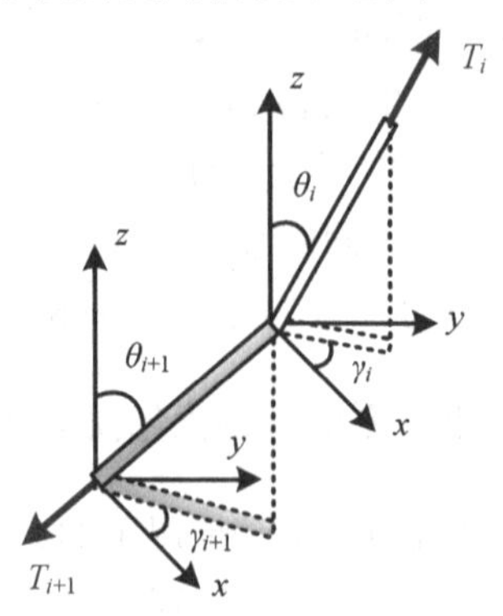

图17　传输节点结构随重物球质量增加变化的示意图

根据分段递推思想和平衡原理，可得空间中受力平衡方程

$$\begin{cases} F_{sxi} + T_i \cos\gamma_i \sin\theta_i = T_{i+1} \cos\gamma_{i+1} \sin\theta_{i+1} \\ F_{syi} + T_i \sin\gamma_i \sin\theta_i = T_{i+1} \sin\gamma_{i+1} \sin\theta_{i+1} \\ B_i + T_i \cos\gamma_i \sin\theta_i = m_i g + T_{i+1} \cos\gamma_{i+1} \sin\theta_{i+1} \end{cases} \tag{12}$$

该分段在坐标轴上的距离满足

$$\begin{cases} X_i = X_{i+1} + l_i \cos\gamma_i \sin\theta_i \\ Y_i = Y_{i+1} + l_i \sin\gamma_i \sin\theta_i \\ Z_i = Z_{i+1} + l_i \cos\theta_i \end{cases} \tag{13}$$

5.3.1.3 锚的受力分析

由于本题中锚的大小、形状未知，因此认为其水动力阻力 F_s 远小于其静摩擦力 f，其受力分析情况同 5.1.2.5 节，此处不再赘述。

5.3.2 人为控制因素对系泊系统评价指标的影响规律

根据题目中的要求，我们首先将影响系泊系统参数的因素分为两类，分别为自然因素和人为控制因素，前者包括海水流速 v_s、海面风速 v_f、水流方向与风向夹角 η 以及海深 H，后者包括重物球质量 M、锚链长度 L 以及锚链类型。

系泊系统评价指标是指对系泊系统中浮标的吃水深度 h、浮标游动半径 R 及钢桶的倾斜角度 β 赋以权重，得到具有评价系泊系统工作效能的评价指标 P 满足式（14），则评价指标 P 越小，则说明系泊系统工作效能越佳。

$$P = w_1 \frac{h}{h_{\max}} + w_2 \frac{\beta}{\beta_{\max}} + w_3 \frac{R}{R_{\max}} \tag{14}$$

由于自然因素非人为控制，其作用规律较为复杂，因此暂时单独研究人为控制因素对系泊系统参数的影响规律。本文 5.2.2 节简要分析了在确定自然因素的情况下，系泊系统结构参数随重物球质量 M 变化的规律，那么在此对锚链长度 L 以及锚链类型的影响规律进行简要分析。

通过 MATLAB R2014a 软件按照均分布随机产生一组自然因素：海水流速 $v_s = 1\text{m/s}$、海面风速 $v_f = 36\text{m/s}$、水流方向与风向夹角 $\eta = 60°$ 以及海深 $H = 18\text{m}$，求解得到评价指标 P 随重物球质量 M、锚链长度 L 以及锚链类型变化而变化的规律，如图 18 所示。

根据图 18 可知，在上述自然因素下：

（1）评价指标 P 与重物球质量 M 的关系：对于某一确定的锚链类型和长度 L，评价指标 P 随重物球质量 M 的增加，呈现一种先降低后增加的变化趋势，说明适当调节重球质量可提高系泊系统的工作效能。

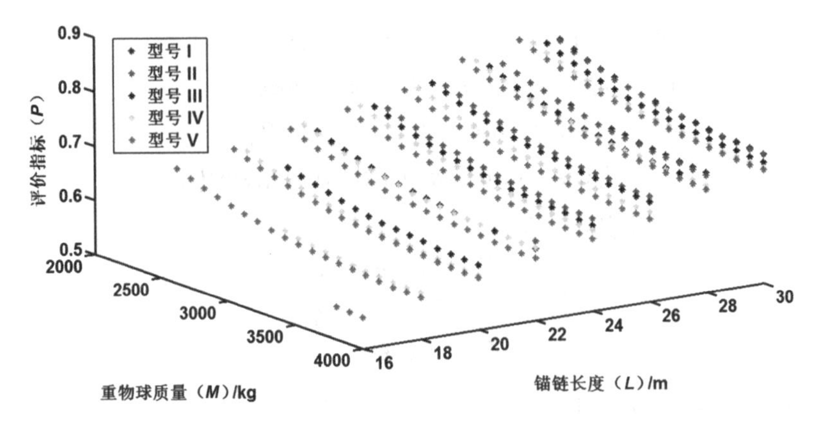

图18 传输节点结构随重物球质量增加变化的示意图

（2）评价指标 P 与锚链长度 L 的关系：对于某一确定的锚链类型和重物球质量 M，评价指标 P 随锚链长度 L 的增加，呈现逐步增加的变化趋势，说明在相同条件下，锚链较短的系泊系统工作效能较好。

（3）评价指标 P 与锚链类型的关系：对于某一确定的锚链长度 L 和重物球质量 M，锚链类型不同，其评价指标 P 也有所差异，说明链环的质量越大，其系泊系统工作效能越好。

5.3.3 建立多目标非线性优化模型

在问题二的基础上，在给定海水流速 v_s、海面风速 v_f、水流方向与风向夹角 η 以及海深 H 变化范围的情况下，选择使得浮标的吃水深度 h、浮标游动半径 R 及钢桶的倾斜角度 β 尽可能小的重物球质量 M、锚链长度 L 以及锚链类型（单节链环的质量 $\overline{m}$）。

首先引入矩阵

$$\boldsymbol{A}=(a_{ij})_{m\times 3}=\begin{bmatrix} h_1 & \beta_1 & R_1 \\ h_2 & \beta_2 & R_3 \\ \vdots & \vdots & \vdots \\ h_m & \beta_m & R_m \end{bmatrix}_{m\times 3} \tag{15-a}$$

由于矩阵 $\boldsymbol{A}$ 中各指标量纲不同，因此首先选用公式（15-b）进行标准化。

$$b_{ij}=\frac{a_{ij}}{\max\limits_{1\leqslant j\leqslant 3} a_j}(i=1,2,\cdots,m;\ j=1,2,3) \tag{15-b}$$

再根据其侧重情况赋值权重 $\boldsymbol{W}=[w_1,w_2,w_3]$，引入一个评价指标

$$P=\sum_{i=1}^{m}\sum_{j=1}^{3} w_j b_{ij} \tag{15}$$

那么通过加权法将多目标函数转换为单目标优化问题，则目标函数为

$$\min P=\sum_{i=1}^{m}\sum_{j=1}^{3}w_j b_{ij} \tag{16-a}$$

约束条件如下：

（1）自然因素的约束。根据问题三中提供的取值范围，则有

$$\begin{cases} v_s \in [0,1.5] \\ v_f \in [0,36] \\ H \in [16,20] \end{cases} \tag{16-b}$$

（2）锚链在锚点与海床的夹角$\alpha \leqslant 16°$的约束。为避免发生因走锚导致节点移位丢失，则有

$$\alpha \in [0,16] \tag{16-c}$$

综上，得到最佳设计效果的模型为

$$\min P=\sum_{i=1}^{m}\sum_{j=1}^{3}w_j b_{ij}$$

$$s.t.\begin{cases} v_s \in [0,1.5] \\ v_f \in [0,36] \\ H \in [16,20] \\ \alpha \in [0,16] \\ h,\beta,R \geqslant 0 \end{cases} \tag{16}$$

根据模型（16），利用 MATLAB R2014a 编程，最后可以得到数个最优解，每一个解对应一组自然参数。表 6 给出了 5 组最优解及每组最优解对应的系泊系统结构参数。图 19 给出了第 3 组自然参数下的最优解相应的系泊系统结构示意图，从图 19 中可以发现，此时的钢管、钢桶以及锚链位置有较明显的偏曲，这是水动力阻力 F_S 和风动力阻力 F_f 共同作用的结果，这一特征明显不同于问题一中 $v_s=0\text{m/s}$ 的情况。

表 6　不同自然参数条件下最优解及其系泊参数

参数		第 1 组	第 2 组	第 3 组	第 4 组	第 5 组
自然参数	水风夹角 η/(°)	0	45	60	120	180
	海水流速 v_s/(m/s)	1	0	0.2	0.8	1.5
	海面风速 v_f/(m/s)	36	15	25	10	28
	水深 H/m	18	16	18.5	17.5	20

续表

参数			第1组	第2组	第3组	第4组	第5组
人为控制参数	重物球质量M/kg		4000	1600	3100	1300	3400
	锚链型号		5	5	5	5	5
	锚链长度L/m		16	12	14	14	22
系泊系统结构参数	钢桶倾角β/(°)		0.0412	0.0162	0.0148	0.0359	0.0775
	锚链夹角α/(°)		1.3268	1.5708	1.3113	1.3286	1.4455
	钢管倾斜角度θ_i/(°)	第一根	0.0394	0.0159	0.0146	0.0324	0.0769
		第二根	0.0399	0.016	0.0147	0.0332	0.077
		第三根	0.0403	0.0161	0.0147	0.0341	0.0772
		第四根	0.0408	0.0161	0.0147	0.035	0.0773
	浮标吃水深度L/m		1.82	0.916	1.406	0.848	1.57
	浮标游动半径R/m		10.6736	4.6543	5.5111	6.4389	15.8485

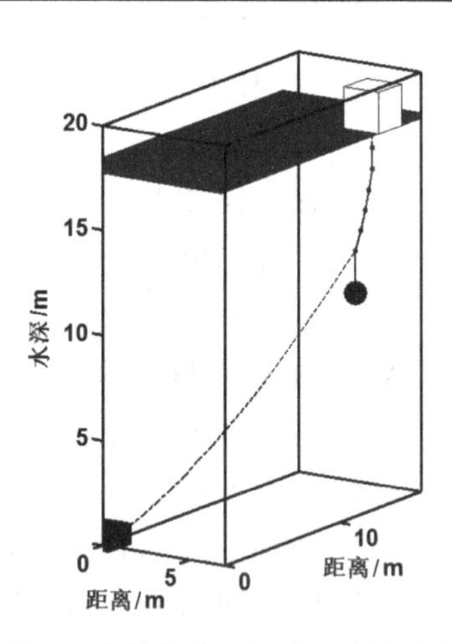

图19 第3组自然参数下的系泊系统结构示意图

5.3.4 优化结果的验证

为了验证模型（16）中得到的结果的正确性和实用性，我们取表6中第1组自然参数，得到人为控制参数为重物球质量$M=3100\text{kg}$、锚链长度$L=16\text{m}$以及锚链类型为第V型锚链情况下的系泊系统，通过MATLAB R2014a随机产生5组符合问题三要求的自然参数，并计算该系泊系统分别在5组自然参数情况下的结构参数是否满足“钢桶的倾斜角度$\beta \leqslant 5°$，锚链在锚点与海床的夹角$\alpha \leqslant 16°$”的要求。得到的结果见表7。

表7 5组自然参数检验结果

随机产生自然因素				钢桶倾角 $\beta/(°)$	锚链夹角 $\alpha/(°)$	是否通过检验
水风夹角 $\eta/(°)$	海水流速 v_s/(m/s)	海面风速 v_f/(m/s)	水深 H/m			
1.11	1.40	35.74	18.52	0.0792	0.7677	是
0.78	0.47	24.75	18.00	0.0203	1.3846	是
1.41	0.18	33.44	19.48	0.0238	0.7848	是
0.73	1.31	25.49	19.53	0.0638	0.5682	是
0.31	1.16	30.48	16.37	0.0622	1.202	是

从表7中可以发现，该系泊系统对于随机产生的5种自然因素全部适用，说明本文所采用的多目标非线性优化模型有效，且具有较强的推广意义。

6 模型的评价及推广

6.1 模型的优点

（1）模型统一，通用性强。系泊系统设计模型由受力分析得到，仅需代入数值参数即可求解。

（2）优化合理，结果可靠。本文建立的多目标非线性优化模型能通过改变指标权重，与实际结合紧密，从而解决实际问题，通过此模型得到的全局最优解结果可靠。

（3）模型简单，方法易懂。本文采用分段递推求解算法，结合物理力学中受力平衡原理进行求解，方法简单易懂，具有较强的推广性。

6.2 模型的缺点

本模型程序运行时间较长。由于多因素作用下的多目标非线性优化模型对于计算机要求相对较高，需提高计算机配置才能快速求解。

6.3 模型的推广

本文采用分段递推求解算法，结合物理力学中受力平衡原理，简单方便；将多目标优化问题转换为单目标优化问题进行分析，思路巧妙，简单易懂，具有较强的推广意义。

参考文献

[1] 王磊．单点系泊系统的动力学研究[D]．青岛：中国海洋大学，2012.
[2] 乔东生，欧进萍．深水悬链锚泊系统静力分析[J]．船海工程，2009（2）：120-124.
[3] 陈玉，贺秋林．分段法原理探究[J]．大学数学，2001，17（3）：95-96.
[4] 黄敦．中国大百科全书 [M]．北京：中国大百科全书出版社，1987.
[5] 姜启源，谢金星，叶俊．数学模型[M]．3版．北京：高等教育出版社，2003.
[6] DEWEY R K. Mooring Design & Dynamics—a Matlab package for designing and analyzing oceanographic moorings[J]. Marine Model, 1999: 103-157.

【论文评述】

此论文在重庆市赛区的评审中被评为该题的第一名，但由于计算机故障未能按时提交 MD5 码，虽然我校及时向赛区组委会汇报，但根据规则，仍未能获得参加全国奖评奖的资格，可以说是一颗遗珠。对当时已处高年级的三位同学来说，此次建模论文更是体现其建模水平的巅峰之作。论文写作方面，问题分析思路清晰、结果描述图示美观、模型表达准确规范是其最大的优点。纵观全文，论文逻辑经过仔细推敲，关键字词历经慎重斟酌，表达准确、深入浅出，论文质量达到较高水准。

论文的数学模型构建合理。基于经典物理力学的受力分析方法，首先对悬链式锚泊系统的各部分进行分析，进而利用多目标非线性优化模型进行优化求解。对于影响锚泊系统的各项参数，遍历所有可能情况，精确给出了相应的铁桶倾角、锚链夹角、钢管倾斜角度以及浮标吃水深度等重要参数，也因此实现了题目要求的对某些参数的全局优化，这对实际工作中选择最恰当的锚泊系统材料提供了理论依据。论文结果分析部分选择了数据模拟验证的方式进行阐述，更具可靠性。最大的亮点是图 11 和 13 所示的传输节点系统随海面风力以及重物球质量变化的动态参数分析过程。

李佳承　邵辉　罗万春

2017 年 A 题

CT 系统参数标定及成像

CT（Computed Tomography）可以在不破坏样品的情况下，利用样品对射线能量的吸收特性对生物组织和工程材料的样品进行断层成像，由此获取样品内部的结构信息。一种典型的二维 CT 系统如图 1 所示，平行入射的 X 射线垂直于探测器平面，每个探测器单元可看成一个接收点，且等距排列。X 射线的发射器和探测器相对位置固定不变，整个发射-接收系统绕某固定的旋转中心逆时针旋转 180 次。对每一个 X 射线方向，在具有 512 个等距单元的探测器上测量经位置固定不动的二维待检测介质吸收衰减后的射线能量，并经过增益等处理后得到 180 组接收信息。

CT 系统安装时往往存在误差，从而影响成像质量，因此需要对安装好的 CT 系统进行参数标定，即借助已知结构的样品（称为模板）标定 CT 系统的参数，并据此对未知结构的样品进行成像。

请建立相应的数学模型和算法，解决以下问题：

（1）在正方形托盘上放置两个均匀固体介质组成的标定模板，模板的几何信息如图 2 所示，相应的数据文件见附件 1，其中每一点的数值反映了该点的吸收强度，这里称为“吸收率”。对应于该模板的接收信息见附件 2。请根据这一模板及其接收信息，确定 CT 系统旋转中心在正方形托盘中的位置、探测器单元之间的距离以及该 CT 系统使用的 X 射线的 180 个方向。

（2）附件 3 是利用上述 CT 系统得到的某未知介质的接收信息。利用（1）中得到的标定参数，确定该未知介质在正方形托盘中的位置、几何形状和吸收率等信息。另外，请具体给出图 3 所给的 10 个位置处的吸收率，相应的数据文件见附件 4。

（3）附件 5 是利用上述 CT 系统得到的另一个未知介质的接收信息。利用（1）中得到的标定参数，给出该未知介质的相关信息。另外，请具体给出图 3 所给的 10 个位置处的吸收率。

（4）分析（1）中参数标定的精度和稳定性。在此基础上自行设计新模板、建立对应的标定模型，以改进标定精度和稳定性，并说明理由。

问题（1）～问题（4）中的所有数值结果均保留4位小数。同时提供问题（2）和问题（3）重建得到的介质吸收率的数据文件（大小为256×256，格式同附件1，文件名分别为problem2.xls和problem3.xls）

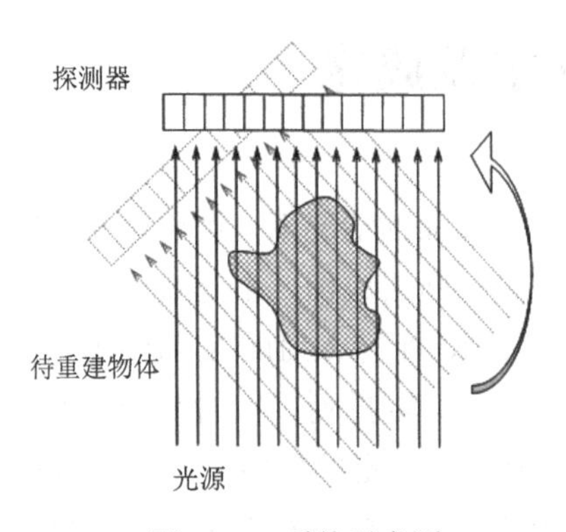

图1 CT系统示意图

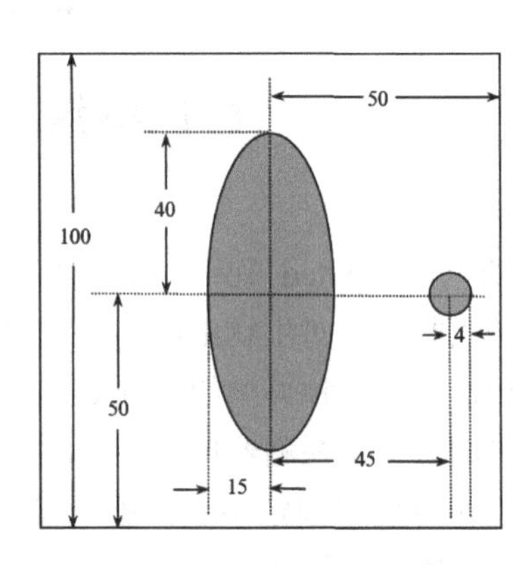

图2 模板示意图（单位：mm）

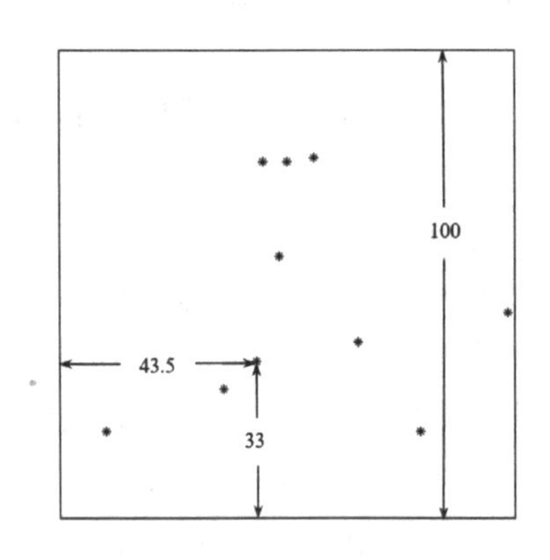

图3 10个位置示意图

注：因篇幅原因，文中提及并未列出的“附件”均为题目自带，有需要的读者可在全国大学生数学建模竞赛官方网站（http://www.mcm.edu.cn/index_cn.html）上下载。

2017 年　全国二等奖

平行束 CT 系统参数标定及成像

参赛队员：王艺超　唐　凯　李　翔
指导教师：宋丽娟

摘　要

CT 作为一种重要的无损检测技术已广泛应用于国防、医学影像和化工等领域。本文将对平行束 CT 系统参数标定及成像问题进行探索和研究。具体研究内容如下：

问题一，通过分析探测器接收到的信息以及托盘内两个标定模版的位置信息，可以得到 4 个探测器单元之间距离的近似值，我们把这 4 个近似值取平均值（0.2765mm）作为探测器单元之间距离的最终值。然后，通过分析射线平行于 X 轴和 Y 轴入射时探测器单元接收到的信息以及探测器正对于托盘中心旋转时，和探测器正对于旋转中心旋转时的位置关系，确定了旋转中心相对于托盘中心的偏移量，进而求得了旋转中心的坐标(−9.1253, 5.8070)。最后，我们在探测器接收到的数据中定位到了射线平行于 X 轴入射时(0°)以及射线平行于 Y 轴入射时(90°)的两列数据，而这两列列数的差值为 90，进而推算出 CT 每旋转一次的方向恰为 1°，继而得到其余 180 个方向的角度范围为–60°到 120°。

问题二，我们依据 CT 扫描原理建立了平行束二维 CT 系统成像标定模型，该模型将 CT 扫描后得到的待标定图像 $f(x,y)$进行旋转、平移及大小调整，转化为实际扫描时介质的图像 $G(x,y)$。然后通过将正方形托盘实际边长与像素点的换算，以及托盘中心和旋转中心的相对位置，进而在以旋转中心为原点，平行和垂直于托盘左边 X、Y 轴的平面直角坐标系中将托盘和介质都绘制出来，继而可通过取点计算得到该介质上任何一点的坐标。最后，我们将标定图像内 Radon 逆转换的 362 × 362 数据缩放为 256 × 256 的数据（即射线吸收率数据），并生成 problem2.xls，将附件 4 中 10 个点根据坐标一一对应于该数据表，进而求得这 10 个点的射线吸收率。其中第 2、4、5、6、7 处位置的吸收率为 0.4878、1.1838、1.0331、1.4820、1.2729，其余吸收率为 0。

问题三，我们使用了Radon逆转换将附件数据还原为待标定图片。然后利用问题二所建立的模型将托盘和还原后的图片共同绘制在如问题二所述的平面直角坐标系中。最后，同问题二将缩放后的256×256的数据（即射线吸收率数据）生成problem3.xls，将附件4中10个点根据坐标一一对应于该数据表，进而求得这10个点的射线吸收率。其中第2、3、5、6、7、9处位置的吸收率为1.8413、5.2027、0.9190、2.2433、4.8737和5.6109，其余吸收率为0。

问题四，基于问题一的计算过程，我们分别将探测器单元距离、旋转中心较托盘中心的坐标偏移量以及探测器每旋转一个方向时的角度可能的取值取出，代入到问题二中未知介质的CT扫描情形下对其进行标定，通过计算并比较各取值条件下圆盘中心点(0,0)的吸收率，并计算吸收率方差，得到我们模型标定的稳定性较高的结论。由于各个参数取值较多，因此标定精度相对较差。为了进一步提高标定时的精度和稳定度，我们设计了一个较为锐利的等腰直角三角形图案，再次利用上述方法求得圆盘中心点(0,0)的吸收率，因其方差接近于0，故稳定性较好。参数取值较之前问题有明显减少，故精度提高。

综上所述，本文通过建立平行束二维CT系统图像标定模型，较好地实现了CT图像的标定和吸收率的求解，通过设计新的标定模板使得稳定性和精度均较之前有明显提高。

关键词：CT　平行束　吸收率　发射-接收系统

一、问题重述

CT（Computed Tomography，计算机断层扫描）可以在不破坏样品的情况下，利用样品对射线能量的吸收特性对生物组织和工程材料的样品进行断层成像，由此获取样品内部的结构信息。一种典型的二维CT系统如图1所示，平行入射的X射线垂直于探测器平面，每个探测器单元可看成一个接收点，且等距排列。X射线的发射器和探测器相对位置固定不变，整个发射-接收系统绕某固定的旋转中心逆时针旋转180次。对每一个X射线方向，在具有512个等距单元的探测器上测量经位置固定不动的二维待检测介质吸收衰减后的射线能量，并经过增益等处理后，得到180组接收信息。

CT系统安装时往往存在误差，从而影响成像质量，因此需要对安装好的CT系统进行参数标定，即借助已知结构的样品（称为模板）标定CT系统的参数，并据此对未知结构的样品进行成像。

请建立相应的数学模型和算法，解决以下问题：

（1）在正方形托盘上放置两个均匀固体介质组成的标定模板，模板的几何信息如图 2 所示，相应的数据文件见附件 1，其中每一点的数值反映了该点的吸收强度，这里称为“吸收率”。对应于该模板的接收信息见附件 2。请根据这一模板及其接收信息，确定 CT 系统旋转中心在正方形托盘中的位置、探测器单元之间的距离以及该 CT 系统使用的 X 射线的 180 个方向。

（2）附件 3 是利用上述 CT 系统得到的某未知介质的接收信息。利用（1）中得到的标定参数，确定该未知介质在正方形托盘中的位置、几何形状和吸收率等信息。另外，请具体给出图 3 所给的 10 个位置处的吸收率，相应的数据文件见附件 4。

（3）附件 5 是利用上述 CT 系统得到的另一个未知介质的接收信息。利用（1）中得到的标定参数，给出该未知介质的相关信息。另外，请具体给出图 3 所给的 10 个位置处的吸收率。

（4）分析（1）中参数标定的精度和稳定性。在此基础上自行设计新模板、建立对应的标定模型，以改进标定精度和稳定性，并说明理由。

二、模型假设

（1）二维 CT 系统每次转动时转动的角度相同。

（2）二维 CT 系统的发射器和探测器之间的距离大于正方形托盘对角线。

（3）二维 CT 系统工作时不受其产生的电磁场等其他因素的干扰。

三、符号说明

（1）a_i：去 0 处理后的信息。

（2）n_i：a_i 对应信息的长度。

（3）d：相邻两单元之间的距离。

（4）Δx、Δy：X 轴、Y 轴方向的偏移量。

（5）$\Delta\overline{\theta}$：每转动一次转过的角度。

（6）φ：标定时的旋转角度。

（7）μ：吸收率。

四、问题分析

CT 作为一种重要的无损检测技术已广泛应用于国防、医学影像和化工等领域。本文拟对平行束CT系统参数标定及成像问题进行建模和研究。

4.1 问题一

问题一要求我们根据标定模板在CT系统成像时的相关信息，确定CT系统旋转中心在正方形托盘中的位置、探测器单元之间的距离以及该CT系统使用的X射线的180个方向。

我们首先确立了以椭圆中心为原点，短轴所在延长线为X轴（正方向为右），长轴所在延长线为Y轴（正方向为上）的直角坐标系。通过分析探测器接收到的信息以及托盘内两个标定模版的位置信息，我们计算得到了每个探测器单元之间的距离。然后，通过分析射线平行于X轴和Y轴入射时探测器单元接收到的信息以及探测器正对于托盘中心旋转时，和探测器正对于旋转中心旋转时的位置关系，确定了旋转中心相对于托盘中心的偏移量，进而求得了旋转中心的坐标。最后，我们在探测器接收到的数据中确定了平行于X轴和Y轴时探测器所在的角度，进而根据假设（1）推算出了探测器旋转时180个方向的角度。

4.2 问题二

问题二要求我们利用上述CT系统得到某未知介质的接收信息，以及问题一中得到的标定参数，确定该未知介质在正方形托盘中的位置、几何形状和吸收率等信息。还要求我们具体给出10个图中位置的吸收率。

首先，我们根据CT成像原理以及问题一求得的标定参数建立了平行束二维CT系统图像标定模型。该模型可将CT扫描后得到的待标定图像进行旋转、平移，以及大小调整转化为实际扫描时介质的形态。然后通过将正方形托盘实际边长与像素点的换算，以及托盘中心和旋转中心的相对位置，进而在以旋转中心为原点，平行和垂直于托盘左边X、Y轴的平面直角坐标系中，将托盘和介质都绘制出来，继而可通过取点计算得到该介质上任何一点的坐标。最后，我们将待标定图像进行调整时Radon逆函数所求得的数值缩放为256×256的数据（即射线吸收率数据），将附件4中10个点根据坐标一一对应于该数据表，进而求得这10个点的射线吸收率。

4.3 问题三

问题三要求我们利用另一个未知介质的CT接收信息以及之前所求得的标定参数，给出该未知介质的相关信息。另外，请具体给出图3所给的10个位置处的吸收率。

首先，我们利用问题二中所建立的模型将图片还原为 CT 扫描时的实际形态。然后利用正方形托盘中心与旋转中心的相对位置，以及实际边长与像素点的换算关系，将托盘和还原后的图片共同绘制在如问题二所述的平面直角坐标系中。最后，同问题二，将 Radon 逆函数求得的数据缩放，进而可求得未知介质以及附件 4 中 10 个位置的吸收率。

4.4 问题四

问题四要求我们分析问题一中参数标定的精度和稳定性。在此基础上自行设计新模板、建立对应的标定模型，以改进标定精度和稳定性，并说明理由。

首先，基于问题一的计算过程，我们对探测器单元距离、旋转中心较托盘中心的坐标偏移量以及探测器每旋转一个方向时的角度进行可能的取值分析。将各个变量的可能取值代入到问题二中未知介质的 CT 扫描情形下对其进行标定，通过计算并比较各取值条件下圆盘中心的吸收率，进而探究问题一中参数标定的稳定性程度。对于参数标定的精度，我们主要通过各个参数可能的取值范围来讨论。

然后，为了进一步提高标定时的精度和稳定度，我们设计了一个较为锐利的等腰直角三角形图案（边缘有缺损），利用问题一中的方法和问题二中所建立的二维 CT 系统图像标定模型再次计算相关参数。通过分析其求解过程中各参数可能的取值，以及各取值情况下圆盘中心的吸收率观察参数标定的稳定性以及精度。

4.5 思路总结

综上所述，对于平行束 CT 系统参数标定及成像问题，可以通过图 1 进行求解。

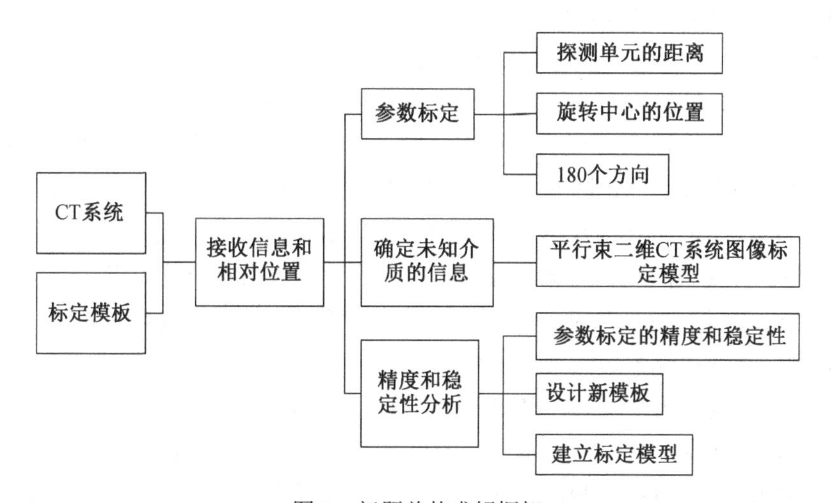

图 1 问题总体求解框架

五、模型的建立与求解

5.1 问题一：CT系统参数的标定

5.1.1 平面直角坐标系的建立

以正方形托盘中心为原点，分别以椭圆短轴方向为X轴方向，长轴方向为Y轴方向建立如图2所示的坐标系。设椭圆和圆中心的坐标分别为O_1和O_2，其坐标经计算分别为(0,0)，(45,0)。

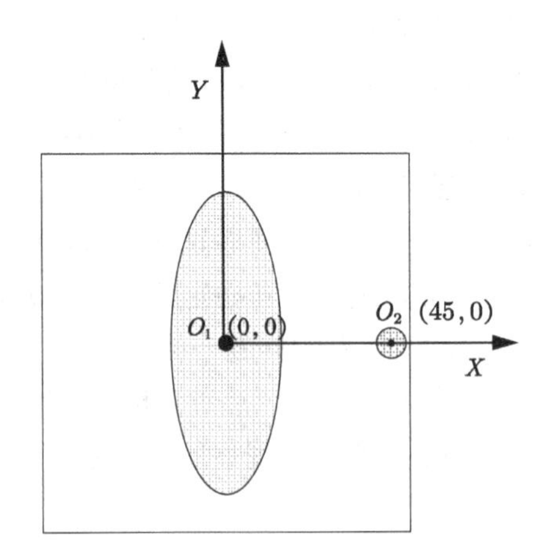

图2 参数标定平面直角坐标系

5.1.2 二维CT照射分析

为便于分析理解，我们取射线方向平行于X轴方向与射线方向平行于Y轴方向时的情况进行分析。

当射线方向平行于X轴方向照射［图3（a)］时，射线此时穿过的椭圆截面是其环绕一圈中最大的，即此时位于图中l_4范围内的探测器均可以探测到标定物的吸收信息。在附件2的数据（图4）中，横向的180列代表的是180个方向，纵向的512行代表的是探测器单元。因此，若我们认为每个单元格是一个像素，射线平行于X轴照射时对应于图3中的n_4（其所对应的数据列数为61列)，即此时是收到信息的探测器数量最多的情形。

同理，当射线方向平行于Y轴方向照射［图3（b)］时，l_1和l_2范围内的探测器将可以分布探测到椭圆和圆两者的信息（分别对应于图4中的n_1，n_2)。此外，椭圆和圆的间距此时在探测器上的投影也是CT成像过程中最大的时候（分别对应于图 4 中的 n_3，其所对应的数据列数为 151 列）。

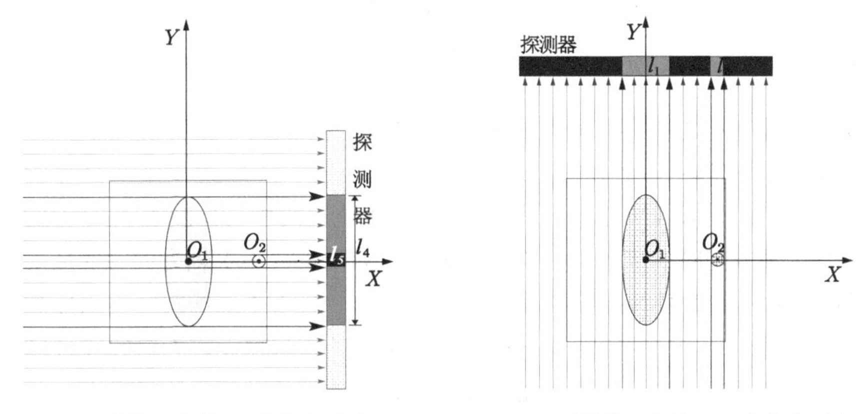

（a）附件 2 中第 61 个方向示意 （b）附件 2 中第 151 个方向示意

图 3 两个特殊的 X 射线方向示意图

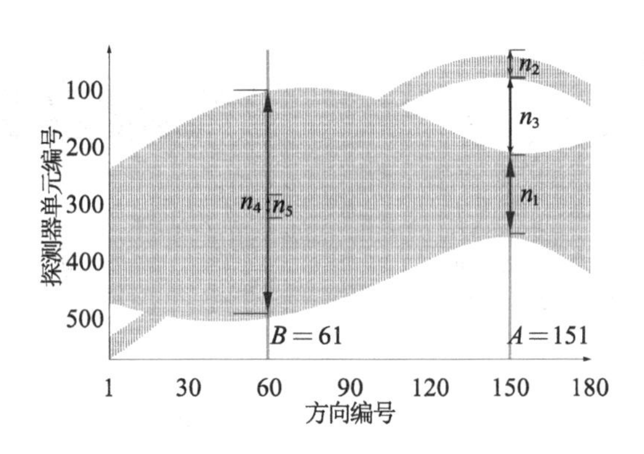

图 4 二维 CT 扫描数据概貌

不仅如此，在两种状态下，过椭圆中心的射线穿过的物体距离最长（平行于 Y 轴的射线过椭圆终点被探测器接收到的数据位于图三中的 n_5 位置）。

5.1.3 探测器单元之间的距离求解

经过上述分析，我们可通过求可探测到信息的探测器范围的总长度除以探测器单元的数量，进而得到探测器之间的距离

$$d_i=\frac{l_i}{n_i},\ i=1,2,3,4$$

式中：l_1 为椭圆的短轴长度；l_2 为圆直径；l_3 为椭圆和圆之间的距离；l_4 为椭圆的长轴长度。n_1 到 n_4 则为图形相应的长度范围内探测器的数目，分别为 $n_1=108$、$n_2=29$、$n_3=94$、$n_4=289$，代入后计算得到如下结果：

$$d_1=0.2752\,,\ d_2=0.2775\,,\ d_3=0.2766\,,\ d_4=0.2768$$

为了提高标定参数的精度，我们将上面求得的值取平均得

$$\bar{d}=\frac{d_1+d_2+d_3+d_4}{4}=0.2765$$

故探测器单元之间的距离为 d=0.2765，单位为 mm。

5.1.4 CT旋转中心的位置

如图 5 所示，设正方形托盘内任意一点 O_3 为旋转中心。图 5（a）为射线方向平行于 X 轴方向时的情形，图 5（b）为射线方向平行于 Y 轴方向时的情形。假设标准的 CT 机照射时其旋转中心位于托盘中心，图 5 中虚线圆则表示探测器运动的轨迹。图 5（a）中的探测器 e 和图 5（b）中的探测器 a 均为射线经过椭圆中心时所对应的标准 CT 机的探测器，此时它接收的信息处理后数值最大。此外，我们假设 CT 旋转时探测器正中央与旋转中心连线垂直于探测器平面，因此这两个探测器单元也是位于探测器最中央的单元。

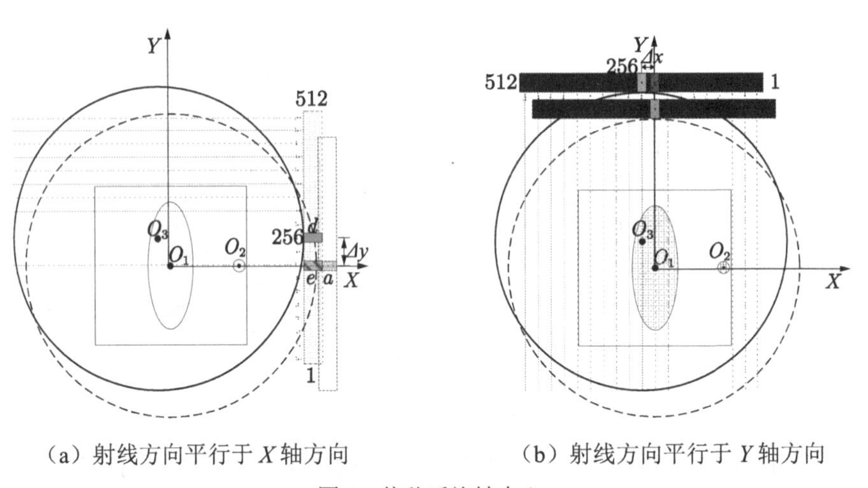

（a）射线方向平行于 X 轴方向　　（b）射线方向平行于 Y 轴方向

图 5　偏移后旋转中心

而图 5 中实线圆表示题目中待标定的 CT 机探测器的运动轨迹，同理，图 5（a）中的探测器 a 和图 5（b）中的探测器 c 接收的信息处理后数值最大。然而，在该待标定的 CT 机器探测器中，位于中央的探测器单元已经不再是接收信息的数值最大的探测器单元，而发生了偏移［见图 5（a）中的探测器单元 d、e 和图 5（b）中的探测器单元 b、c］。图 5（a）中两探测器发生偏移的量恰为 O_1 与 O_3 纵坐标之差，图 5（b）中两探测器发生偏移的量恰为 O_1 与 O_3 横坐标之差。

因此，根据该原理，我们可在附件 2 的数据表格中找出两种射线方向情形下探测器接收并处理得到的信息的最大数值，其所在的行即此时接收信息值最大的

探测器编号。其与中间探测器（第 256 个）之间的间隔距离则为 O_3 与 O_1 横纵坐标的偏移。基于上述讨论，当射线方向平行于 X 轴照射时，第 235 个探测器单元所接收到的信息值最大。当射线方向平行于 Y 轴照射时，第 223 个探测器单元所接收到的信息值最大，因此，有

$$y_0 = (256 - 235) \times d = 5.8070$$

$$x_0 = (256 - 223) \times d = 9.1253$$

又由于这两个接收信息值最大的探测器编号均小于正中央探测器编号，因此 O_3 位于 O_1 左上方。所以，O_3 的坐标为(–9.1253, 5.8070)。

5.1.5　CT 照射的 180 个方向求解

通过查阅文献[1]和[2]，我们假设 CT 探测器每次转动的角度相同。将逆时针方向定为正方向，将射线与 X 轴的夹角定为旋转角度。

通过上述标定过程中求参的讨论，我们知道附件 2 第 61 列（即射线方向平行 X 轴时，如图 6 左侧白线所示）和第 151 列（即射线方向平行 Y 轴时，如图 6 左侧右线所示）分别对应于接收到信息的探测器单元数量最多，以及椭圆和圆的间距在探测器上的投影最大时的情况，而这两列列数的差值即为 90°。因此，经计算可得每一列相差 1°，即 CT 机探测器每旋转一次的方向是 1°。由此可推出其余 179 列的角度如图 6 所示。图 6 横坐标代表 X 射线绕标定物旋转 180 个方向所对应的夹角，其中平行于 X 轴入射时为 0°，平行于 Y 轴入射时是 90°。途中彩色条带代表 512 个探测器在 180 个方向测得的数据。

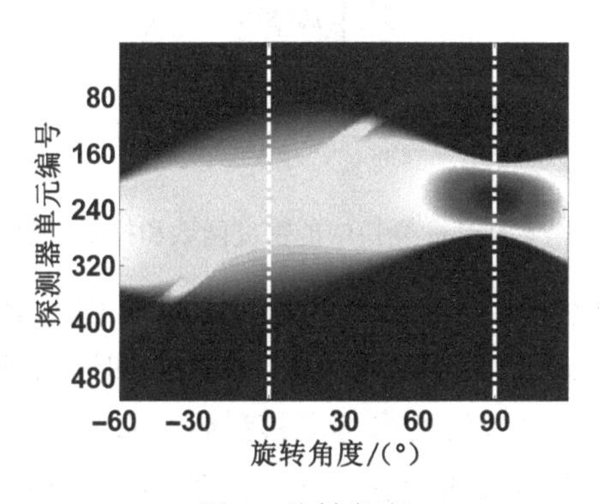

图 6　旋转角度

5.2　Radon 逆变换标定模型的建立

5.2.1　Radon 变换的基本原理

若将图像看成二维函数 $f(x,y)$，则其投影就是在特定方向上的线性积分。通过

不同方向的投影，可以获取图像在指定方向上的突出特性，这即为本题中 CT 成像及图像重建所包含的重要思想。而 Radon 变换就是将数字图像矩阵在某一指定角度射线方向上做投影变换。

图 7 解释了如何从密度函数得到投影函数。图中，角度 θ 是射线的法线与 x 轴的夹角，它决定了投影的方向；r 是投影函数 $p(s,t)$ 的变量，是射线与坐标原点的距离；密度函数为 $f(x,y)$。沿着某一个投影方向，对某一条投影射线（由 θ 和 r 确定）计算 $f(x,y)$ 的 Radon 变换，就可以获得该射线上的投影值。以此方法计算得到在某特定方向上全部的投影值，就可以获得该特定方向上相应的投影函数 $p(s,t)$。

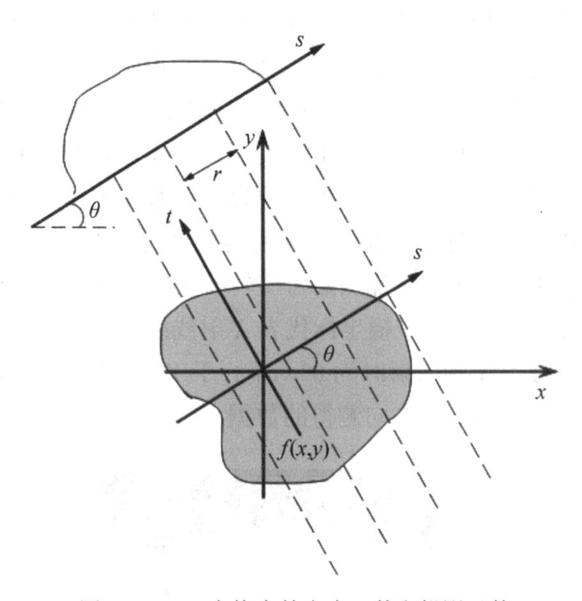

图 7　Radon 变换中的密度函数和投影函数

在 MATLAB 中已经提供了 radon.m 和 iradon.m 用于 Radon 变换和逆变换的程序包，可直接使用实现图像转变投影或投影还原图形的过程。

5.2.2　平行束二维 CT 系统图像标定模型的建立

我们根据问题一中附件 2 的数据，在 MATLAB 中利用逆变换算法 iradon.m 将其进行还原，得到还原后的图像，将其与原模板图像进行对比，得到图 8。

观察图像可知，利用 Radon 逆变换还原得到的图像在大小、角度和位置上都与原模板图像存在较大差距，所以需要在 Radon 逆变换的基础上再进行标定，才能将附件 2 的数据比较准确地还原。

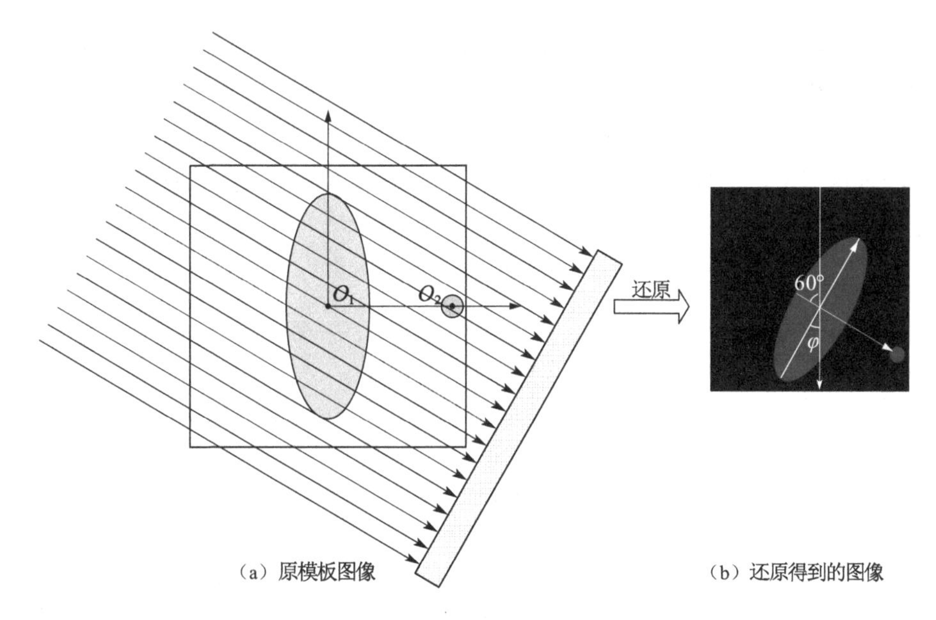

图 8 Radon 逆变换还原得到的图像

将 Radon 逆变换还原得到的图像作为待标定图像，跟模板相比较可以通过各向同性的平移、旋转和大小调整三个过程达到配准的目的，所以整个变换是这三种变换按顺序的组合。设参考图像是$G(x,y)$，待标定的图像是 $f(x,y)$，通过查阅文献，我们得知模板图像和待标定图像的变换关系：

$$g(x,y)=df(x+\Delta x,y+\Delta y)$$

（1）平移。通过平移使得图像转移到坐标系中与其原图相同的位置，以便在后续图像中观察其形态、坐标以及角度等。因此，平移过程即为横轴坐标加平移距离 Δx、Δy，且该距离根据方向不同可正可负，公式为

$$G(x,y)=f(x+\Delta x,y+\Delta y)$$

（2）旋转。由于 CT 成像过程中射线起始角度的差别，还有探测中心偏移等情况的出现，还原后的待标定图像与原模板图像角度有一定差异。在平移的基础上，我们可对待标定图像上的所有点实现旋转，即根据三角函数关系或几何关系标定其方向，进一步接近模板图像。由于不同图像旋转角度各有差异，且不同角度情况下标定所依赖的几何关系也不相同，因此我们将旋转过程表示为f_φ。

$$G(x,y)=f_\varphi(x+\Delta x,y+\Delta y)$$

（3）调整大小。经过平移和角度调整后的待标定图像和模板形状形成相似关系，还原还需调整大小。这步依赖于像素点边长与实际距离的换算，即我们在问题一中求得的每个摄像头之间的间距 d，该间距与像素点边长（每个单元格被认

作一个像素点，像素点边长为1单位）相对应。因此，通过平移和转换角度后的图像再与 d 相乘即可实现缩放或扩大图像的目的。例如

$$G(x,y)=df_{\varphi}(x+\Delta x,y+\Delta y)$$

经过这三步，图像即可实现与原模板形状大小均相同，进而完成标定。实现标定的算法如图9所示。

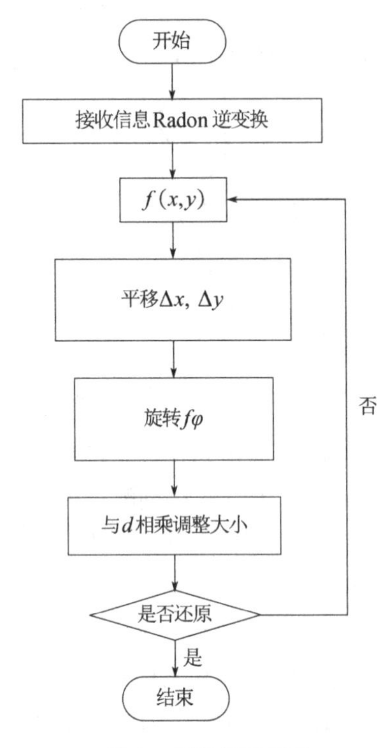

图9　标定算法框架

5.2.3　二维CT系统图像标定模型的求解

问题一中已求得，$d=0.2765$，$\Delta x=-9.1253$，$\Delta y=5.8070$。已知入射射线与椭圆短轴夹角为60°，由几何关系得旋转角度 $\varphi=30°$。将以上参数代入上式，得到

$$G(x,y)=0.2765f_{30°}(x+\Delta x,y+\Delta y)$$

根据附件3中的未知介质的接收信息，利用之前建立的Radon逆变换标定模型，首先对其进行Radon逆变换，然后利用标定模型进行标定，得到

$$g(x,y)=0.2765f(x+\Delta x,y+\Delta y)$$

根据图9所示的算法流程图，使用支撑材料中pro2.m的程序求解。

首先对其进行Radon逆变换，然后利用标定模型进行标定，如图10所示。

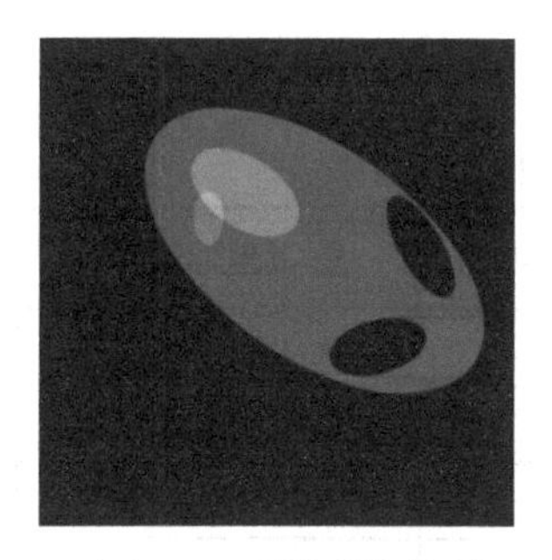

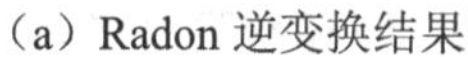

（a）Radon 逆变换结果

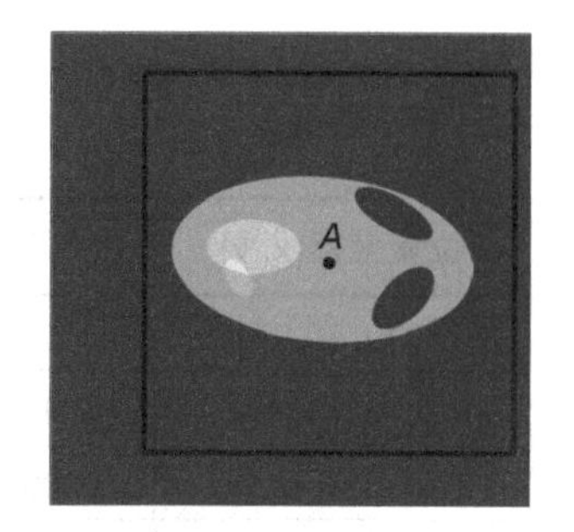

（b）标定后的结果

图 10　附件 3 Radon 逆变换和标定后的结果

该未知介质的几何形状和在正方形托盘中位置如图 10（b）所示，其吸收率如图 11 所示，其标定后的图像上每一点吸收率（256×256）详见数据文件 problem2.xls。

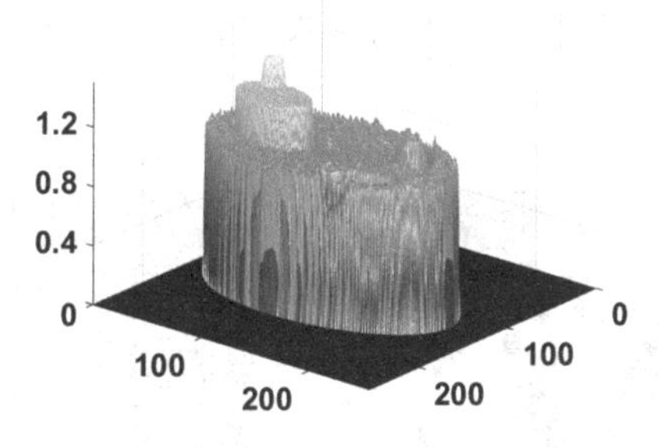

图 11　问题 2 未知介质的吸收率

5.2.4　10 个位置处的吸收率

得到该未知介质在正方形托盘的位置后，以 CT 的旋转中心为原点建立平面直角坐标系，由于题中给出的 10 个位置使用的坐标系和本坐标系不同，要将题中 10 个位置转换到新的坐标系中，如图 12 所示。

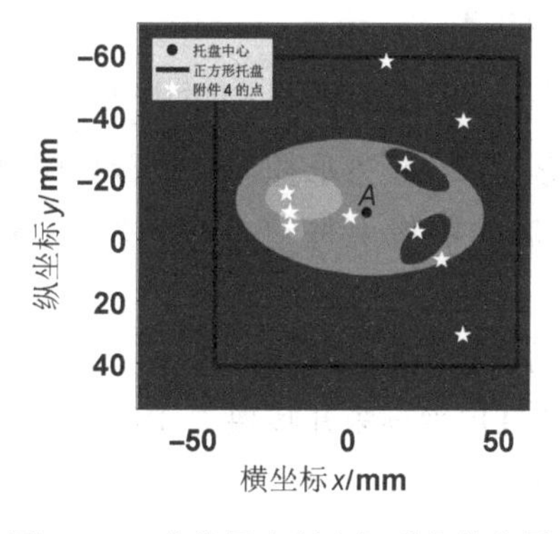

图 12　10 个位置在新坐标系上的位置

10个位置处的坐标和吸收率见表1。

表1 10个位置处的坐标和吸收率

位置编号	位置坐标(*x*, *y*)	吸收率μ	位置编号	位置坐标(*x*, *y*)	吸收率μ
1	(37.8070, 30.8747)	0.0000	6	(–19.6930,–9.1253)	1.4820
2	(30.8070,6.3747)	0.4847	7	(–20.6930,–15.1253)	1.2729
3	(22.8070,–2.6253)	0.0000	8	(18.8070,–24.6253)	0.0000
4	(–19.6930,–4.1253)	1.1838	9	(37.8070,–38.6253)	0.0000
5	(0.3070,–7.6253)	1.0331	10	(12.3070,–57.6253)	0.0000

5.3 问题三：求解另一个未知介质的信息

5.3.1 另一个未知介质的几何形状、位置和吸收率

根据附件5中另一个未知介质的接收信息，使用与问题二相同的方法得到图13。

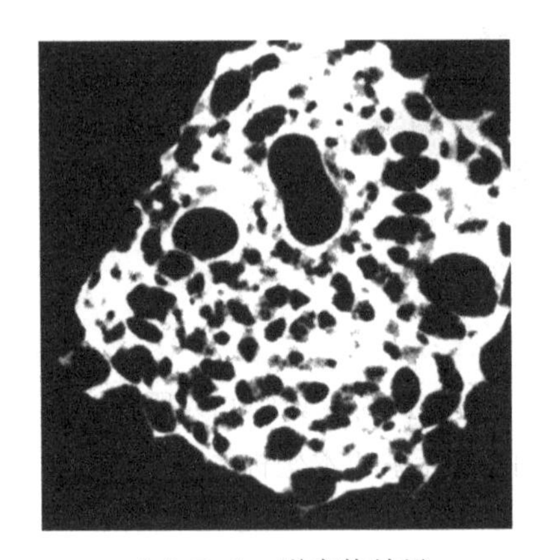

（a）Radon逆变换结果

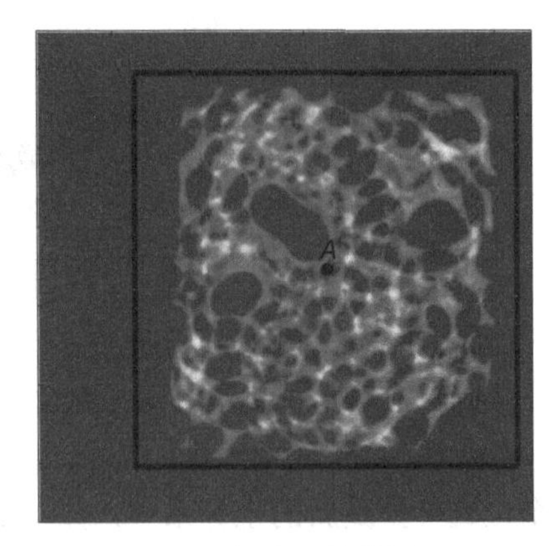

（b）标定后的结果

图13 附件5 Radon逆变换和标定后的结果

该未知介质的几何形状和在正方形托盘中位置如图13（b）所示，其吸收率如图14所示，其标定后的图像上每一点吸收率（256×256）详见数据文件problem3.xls。

5.3.2 10个位置处的吸收率

同问题二一样，建立直角坐标系并转换了10个位置的坐标后，得到图15。10个位置处的坐标和吸收率见表2。

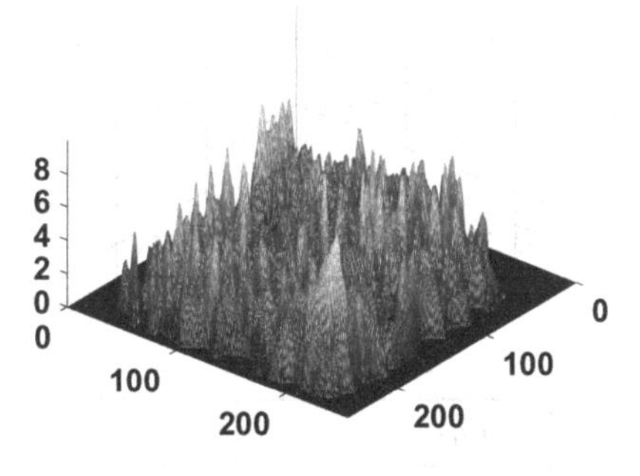

图 14　问题 3 未知介质的吸收率

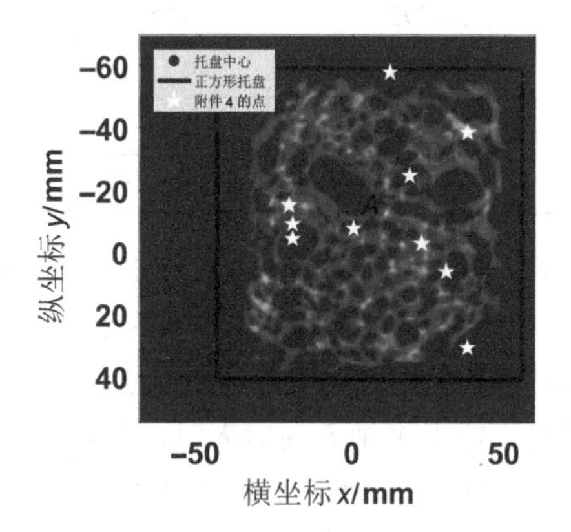

图 15　10 个位置在新坐标系上的位置

表 2　10 个位置处的坐标和吸收率

位置编号	位置坐标(x, y)	吸收率 μ	位置编号	位置坐标(x, y)	吸收率 μ
1	(37.8070, 30.8747)	0.0000	6	(–19.6930,–9.1253)	2.2433
2	(30.8070,6.3747)	1.8413	7	(–20.6930,–15.1253)	4.8737
3	(22.8070,–2.6253)	5.2027	8	(18.8070,–24.6253)	0.0000
4	(–19.6930,–4.1253)	0.0000	9	(37.8070,–38.6253)	5.6109
5	(0.3070,–7.6253)	0.9190	10	(12.3070,–57.6253)	0.0000

5.4　问题四：新模板设计

5.4.1　参数标定的精度和稳定性

5.4.1.1　分析单元距离 d 值的精度和稳定性

在问题一中，我们求得了 5 个 d 值，为求精确我们取平均值作为最终结果，为了分析参数标定的精度和稳定性，选取不同的 d 值（d_1,d_2,d_3,d_4,d_5）代入上述二维 CT 系统图像标定模型，再利用该模型根据附件 2 的数据进行还原，求出正方形托盘中心点的吸收率，通过比较吸收率的差异来分析参数的精度和稳定性。结果见表 3。

表 3　不同 d 值对应的参数值

指标	d 值	横坐标偏移量 Δx /mm	纵坐标偏移量 Δy /mm	吸收率 μ
d_1	0.2765	5.8065	9.1245	0.4862
d_2	0.2775	5.8275	9.1575	0.4999
d_3	0.2752	5.7792	9.0816	0.4862
d_4	0.2766	5.8086	9.1278	0.4999
d_5	0.2768	5.8128	9.1344	0.4999
方差	6.97×10^{-7}	3.07×10^{-4}	7.59×10^{-4}	5.63×10^{-5}

比较不同 d 值所对应的吸收率 μ，发现它们的方差很小，说明其稳定性较高。但是在求 d 值时求得有 4 个，说明该模板的精度不够高。

5.4.1.2　分析旋转角度及偏移量的精度和稳定性

在问题一中，在射线平行于 Y 轴方向射入时，此时在附件 2 中第 61 列的椭圆的信息 n_4 最大，然而在第 58～65 列时 n_4 同样能取到最大值（见程序 pro2.m），所以选取这些列来求每转一次转过的角度 $\Delta\overline{\theta}$ 和旋转中心偏移的位置 $\Delta x, \Delta y$，并且求出正方形托盘中心的吸收率。通过比较它们的差异来分析参数的精度和稳定性。结果见表 4。

表 4　不同列对应的参数值

列	每次转过的角度 $\Delta\overline{\theta}$ /(°)	横坐标偏移量 Δx /mm	纵坐标偏移量 Δy /mm	吸收率 μ
58	0.9677	3.0415	9.1245	0.4894
59	0.9783	3.8710	9.1245	0.4832
60	0.9890	4.9770	9.1245	0.4871
61	1.0000	5.8065	9.1245	0.4862
62	1.0112	6.6360	9.1245	0.4990
63	1.0227	7.7420	9.1245	0.4875
64	1.0345	8.5715	9.1245	0.4901
65	1.0465	9.4010	9.1245	0.4948
方差	7.60×10^{-4}	5.0700	0.0000	2.55×10^{-5}

分析每种结果的方差发现 $\Delta\bar{\theta}$ 、Δy 、μ 方差很小，说明其稳定性较高，Δx 的方差较大，可能是由于横坐标平移量对其影响较大。但是在取最大值时，从第 58～65 列（共有 8 列）能取到最大值，说明其精度不够高。

5.4.2　新模板的设计

由于标定模板的形状为椭圆和圆，它们存在的缺陷是在求最大的信息所对应的方向时，椭圆本身比较圆滑，会造成许多方向上都能取到最大值，从而不利于方向的选择和判断，并且当求探测器单元的距离时，椭圆和圆之间存在较大空隙，不利于 d 的确定。所以为了克服该缺陷，我们设计了新的模板，如图 16 所示。

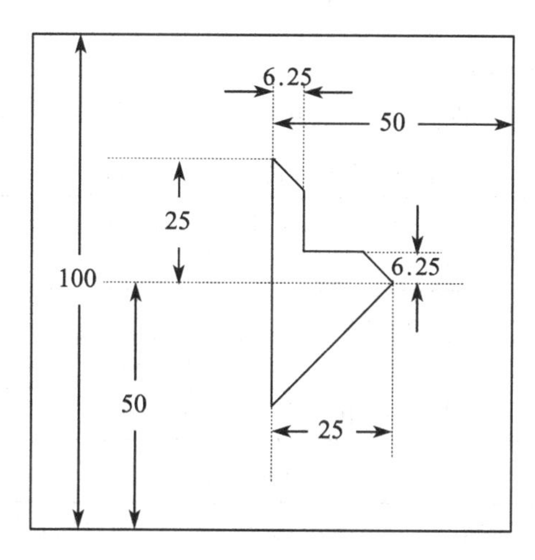

图 16　新模板示意图（单位：mm）

该模板形状近似一等腰直角三角形，斜边中点位于正方形托盘的中点，其中一条直角边被一直角切掉一段。该新模板边角锐利，不容易出现如椭圆一样精度较差的情况。其相应的数据文件见支撑材料“新模板的数据文件.xls”。

5.4.3　基于 Radon 变换标定模型的建立

5.4.3.1　接收信息的生成

用新模板对 CT 系统进行参数标定，通过 Radon 变换可得到新模板的接收信息。利用该接收信息作图，如图 17 所示。

5.4.3.2　CT 系统参数标定

得到新模板的接收信息后，我们利用问题一中的方法，找到两个特殊方向：通过这两个特殊方向可以求得探测器单元的距离 d，旋转中心的偏移量 Δx、Δy，以及吸收率 μ。

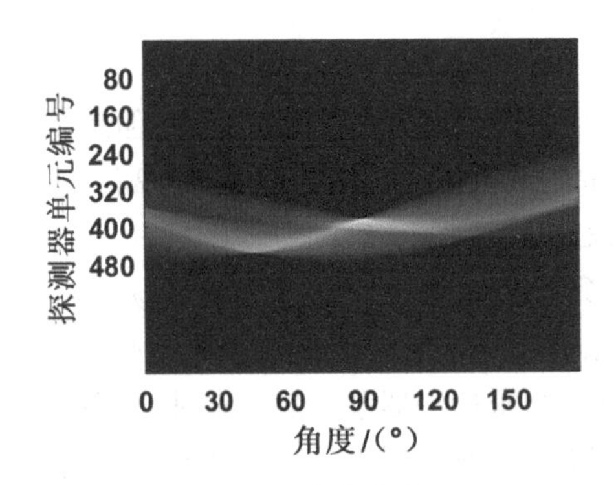

图17 接收信息

5.4.3.3 精度以及稳定性的分析

按照上述精度和稳定性的分析方法，得到表5和表6所示的结果。

表5 不同 d 值对应的参数值

指标	d 值	横坐标偏移量 Δx /mm	纵坐标偏移量 Δy /mm	吸收率 μ
d_1	0.2745	10.4301	8.7832	0.4993
d_2	0.2793	10.6145	8.9385	0.5030
方差	1.15×10^5	1.70×10^{-2}	1.21×10^{-2}	6.84×10^{-6}

表6 不同列对应的参数值

列	每次转过的角度 $\Delta\bar{\theta}$ /（°）	横坐标偏移量 Δx /mm	纵坐标偏移量 Δy /mm	吸收率 μ
1	1.0000	10.5223	8.9499	0.4993
3	0.9778	10.5223	9.0389	0.5030
177	0.9556	10.5223	9.1279	0.4966
179	0.9778	10.5223	9.2169	0.4804
方差	3.29×10^{-4}	0.0000	1.32×10^{-2}	9.94×10^{-5}

通过将新模板的方差与原模板进行比较，发现新模板的方差更小，说明其稳定性更高，新模板只得到两个 d 值，取到最大值时只有4列，比原来的模板更小，所以其精度更高。

六、模型的评价与推广

本文采用的是直接反投影算法，与傅里叶变换重建法同属于解析算法的一种，除了已经不适用的逆矩阵法，还有迭代算法。直接反投影算法与其他算法相比具有以下优点和缺点。

6.1 模型的优点

（1）本模型的重建速度比迭代算法快，精度比傅里叶变换重建法高。
（2）模型容易编程和实现，易于理解。
（3）通过精度和稳定性分析说明本模型精度较高，稳定性强。

6.2 模型的缺点

（1）本模型计算得到的图像质量稍劣于迭代算法。
（2）限于算法本身的限制，对投影数据的完备度要求较高，若数据不完全，则无法精确重建断层图像。
（3）由于使用 MATLAB 软件的 radon.m 和 iradon.m 程序时受参数设置准确性的影响，计算结果会存在一定的误差。

参考文献

[1] 邹永宁，蔡玉芳．工业 CT 教学实验仪图像重建的设计[J]．核电子学与探测技术，2009，29（5）：1165-1169.
[2] 吴雄标．X 线 CT 的物理学基础（一）[J]．北京生物医学工程，1985（1）：63-79.
[3] 刘晓．工业 CT 图像重建算法的计算机模拟研究[D]．成都：四川大学，2004.
[4] 梁国贤．CT 图像的代数重建技术研究[D]．广州：华南理工大学，2013.
[5] 李鹏，俞凯君．使用 Radon 变换进行二维 MRI 图像配准[J]．上海生物医学工程，2006（4）：229-232.

【论文评述】

本文获得 2017 年全国二等奖。论文亮点主要表现在以下方面：其一利用直接反映射方法，重建速度比较快；其二以流程图的方式呈现问题解决思路，较为清晰直观，值得借鉴；其三利用 MATLAB 自带程序包解决实际问题，体现软件功能的强大和为编辑基础弱的参赛队员利用该软件解决问题提供较新颖的视角。

本文的不足之处，在问题三的研究中，由于接收数据含有噪声，但未考虑抑制噪声，这是其不足之处。

综上，本篇论文总体来看行文流畅、语句通顺、思路清晰、问题分析透彻、图表严谨规范，是一篇质量较高的竞赛论文。

姜翠翠